KB073704

A
B
C
2×2
123
e=mc²

교과서가 쉬워지는
통 수학

교과서가 쉬워지는 통 수학

한 번에 끝내는 중1 수학

ⓒ 임성환, 2019

초판 1쇄 인쇄 2019년 12월 16일
초판 1쇄 발행 2019년 12월 23일

지은이 임성환
그림 권순형
펴낸이 이성림
펴낸곳 성림북스

책임편집 강현옥
디자인 윤주열
용지 (주)월드페이퍼
인쇄제본 (주)에스제이피앤비

출판등록 2014년 9월 3일 제25100-2014-000054호
주소 서울시 은평구 연서로3길 12-8, 502
대표전화 02-356-5762 팩스 02-356-5769
이메일 sunglimonebooks@naver.com
네이버 포스트 http://post.naver.com/sunglimonebooks
페이스북 https://www.facebook.com/sunglimonebooks/

ISBN 979-11-88762-11-8(44410)
979-11-88762-10-1(set)

* 책값은 뒤표지에 있습니다.
* 이 책의 판권은 지은이와 성림북스에 있습니다.
* 이 책의 내용 전부 또는 일부를 재사용하려면 반드시 양측의 서면 동의를 받아야 합니다.
* 이 도서의 국립중앙도서관 출판예정도서목록(CIP)은 서지정보유통지원시스템 홈페이지(http://seoji.nl.go.kr)와
국가자료종합목록 구축시스템(http://kolis-net.nl.go.kr)에서 이용하실 수 있습니다.(CIP제어번호 : CIP2019049745)

한 번에 끝내는 중1 수학

교과서가 쉬워지는 토요 수학

임성환 지음

성림원북스

| '통 수학'의 문으로 들어가며… |

"선생님! 어떻게 하면 수학을 잘할 수 있지요?"

"선생님처럼 문제를 보자마자 바로 풀 수 있었으면 좋겠어요!"

안녕하세요!

수학을 좋아하는, 대한민국 대표 수학 선생님 임성환 쌤이에요. 수학을 좋아하던 어린 학생이, 수학을 전공하며 수학 공부를 했고, 지금은 수학을 가르치고 있어요. 우리 친구들이 수학에 흥미를 느끼고 즐겁게 다가갈 수 있도록, 수학과 우리 친구들 사이에서 매일매일 노력하고 있답니다.

가장 먼저 적었던 두 질문!

우리 친구들도 많이 생각했던 문장들이지요? 선생님들께 직접 질문을 해 봤던 친구들도 있을 거고요. 저도 그동안 수학을 가르치면서, 학생들에게 가장 많이 들었던 질문들이에요.

학원에서 수업을 하면서, EBS에서 중학교 수학 강의를 진행하면서 아직까지도 그 질문에 대한 정답을 찾으려고 노력 중입니다.

제 소개를 앞으로 '임쌤'이라고 할게요. 우선은 선생님을 어렵지 않고 친근하게 느껴야 수학이라는 과목에 대해 조금 더 부담 없이 접근하게 되고, 한 문제라도 편하게 쌤에게 질문할 수 있기 때문이에요. 임쌤은 지식을 전달하는 일차원적인 강사가 아닌, 우리 친구들의 입장에 서서 우리 친구들이 힘들고, 어렵게 느끼는 것들을 함께 해결하는 그런 쌤이 되려고 노력하고 있습니다. 잘 기억해 두었다가 우리 친구들도 쌤을 편하게 '활용'하세요.

학교에서 학원에서 수학 문제를 풀다가 모르는 문제가 있으면 옆 친구들에게 묻는 것처럼, 친구보다는 나이가 조금 많지만 편하게 그리고 바로 질문하면서 궁금증을 해결할 수 있게 쌤이 도우려고 해요.

쌤에게 모르는 문제를 질문하거나, 쌤에 대해서 궁금한 것들, 미래에 대한 고민과 진로에 대해 모든 걸 물어 보고 소통할 수 있는 공간을 쌤이 따로 책 속 눈에 띄는 곳에 공개해 둘게요. 쌤은 현재 EBS 강의만 하는 것이 아니라 학원을 직접 운영하면서, 초·중·고교 학생들의 수학을 가르치고 있어요. 실제로 현장에서 수학을 가르치고 있기 때문에 학교 교육과정과 함께 우리 친구들의 학교 수업의 고충도 잘 이해하고 있어요. 그래서 임쌤이 더욱 우리 친구들에게 현실적인 도움을 많이 드릴 수 있어요.

초등학교 다닐 때와 중학교 다닐 때의 차이점, 중학교 수학과 고등학교 수학의 연계성, 그리고 고등학교 진학에 대한 막연한 두려움 등 실제로 임쌤의 학원에 다니는 친구들에게서 늘 들어 오던 고민들입니다. 어른들이 보면, 어린 우리 친구들이 왜 그런 고민을 할까 하고 이해하지 못하는 부분들도 많아요. 하지만 현재 초등학교, 중학교 다니는 친구들의 대부분은 내가 어떻게 해야 공부를 잘할 수 있는지, 수학을 잘하고 싶은데 어떻게 해야 하는지, 친구들은 다들 선행 학습을 하는 것 같은데 선행을 하려면 얼마나 해야 하고, 어떤 문제집을 풀어야 하는지 등 혼자서 끙끙 앓는 친구들이 많다는 사실을 쌤은 알고 있어요.

쌤이 이 수학책을 통하여, 현재 교육과정평가원에 나온 중등 교육과정의 수학 내용뿐 아니라, 현장 강의에서 나온 우리 친구들의 고민까지, 해결해 주려고 많이 노력했습니다. 임쌤의 이 책인 '통 수학'을 통하여 수학 공부뿐 아니라, 수학 공부를 하는 방법과 수학에 대한 두려움까지 해결되었으면 하는 바람을 갖고 집필했습니다.

'통 수학'의 내용은 정규 교육과정과 동일한 순서대로 정리되어 있기 때문에 책을 미리 읽기만 하더라도 우리 친구들이 학교 수학 수업을 충분히 따라갈 수 있어요. 교육과정 내용에서 빠지는 내용이 없기 때문에 또 다른 수학책이 될 수 있다고 생각해요.

수식이 가득한 딱딱한 수학 교과서가 아닌, 지율이와 지율이 아빠의 대화를 통하여 각 단원의 내용에 쉽게 접근할 수 있도록 집필했어요. 실제로 우리 친구들이 그 단원에서 궁금해 할 수 있는 질문들을 지율이가 대신하고, 지율이 아빠와 임쌤이 그 궁금증을 풀어 주려고 최대한 노력했답니다.

각 단원의 이야기를 풀어가면서 임쌤이 실제 수업하는 것처럼 이야기 형식으로 책을 구성했어요. 실제로 학원에서 우리 친구들과 마주 보고 하는 수업처럼 그 단원을 배우기 위해 사전 지식이 필요하다면 이야기해 주고, 재밌는 수학자 이야기가 있으면 함께 살펴보고 농담이 필요하다면 농담도 섞어 가면서 우리 친구들이 책을 읽으면 눈앞에서 임쌤이 녹색 칠판 앞에서 수업하는 모습이 그려지도록 풀어 나갔습니다. 우리 친구들에게 필요한 것이 '자연스러움'이라고 생각했거든요. 그리고 소단원의 내용이 끝나면 '임쌤의 팁'을 두어 그 단원의 내용을 깔끔하게 박스로 정리해 놓았어요. 임쌤이 이야기하는 내용들은 재미있게 읽고, 우리 친구들이 실제 문제집을 푼다거나 시험 전에 내용을 정리하고 싶을 때 '임쌤의 팁' 부분만 다른 노트에 그대로 정리하면 우리 친구들만의 수학 개념노트가 될 수 있게 쌤이 미리 정리해 놓았어요!

임쌤의 팁이 끝나면 책의 소단원마다 실제 학교 쪽지 시험에서 반드시 나오는 문제들을 넣어 두었으니 미리 풀어 두면 기초를 더욱 탄탄하게 다질 수 있을 거예요. 그리고 각 단원의 마지막엔 마찬가지로 '임쌤의 손 글씨 마인드맵'을 그려 넣었어요. 임쌤의 팁과 마찬가지로 친구들이 그 단원을 한 페이지에 한눈에 보기 편하게 자신만의 방법으로 정리해 두면 시험공부를 할 때 복습하기가 편해질 거예요. 학교에서 시험 보기 직전에 그 단원을 마무리하고 싶을 때 그 마인드맵만 보고서도 한 단원이 정리가 되도록 임쌤이 손 글씨로 직접 그려 놓은 것이랍니다.

내용을 읽고서 부족하다고 생각하거나, 또 다른 질문이 있다면 고민하지 말고, 책에 공개된 장소로 질문을 해 주세요. 쌤은 항상 여러분 곁에 있다는 사실도 기억하고요. 그런 든든함으로 우리 친구들이 어렵게 느끼는 수학이란 바다를 함께 헤엄쳐 나가기 위해 이 '통 수학'이라는 책으로 여러분을 만나게 되었으니까요. 언제나 임쌤은 우리 친구들과 함께 하겠습니다.

이 책을 통하여, 우리 친구들의 수학 성적이 향상되는 것도 좋지만, 수학에 대한 자신감과 수학이라는 과목의 즐거움을 찾아가길 진심으로 바랍니다.

언제나 응원할게요.

여러분의 수학 쌤, **임성환 드림**

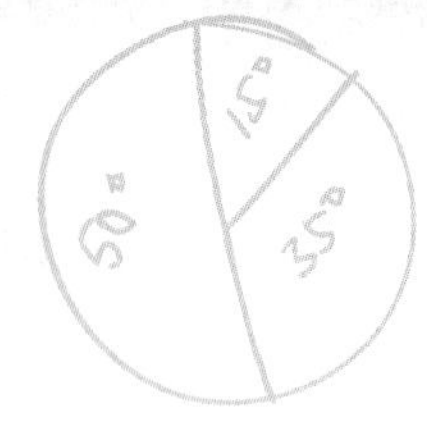

I. 수와 연산

CONTENTS

III. 좌표 평면과 그래프

IV. 기본 도형과 작도

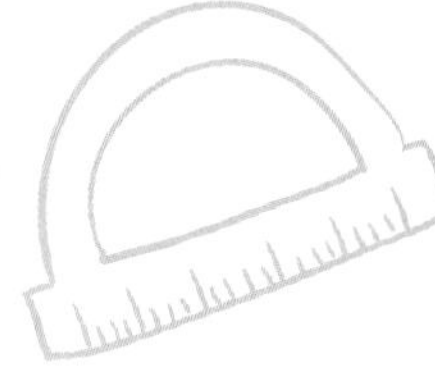

CONTENTS

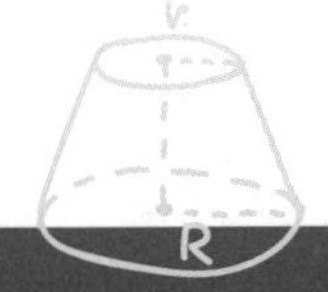

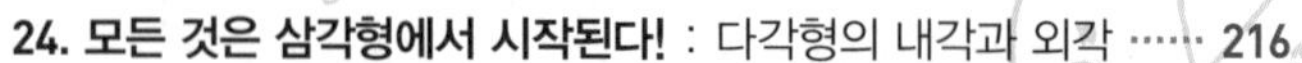

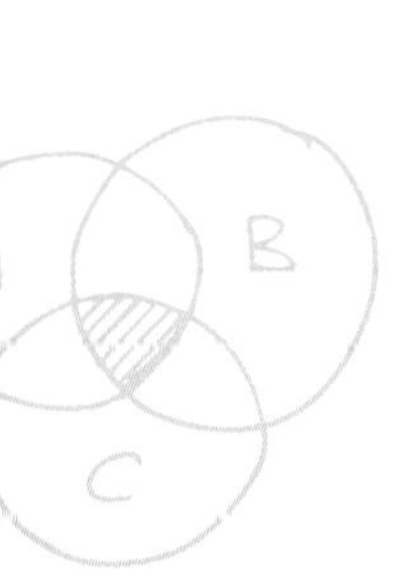

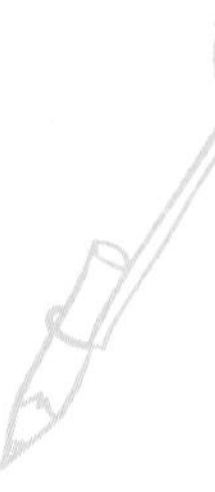

CONTENTS

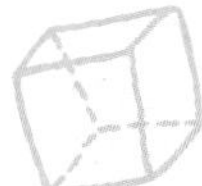

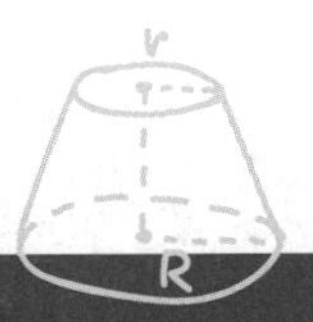

I

수와 연산

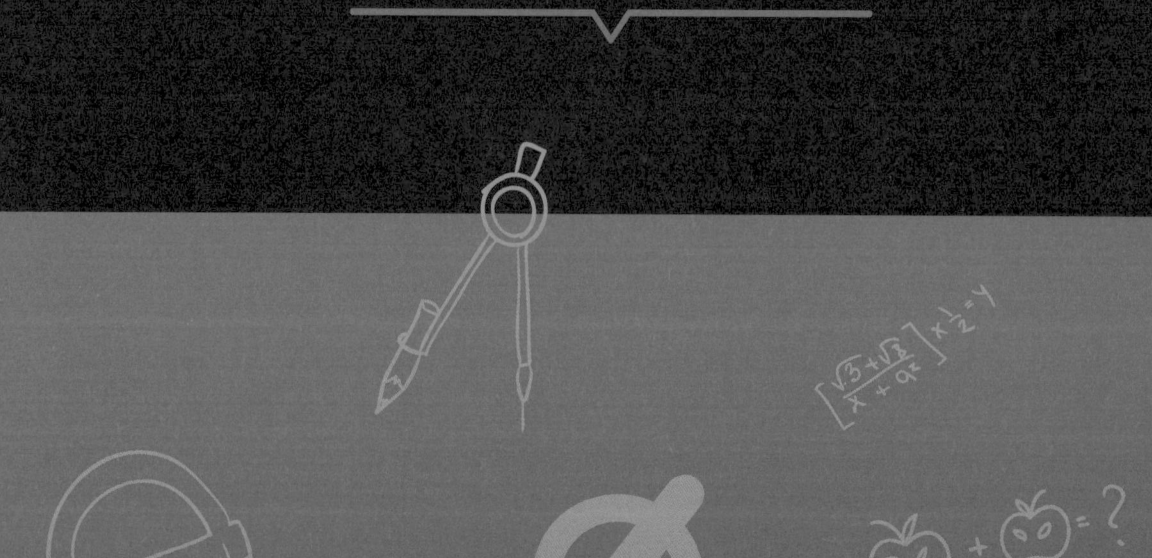

경상북도 울릉군 울릉읍 독도안용복길 3. 우리 친구들은 이 주소가 어디인지 알고 있나요? 바로 '독도' 중에서도 서도에 있는 주민 숙소의 주소랍니다. 독도에도 주소가 있다는 사실, 알고 있었나요? 독도는 우리나라 동쪽 끝에 있는 섬으로 천연기념물 제336호로 지정되어 있습니다. 독도는 해저에서 화산이 폭발하면서 만들어졌는데 동도와 서도, 두 개의 섬으로 이루어져 있답니다. 동도보다는 서도의 높이가 더 높고 크기도 더 큰데, 서도의 높이는 해발 168.5m, 면적은 대략 88,700m^2 정도랍니다. 독도 앞바다 해저 200m 이하에는 해양 심층수가 있고, 해저 300m 이하에는 메탄가스라는 굉장히 중요한 에너지 자원이 매장되어 있답니다. 수학책에서 왜 이렇게 독도 이야기를 길게 하고 있냐고요? 바로 해발과 해저라는 서로 반대가 되는 성질들을 수로 표현을 할 때, 우리 친구들이 알고 있는 수인 자연수가 아닌 또 다른 종류의 수가 필요하다는 걸 알려 주고 싶어서 서두가 길어졌네요. 지금부터 살펴볼 '수와 연산'에서는 자연수에서 확장되는 음수라는 개념과 함께, 분수로 표현이 가능한 유리수에 대해서 알아보려고 해요. 수학에서 가장 기본이 되는 수와 함께 그 수들을 가지고 연산하는 과정까지 임쌤과 함께 살펴보도록 합시다.

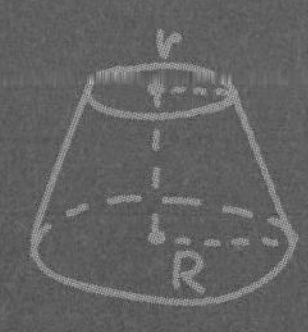

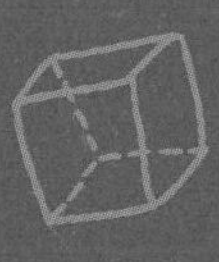

01 큰 자연수를 분해하는 방법!

: 소인수 분해

- 소수와 합성수 그리고 1에 대하여 알아봅시다.
- 똑같은 수를 계속 곱하는 것을 간단하게 표현할 수 있어요.
- 큰 수를 직접 나누지 않고도 약수와 약수의 개수를 알 수 있어요.

음원 사이트 비밀번호의 비밀!

ㄴ소수와 합성수

지율아! 아빠가 노래 좀 듣고 싶은데, 우리가 가입했던 음원 사이트 비밀번호가 뭐였는지 기억나니?

아빠도 참! 그걸 기억못하세요?

그래……. 암호가 저장되어 있는 줄 알았는데, 안 되어 있네. 좀 가르쳐 주라, 응?

아빠, 그런데 저도 기억이 안 나요. 헤헤헤!

앗! 당했다…….

아, 지율이의 농담에 아빠가 당하셨네요. 장난도 잘 치는 지율이가 정말 귀엽군요. 아빠와 지율이의 재미있는 대화에 등장한 음원 사이트의 비밀번호에도 우리가 배우는 수학이 필요하다는 사실을 알고 있었나요? 음원 사이트를 비롯한 인터넷 사이트의 비밀번호를 만드는 과정과 종류에는 여러 가지가 있지만, 우리가 중등과정에서 간단하게 이해할 수 있는 것은 RSA암호라는 공개 키 암호 시스템이 있어요. 이 RSA 암호는 소인수 분해를 활용해서 만든답니다. 예를 들어, 두 소수의 곱인 31과 37의 곱이 1147이 된다는 사실은 쉽게 생각할 수 있지만, 반대로 1147이라는 숫자를 만들 수 있는 두 소수를 찾는 것은 어렵다는 특징을 살려서 만든 것이 바로 RSA 암호 시스템이에요. 이처럼 소수라는 수는 굉장히 신비로운 수이면서 어려운 수이기도, 중요한 수이기도 합니다. 그럼 이 '소수'가 무엇인지 함께 알아볼까요?

우선 소수는 '1보다 큰 자연수' 중에서 1과 자신만을 약수로 가지는 수를 말해요. 2, 3, 5, 7, 11, …과 같은 수가 바로 소수예요. 이 소수는 여러 특징들이 있어요. 소수는 홀수로만 이루어진 것 같지만, 맨 앞에 있는 2는 짝수지요? 소수 중 가장 작은 수이면서 유일한 짝수예요. 2를 제외한 소수들은 모두 홀수라는 이야기가 되고요. 그리고 가장 중요한 특징은 '규칙이 없다'는 사실입니다. 소수들을 계속 찾아나가다 보면 소수사이의 거리가 2 차이가 나는 것처럼 보이기도 하고, 4 차이가 나는 것처럼 보이기도 하지만 소수들 사이에는 규칙이 없어요. 정확하게 말하면 아직까지 규칙이 발견되지 않았다는 것이 맞는 것 같아요. 규칙이 없기에, 앞서 말한 암호를 설정하는 과정에서 이 소수들이 유용하게 쓰이는 거예요. 규칙이 없으니 두 소수의 곱을 찾기도 힘드니까요. 현재도 전 세계 많은 사람들이 이 소수의 규칙을 찾기 위해서 노력 중이랍니다.

그러면 '소수를 찾으려면 어떻게 해야 하는가?'라는 궁금증이 생길 수 있어요. 1보다 큰 모든 자연수의 약수를 구해 보는 수밖에 없을까요? 사실 그 방법

RSA 암호
1977년에 개발된 인터넷 암호화 및 인증 시스템으로 3명의 개발자 론 리베스트(Ron Rivest)와 아디 셰미르(Adi Shamir), 레오나르드 아델만(Leonard Adleman)의 이름에서 한 글자씩 따와 만들어진 용어이다. 인터넷 사이트에 로그인을 하거나 은행 업무 등에 사용하는 공인인증서에도 이 암호 시스템이 사용된다.

에라토스테네스(Eratosthenes)
고대 그리스의 수학자이자 천문학자, 지리학자. 소수를 찾는 방법으로써 에라토스테네스의 체를 고안했고, 해시계를 이용해 지구 둘레의 길이를 처음으로 계산해 냈다. 위도·경도로 지리상의 위치를 처음 표시한 것도 에라토스테네스로 알려져 있다.

이 제일 좋은 방법이에요. 가장 정확한 방법이기도 하고요. 직접 약수를 구해서 1과 자신뿐이라면 그 수는 소수가 되는 거잖아요. 하지만 그 많은 숫자들의 약수를 구해 보는 일은 참으로 어렵고 비효율적인 방법일 거예요. 이런 생각을 하는 많은 사람들이 소수를 쉽고 편하게 구할 수 있는 방법을 연구했겠지요? 그 중 하나가 규칙을 찾는 겁니다. 하지만 안타깝게도, 아직까지 규칙은 발견이 되지 않았다는 사실! 소수를 찾는 많은 방법 중 오래전에 소수를 찾아내는 기발한 방법을 발견한 분이 계세요. 바로 '에라토스테네스'라는 수학자인데요, 기원전 273년에 태어났다고 하니 정말 옛날 분이지요? 소수를 찾는 방법을 그 옛날부터 궁금해 했다는 사실이 참으로 놀랍기도 한데요, 이 에라토스테네스라는 수학자가 발견한 방법은 바로 숫자를 체로 거르는 방법입니다. 그래서 '에라토스테네스의 체'라고도 불립니다. 숫자를 체로 어떻게 거르는 것인지 다음 숫자들을 보면서 이야기해 봅시다.

~~1~~	2	3	~~4~~	5	~~6~~	7	~~8~~	~~9~~	~~10~~
11	~~12~~	13	~~14~~	~~15~~	~~16~~	17	~~18~~	19	~~20~~
~~21~~	~~22~~	23	~~24~~	~~25~~	~~26~~	~~27~~	~~28~~	29	~~30~~
31	~~32~~	~~33~~	~~34~~	~~35~~	~~36~~	37	~~38~~	~~39~~	~~40~~
41	~~42~~	43	~~44~~	~~45~~	~~46~~	47	~~48~~	~~49~~	~~50~~
~~51~~	~~52~~	53	~~54~~	~~55~~	~~56~~	~~57~~	~~58~~	59	~~60~~
61	~~62~~	~~63~~	~~64~~	~~65~~	~~66~~	67	~~68~~	~~69~~	~~70~~
71	~~72~~	73	~~74~~	~~75~~	~~76~~	~~77~~	~~78~~	79	~~80~~
~~81~~	~~82~~	83	~~84~~	~~85~~	~~86~~	~~87~~	~~88~~	89	~~90~~
~~91~~	~~92~~	~~93~~	~~94~~	~~95~~	~~96~~	97	~~98~~	~~99~~	~~100~~

1부터 100까지의 숫자 중에서 소수를 찾을 때, 가장 먼저 해야 하는 일은 우선 1을 지우는 거예요. 우리는 이미 1은 소수가 아니라는 걸 알고 있으니까요. 그다음 숫자인 2는 소수이니까 동그라미를 치고, 그러고 난 후가 중요합니다. 동그라미 친 2의 배수들을 다 지우는 거예요. 다시 말하면 '2를 제외한 2의 배수들은 모두 소수가 아니다'란 말이지요. 그 다음 숫자인 3도 소수이므로 동그라미를 치고, 똑같은 방법으로 3보다 큰 3의 배수들은 모두 지우면 돼요. 3을 제외한 3의 배수도 소수가 아니게 되는 겁니다. 그 다음 숫자는 4인데, 이미 4는 지워졌지요? 또 그 다음 숫자인 5는 소수이니까 동그라미를 치고, 5보다 큰 5의 배수를 모두 지우면 됩니다. 이처럼 2, 3, 5보다 큰 2의 배수, 3의 배수, 5의 배수들은 소수가 아니므로 체의 구멍 사이로 빠져나가고, 동그라미를 친 2, 3, 5 … 같은 소수만 남게 되는 것처럼 보여서 이를 '에라토스테네스의 체'라고 부르게 된 거예요. 어때요? 기발하고 신기한 방법이지요?

이 방법도 물론 시간이 꽤 걸리기는 하지만, 약수를 하나하나 구할 필요 없이 소수가 나오기 때문에 소수를 구하는 편리한 방법 중 하나로 소개가 되고 있어요. 여담으로, 수학자 에라토스테네스는 소수를 구하는 방법을 발견한 업적 이외에 역사상 최초로 지구의 둘레를 측정한 사람으로 기록이 되어 있어요. 그림자를 통하여 지구가 둥글다는 사실을 확인하고, 도시와 도시 사이의 거리를 이용해 지구의 둘레를 측정해서 약 44,500km라는 측정값을 도출했는데, 실제 길이인 약 40,000km에 상당히 가까운 값을 그 옛날에 얻은 것이니 타고난 수학자가 맞는 것 같아요.

'에라토스테네스의 체'로 소수를 찾는 방법이 이해하기 어려웠다면 QR코드로 임쌤을 만나러 오세요. 임쌤과 함께 직접 체에 걸러서 소수를 찾아보도록 합시다!

그러면 체에서 빠져나간, 소수가 아닌 수들은 무엇일까요? 우리는 이런 숫자들을 '합성수'라고 해요. 그래서 합성수의 정의가 '1보다 큰 자연수 중에서 소수가 아닌 수'가 되는 거예요. 소수가 아닌 수이니까 4, 6, 8, 9, 10, …과 같은 수들이 합성수예요. 정리를 해보면, 자연수들은 크게 소수와 합성수 그리고 1로 구성이 되어 있어요. 1은 소수도 합성수도 아닌 수가 되는 것이고요.

소수와 합성수

1 소수

❶ 소수 : 1보다 큰 자연수 중에서 1과 자기 자신만을 약수로 가지는 수

예 2, 3, 5, 7, …

❷ 소수의 약수는 2개뿐임.

❸ 소수 중 짝수는 2뿐이고, 2 이외의 소수는 모두 홀수임.

2 합성수

❶ 합성수 : 1보다 큰 자연수 중에서 소수가 아닌 수

예 4, 6, 8, 9, …

❷ 합성수의 약수는 3개 이상임.

※ 1은 소수도 합성수도 아님.

큰 자연수를 보기 편하게 분해하는 방법!

ㄴ소인수 분해

지율아! 5를 100번 더하면 얼마가 되는지 아니?

500이지요! 5랑 100을 곱하면 되잖아요! 이렇게 쉬운 걸 질문이라고 하십니까? 아! 버님! 하하하!

역시 내 딸이구나. 그럼 왜 덧셈연산을 하는데, 곱셈연산으로 해서 답이 나왔어?

아……, 진짜 그러네? 왜 그렇게 계산을 했을까요?

지율이가 당황했나 봐요. 5를 100번 더하라고 했는데, 지율이는 왜 곱하였을까요? 그 이유는 바로 반복된 수의 덧셈이기 때문에 곱하기를 이용하여 간단히 나타낼 수 있었던 거예요. 즉, 5가 100번 더해졌으니 더해진 개수만큼을 곱해서 500이 나온 것이지요.

$$5+5+5+\cdots+5=5\times100$$

그러면 반복된 수의 곱셈도 간단히 정리할 수 있을까요? 예를 들어, 5를 100번 곱한다면?

$$5\times5\times5\times\cdots\times5$$

물론 5를 100번 직접 곱한다는 것은 거의 불가능해요. 값이 엄청 크거든요! 대신 곱셈 기호와 숫자를 생략하여 우리 눈에 보기 편하게 정리하는 방법이 있습니다. 즉, 간단히 나타낼 수 있다는 거예요. 곱셈 기호를 반복해서 쓰지 않고 다음과 같이 표현 할 수 있어요.

$$5\times5\times5\times\cdots\times5=5^{100}$$

5라는 숫자를 100번 곱하였기 때문에 '5가 100번 곱해진 수'라는 의미로 간단히 5^{100}으로 나타낼 수 있어요. 아래쪽에 있는 5를 우리는 '밑'이라고 읽고, 위에 조그맣게 위 첨자로 쓰는 100을 '지수'라고 읽어요. 밑은 반복해서 곱해진 수를 쓰는 것이고, 지수는 곱해진 횟수를 쓰면 돼요. 어때요? 이렇게 거듭제곱의 형태로 나타내니 훨씬 간단해졌지요?

5^{100} — 100 → 지수, 5 → 밑

임쌤은 이렇게 이야기합니다. 지수는 곱하여진 개수를 의미한다. 이 말을 꼭 기억해 주세요!

그러면 이제 이 거듭제곱을 통하여 소인수 분해를 공부해 볼까요? 사실 우리 친구들은 소인수 분해를 이미 배워서 알고 있어요. 그래도 배운지 꽤 돼서 헷갈릴 수도 있으니, 다시 한 번 재밌게 복습해 보면 좋을 것 같아요.

소인수 분해를 이해하려면 용어를 하나하나씩 분해해서 해석하면 이해하기가 쉬워요.

소/인수/분해!

소 : 소수,　　인수 : 약수,　　분해 : 곱하다.

즉, 소수인 인수의 곱으로 표현하여라. 이게 바로 소인수 분해예요. 소수는 앞에서 살펴봐서 이미 알고 있지요? 이제 인수를 살펴봐야 하는데, 인수는 약수라는 말로 바꾸어 생각하면 좋을 것 같아요. 예를 들어 볼게요. $6=2\times3$이니까 2와 3이 6의 약수이면서, 인수라고도 해요. 그러면 소인수라는 뜻이 소수인 약수라고 이해해도 좋겠지요? 즉, 자연수를 소수인 약수의 곱으로 표현하는 것이 바로 소인수 분해라는 거예요.

6을 2와 3의 곱으로 표현했잖아요? 우리가 이미 6을 소인수 분해 한 것과 마찬가지예요. 왜냐하면 2와 3은 소수이고, 곱으로 표현이 되었기 때문이지요. 또 다른 예를 들어 볼까요? 12를 소인수 분해한다면, $12=2\times6$으로 표현하면 될까요? 안 된다면 왜 안 되는 걸까요?

소인수 분해는 반드시 소수들의 곱으로 표현이 되어야 한다고 했어요. 그래서 $12=2\times6$에서는 2는 소수이지만, 6은 소수가 아닌 합성수이기 때문에 6이라는 합성수를 다시 한 번 소수들의 곱으로 소인수 분해를 해야 해요. 즉, 소인수 분해가 아직 덜 되었다는 뜻이지요. 6을 소인수 분해하면 2와 3의 곱으로 표현할 수 있으니, 결국 12라는 숫자는 $12=2\times6=2\times2\times3$으로 소인수 분해가 된다는 뜻입니다. 그런데 여기서, 동일한 숫자 2가 두 번 곱하여졌기 때문에 앞에서 배웠던 거듭제곱을 이용해 $12=2\times6=2^2\times3$으로 표현할 수 있겠지요? 결국 $12=2^2\times3$으로 표현하는 것이 소인수 분해의 최종 표현 방법입니다. 어때요? 소인수 분해, 이제 할 만한가요? 천천히 하다 보면 충분히 할 만해요.

그런데, 모든 자연수를 매번 이렇게 시행착오를 겪어 가면서 소인수 분해를 해야 만할까요?

그건 아닙니다. 그렇게 하기엔 숫자가 크면 너무 힘들잖아요. 그래서 소인수 분해하는 방법 두 가지를 지금 얘기하려고 합니다.

첫 번째는 나눗셈하는 것처럼 '소수로 계속 나누기!'예요. 소수로 계속 나누어서 몫이 소수가 될 때까지 나누는 겁니다. 그래서 나온 몫들을 곱해 놓은 것이 바로 소인수 분해의 결과예요.

두 번째 방법도 소수로 계속 나누는 것인데, 나뭇가지 모양으로 나눌 거예요. 나뭇가지의 끝이 소수가 될 때까지 계속 나누는 겁니다. 그래서 나온 소수들을 곱하면 그것 또한 소인수 분해의 표현이 되는 것이지요.

여기서 중요한 사실 한 가지! 소인수 분해를 하는 방법은 두 가지가 있지만, 그 결과는 오직 한 가지라는 사실! 두 가지 중 자기가 편한 방법으로 소인수 분해를 하면 돼요.

소인수 분해를 하는 가장 큰 이유는, 큰 자연수를 눈에 보기 편하게, 문제를 풀기 편하게 소수들의 곱으로 분해하는 게 목적이에요. 큰 자연수를 그냥 보는 것 보다는 소수들의 곱으로 쪼개 놓는다면 그 자연수를 해석하기가 훨씬 쉬워지거든요. 그럼 이제 그 중요한 소인수 분해를 정리해 볼까요?

소인수 분해는 많이 연습해 보아야 합니다. 이해하기 쉽게 영상으로 보충 설명을 할 테니 QR코드를 통해 임쌤을 만나러 오세요.

소인수 분해

1 거듭제곱

❶ 거듭제곱 : 같은 수나 문자를 여러 번 곱한 것.

❷ 밑 : 거듭제곱에서 곱한 수 또는 문자

❸ 지수 : 거듭제곱에서 밑을 곱한 횟수

※ $a^1 = a$처럼 지수 1은 생략하기로 함.

2 소인수 분해

❶ 인수 : 자연수 a, b, c에 대하여 a=b×c 일 때, b와 c를 a의 인수라고 함.

❷ 소인수 : 인수 중에서 소수인 수

❸ 소인수 분해 : 자연수를 소인수들만의 곱으로 나타내는 것.

예 12를 두 가지 방법으로 소인수 분해하여 보자.

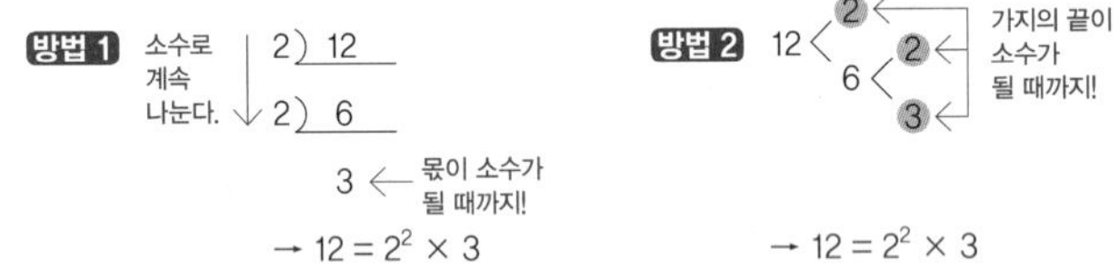

→ $12 = 2^2 \times 3$　　　→ $12 = 2^2 \times 3$

※ 소인수 분해하는 방법은 여러 가지이지만 결과는 오직 한 가지임!

약수, 직접 나누지 않고 찾아볼까?

ㄴ소인수 분해와 약수의 개수

아빠! 약수는 나누어떨어지는 수를 말하잖아요.

응! 그래. 직접 나누어 봤을 때, 나머지가 0이 된다면 약수가 되는 거야.

아빠! 그럼 약수를 구하거나, 약수의 개수를 구하려면 하나하나 직접 다 나눠 봐야 해요?

숫자가 크면 어떻게 해요? 그냥 포기하라는 건가요?

딸아! 포기는 배추를 셀 때나 쓰는 단어란다.

지금 지율이가 굉장히 중요한 질문을 아빠께 했어요. 약수를 구하는 과정에 대하여 질문했는데, 약수를 구하는 것은 어렵지 않지요? 지율이가 질문한 것처럼 약수인지 아닌지 판단하는 방법, 구하는 방법은 하나하나 다 나눠 보면 되는 거예요. 그래서 나누어떨어진다면 약수가 되는 것이고, 나누어떨어지지 않는다면 약수가 아닌 것이지요.

예를 들어 볼까요? 24의 약수를 구해 봅시다. 자연수 중에서 가장 작은 수인 1부터 직접 나누어 보는 거예요. 24를 1로 나누면 나머지가 0으로 나누어떨어지기 때문에 1은 24의 약수가 돼요. 2로 나누어도 나누어떨어지니 2도 약수가 되고, 3과 4로 나누어도 나누어떨어지니 3과 4 역시 약수가 됩니다. 그런데 24를 5로 나누면 나머지가 생겨 나누어떨어지지가 않아요. 5는 24의 약수가 아닌 것이지요. 이런 식으로 6, 7, 8, … 계속 나누어 보는 거예요. 어디까지? 바로 24까지! 와우, 24번의 나눗셈을 해야 하는 겁니다.

24번은 그럭저럭 할 수 있다 해도 만약 100의 약수를 물어본다면? 아……, 벌써 탄식이 나옵니다. 그래서 임쌤이 준비했어요.

직접 나누지 않고서도 약수와 약수의 개수를 찾을 수 있는 방법! 바로 '소인수 분해'를 이용하는 방법이에요.

쌤이 예를 하나 들어서 설명해 볼게요.

24의 약수를 구하기 위해서, 24를 소인수 분해해 보는 거예요. 우리는 이제 배워서 잘하잖아요.

$24=2^3\times3$

24를 소인수 분해한 결과입니다. 이젠 쌤과 표를 하나 그려 볼 거예요.

	1	2	2^2	2^3
1				
3				

표를 그릴 때에는 가로 부분과 세로 부분에는 소인수 분해한 결과의 '약수'를 채워 넣는 거예요. 2^3의 약수인 1, 2, 2^2, 2^3과 3의 약수인 1, 3을 가로와 세로에 채워 넣어서 표를 만들면 위와 같은 표가 만들어져요. 그러고 나서 이 표의 빈칸을 채워 넣어야 하는데, 채워 넣는 방법은 가로와 세로의 약수들을 '곱'하면 되는 거예요! 너무 쉽지요? 그렇게 채워 넣은 결과는 다음과 같습니다.

곱	1	2	2^2	2^3
1	1×1	1×2	1×2^2	1×2^3
3	3×1	3×2	3×2^2	3×2^3

표에서 색칠되어 있는 칸의 숫자들이 바로 24의 약수가 되는 거예요. 그러면 약수의 개수는 어떻게 되느냐? 위의 표에서 가로에는 4개, 세로에는 2개가 있으므로 총 8개의 약수가 되는 것이지요.

이렇게 소인수 분해 하나만을 가지고서, 그 자연수의 약수와 약수들의 개수까지 찾아볼 수 있다는 사실! 대단하지요? 하나만 더 설명을 하자면, 약수들의 개수만을 구할 때에는 이렇게 표까지 그릴 필요는 없습니다. 바로 소인수 분해한 결과만을 가지고서도 확인을 해 볼 수가 있거든요. $24=2^3\times3$의 소인수 분해 결과에서 소인수 위에 있는 지수들 보이지요? 그 지수들에 1을 더한 값들을 곱해 주면 그것이 바로 약수의 개수가 되는 거예요. 소인수 2의 지수가 3이므로 3+1=4, 소인수 3의 지수는 1이므로 1+1=2를 곱하면 4×2=8이 돼 약수의 개수가 8개가 되는 겁니다. 이렇듯 소인수 분해는 자연수를 소수의 곱으로 분해하는 것에서 끝나는 것이 아닙니다. 그 자연수의 약수들도 구할 수 있고, 약수의 개수도 구할 수가 있어요. 또 다음 장에서 살펴볼 내용이지만, 최대 공약수와 최소 공배수도 구할 수 있답니다. 우리가 초등학교 교육과정에서는 간단히 나눗셈을 가지고서만 배웠잖아요. 이제 구하는 방법이 하나 더 추가가 되는 거예요.

그럼 소인수 분해를 통해서 자연수의 약수와 약수의 개수를 구하는 방법을 쌤과 함께 정리해 볼까요?

소인수 분해와 약수의 개수 구하는 방법을 임쌤과 함께 살펴볼까요? QR코드를 통해 임쌤을 만나러 오세요.

소인수 분해와 약수의 개수

1 소인수 분해를 이용하여 자연수의 약수의 개수 구하기

: 자연수 A가 $A=a^m \times b^n$(a, b는 서로 다른 소수, m, n은 자연수)으로 소인수 분해될 때,

❶ A의 약수는 a^m의 약수와 b^n의 약수를 각각 곱하여 구함.

❷ A의 약수의 개수 : $(m+1)\times(n+1)$개

시험에 '반드시' 나오는 '소인수 분해' 문제를 알아볼까요?

1. 다음 중 소수에 대한 설명으로 옳은 것은?

① 모든 소수는 홀수이다.
② 가장 작은 소수는 3이다.
③ 1과 10 사이에는 소수가 5개이다.
④ 모든 소수는 약수가 3개 이상이다.
⑤ 1은 소수도 아니고 합성수도 아니다.

2. 20 이상 50 미만인 자연수 중 소수는 모두 몇 개인가?

① 5개 ② 6개 ③ 7개 ④ 8개 ⑤ 9개

3. 252를 소인수 분해하면 $2^a \times 3^b \times c$일 때, 자연수 a, b, c에 대하여 a+b+c의 값은? (단, c는 소수)

① 8 ② 9 ③ 10 ④ 11 ⑤ 12

4. $2^4 \times 5^a$의 약수의 개수가 20일 때, 자연수 a의 값은?

① 1 ② 2 ③ 3 ④ 4 ⑤ 5

답 **1.** ⑤, **2.** ③, **3.** ④, **4.** ③

소인수 분해 관련 문제를 임쌤과 함께 풀어볼까요? QR코드를 통해 임쌤을 만나러 오세요.

Math mind map

임쌤의 손 글씨 마인드맵으로 '소인수 분해'를 정리해 볼까요?

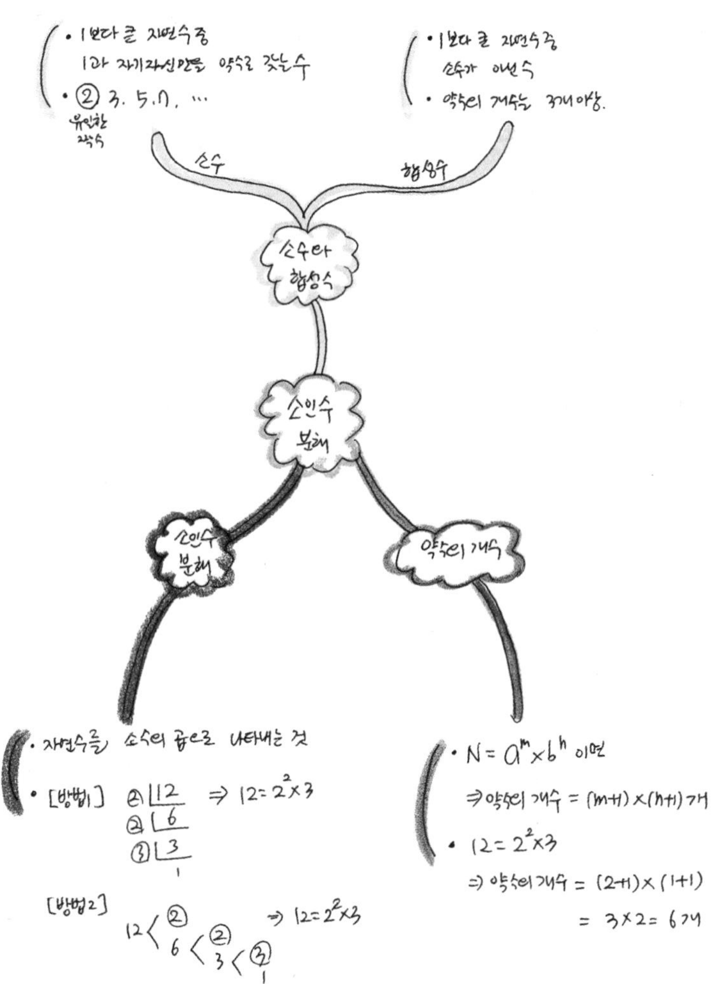

02 수학적으로 나누고 만나고!

: 최대 공약수와 최소 공배수

- 자연수의 약수를 구해 보고, 공통인 약수를 구할 수 있어요.
- 자연수의 배수를 구해 보고, 공통인 배수를 구할 수 있어요.
- 최대 공약수와 최소 공배수를 구하는 방법을 배워 볼까요?

우리는 친구! 뭐든지 함께 나누지!

└공약수와 최대 공약수

지율아! 아빠가 연필이랑 공책을 좀 가지고 왔는데, 지율이 쓸 것은 집에 많으니까 이것은 친구들에게 나누어 줄래?

좋아요! 친구들도 좋아할 거예요. 그런데 몇 명한테, 어떻게 나눠 주는 게 좋을까요?

음……. 아빠가 연필은 54자루, 공책은 30권을 가지고 왔어! 지율이가 적당히 나누어 보렴.

최대한 많은 친구들에게 남는 것 없이 나눠 주는 게 제일 좋겠지요? 그럼 몇 명의 친구들에게 나눠 줄 수 있을까요?

아빠가 지율이와 친구들을 위해 연필과 공책을 챙겨 오셨네요. 지율이 말처럼 최대한 많은 친구들에게 남는 것이 없게 똑같이 나눠 주는 것이 좋을 것 같아요. 과연 몇 명의 친구들에게 나눠 줄 수 있을지 함께 생각해 볼까요?

1명의 친구에게 나누어 준다면 당연히 연필 54자루와 공책 30권을 줄 수 있어요. 물론 남는 것이 없고요. 그럼 2명의 친구에게는 어떻게 나누어 줄 수 있을까요? 2명의 친구에게는 연필 27자루와 공책 15권씩을 똑같이 나누어 줄 수 있지요. 3명의 친구에게는 어떨까요? 연필 18자루와 공책 10권씩을 똑같이 나누어 줄 수 있습니다. 이렇게 생각해 보니, 1명, 2명, 3명의 친구들에게 나누어 줄 수 있네요. 그럼 4명의 친구에게 나누어 주는 것은 어떨까요? 연필과 공책 모두 남는 것이 없이 나누어 줄 수가 없네요. 왜냐하면 연필 54자루가 4로 나누어떨어지지 않기 때문이에요. 그렇게 생각해보니, 나누어 줄 수 있는 친구들의 수가 바로 연필 54의 약수와 공책 30의 약수가 되겠네요!

54의 약수인 1, 2, 3, 6, 9, 18, 27, 54가 연필을 나누어 줄 수 있는 친구들의 수가 되고, 30의 약수인 1, 2, 3, 5, 6, 10, 15, 30이 공책을 나누어 줄 수 있는 친구들의 수가 되는 거예요.

그런데 지율이는 같은 친구들에게 나누어 주어야 하니, 54와 30의 약수 중 똑같이 들어가 있는 수만큼의 친구들에게 나누어 줄 수 있습니다. 1, 2, 3, 6이 공통으로 들어가 있는 수이기 때문에 1명, 2명, 3명 또는 6명에게 연필과 공책을 남는 것이 없도록 똑같이 나누어 줄 수 있는 거예요.

정리해 보면, 지율이는 최대한 많은 친구들과 나누겠다고 했으니까 6명의 친구들에게 연필은 9자루씩, 공책은 5권씩 똑같이 나눠 줄 수 있겠네요.

이게 바로 공약수이면서 최대 공약수예요. 나누어 줄 수 있는 친구들의 수가 연필과 공책의 공통으로 들어가 있는 약수인 공약수에서 찾을 수가 있고, 최대한 많은 친구들에게 나누어 주어야 하니까, 최대 공약수를 구해서 나누어

서로소
둘 이상의 자연수들 사이에 1 이외의 공약수가 없을 때 이 자연수들의 관계를 '서로소'라고 한다.

줄 수 있는 친구들의 수를 찾은 거예요.

그러면 매번 최대 공약수를 구하려면 각각의 약수들을 다 구해 본 뒤, 똑같은 약수인 공약수를 찾고, 그중 가장 큰 수를 최대 공약수라고 해야 할까요? 그렇게 최대 공약수를 구하면 너무 비효율적이겠지요? 그래서 쌤과 최대 공약수를 구하는 방법을 연습해 볼 거예요. 최대 공약수를 구하는 방법은 크게 두 가지가 있어요.

첫 번째 방법은 나눗셈을 이용하는 거예요.

1이 아닌 공통으로 나눌 수 있는 공약수로 각각의 수를 계속 나눠요. 나눈 결과, 몫이 더 이상 안 나누어지는 서로소가 될 때까지 계속 나눕니다. 그 뒤, 나누어 준 공약수를 모두 곱하면 그 값이 바로 최대 공약수가 되는 거예요. 54와 30을 나눌 때, 두 수가 모두 나눠지는 숫자로 나눈다는 겁니다. 2로 나누고, 그 결과로 나온 몫을 3으로 나누면 54의 몫은 9가 되고, 30의 몫은 5가 되어 더 이상 같은 수로 나누어지지 않아요. 그러면 나눗셈을 끝내고, 그 나누어 준 공약수인 2와 3을 곱해서 6을 최대 공약수라고 하면 돼요. 참, 쉽지요?

최대 공약수 구하는 방법을 임쌤과 함께 살펴볼까요? QR 코드를 통해 임쌤을 만나러 오세요.

두 번째 방법은 소인수 분해를 이용하는 방법이에요.

우리가 앞에서 배웠던 대로 54와 30을 각각 소인수 분해해서 공통으로 나온 소인수들을 모두 곱하면 됩니다. 이때 공통인 소인수의 지수가 같으면 그대로, 지수가 다르면 작은 지수를 택하여 곱하면 그 또한 최대 공약수가 됩니다.

공약수와 최대 공약수

1 최대 공약수

❶ 공약수 : 두 개 이상의 자연수의 공통인 약수

❷ 최대 공약수 : 공약수 중에서 가장 큰 수

❸ 최대 공약수의 성질 : 두 개 이상의 자연수의 공약수는 최대 공약수의 약수임.

❹ 서로소 : 공약수가 1뿐인 둘 이상의 자연수들의 관계

2 최대 공약수 구하기

방법 1 나눗셈을 이용하는 방법

방법 2 소인수 분해를 이용하는 방법

공원을 몇 바퀴 돌아야 아빠를 다시 만날까?

└공배수와 최소 공배수

지율아, 아빠랑 공원에서 자전거 타니까 좋지?

네, 오랜만에 공원에 나오니까 정말 좋아요!

아빠랑 함께 해서 좋은 게 아니라?

음, 글쎄요……. 헤헤, 아빠랑 같이 나오니 더 좋지요! 아빠, 우리 지금 공원 몇 바퀴 돌까요?

역시 우리 딸! 그렇게 하자! 아빠는 공원 한 바퀴 도는데 12분 걸리고, 지율이는 18분 걸리니까 지금 동시에 출발하면 몇 분 후에나 다시 만날 수 있는지 계산해 볼까?

공원에서 자전거 타는 것만큼 가슴이 뻥 뚫리는 일도 없지요. 아빠와 지율이가 함께 자전거 데이트를 하려나 봐요.

같은 자리에서 출발하여 공원을 한 바퀴 돈다면 분명 아빠와 지율이는 동시에 출발했던 자리로 돌아오기는 힘들 거예요. 왜냐하면 아빠와 지율이의 자전거 타는 속력이 다르니까요. 당연히 아빠가 조금 더 빠르게 돌겠지요? 지율이와 아빠의 대화처럼 아빠는 공원 한 바퀴를 12분 만에 돌고, 지율이는 18분 만에 돈다면, 동시에 출발했을 때 한 바퀴 돌고 난 후 돌은 출발점에서 다시 만나지 못할 거예요. 아빠가 한 바퀴를 돌아서 제자리에 온다면 지율이는 아직 돌아오고 있는 중이고, 지율이가 한 바퀴를 돌아서 제자리에 온다면 이미 아빠는 한 바퀴를 돌고 더 돌고 있을 테니까요. 그러면 두 사람이 동시에 출발하여서 두 사람 모두 동시에 출발점에서 만나려면 아빠는 공원을 몇 바퀴를 돌아야 하고, 지율이는 몇 바퀴를 돌아야 할까요?

이 문제가 바로 '공배수'의 문제예요. 함께 답을 찾아볼까요? 우선 아빠는 공원을 한 바퀴 도는데 걸리는 시간이 12분이에요. 두 바퀴를 돌면 24분이고요. 세 바퀴를 돌면 36분이 걸리지요. 아, 물론 아빠가 지치지 않고 일정한 속도를 유지한다는 가정이 필요해요. 결국 아빠가 공원을 한 바퀴씩 돌아 출발점을 지나는데 걸리는 시간들은 12분, 24분, 36분으로 12의 배수가 됩니다.

그럼 지율이는 어떨까요? 물론 지율이도 아빠처럼 일정한 속도를 유지한다고 가정하면, 출발 후 출발 지점을 지나는데 걸리는 시간들은 한 바퀴째에 18분, 두 바퀴째에 36분 그리고 세 바퀴째에는 54분이 걸립니다. 모두 18의 배수들이고요.

속력
속도의 크기

속도
물체가 나아가거나 일이 진행되는 빠르기

아빠와 지율이가 출발 지점에 도착하는 시간을 정리해 보면, 아빠는 12분,

24분, 36분, … 그리고 지율이는 18분, 36분, 54분, …이 걸립니다. 자, 겹쳐지는 시간이 보이나요? 그렇죠! 36분이 겹치는 시간입니다.

이 말이 무슨 뜻이냐고요? 아빠는 공원을 세 바퀴를 돌고, 지율이는 두 바퀴를 돌고 난 후 36분 만에 출발점에서 둘이 다시 만난다는 거예요.

물론 출발한 뒤, 36분 후에 처음 만나고, 아빠와 지율이가 계속해서 자전거를 탄 다면 72분 뒤에 두 번째로 만나게 되겠지요. 즉 36의 배수마다 아빠와 지율이가 계속해서 출발점에서 만나게 되는 겁니다. 이해가 됐나요?

아빠와 지율이가 만나게 되는 36분과 72분이 바로 아빠와 지율이가 공원을 한 바퀴 도는데 걸리는 시간인 12분과 18분의 공배수가 되는 거예요. 실생활에서 이렇게 공배수의 개념이 사용이 됩니다.

출발한 뒤 제일 처음에 만나는 시간인 36분은 공배수 중에서 가장 작은 공배수인 '최소 공배수'가 되겠네요. 이렇게 공배수와 최소 공배수를 구하려면, 직접 배수들을 구해 본 뒤, 겹치는 값 그러니까 공통인 배수를 찾으면 공배수가 되고 그 공배수 중에서 가장 작은 값이 최소 공배수가 되는 거예요.

그렇다면 최소 공배수를 구하려면 이렇게 직접 배수들을 모두 구해서 공통인 배수를 찾아야 하는 걸까요? 맞아요! 가장 먼저 생각할 수 있는 방법이면서 가장 정확한 방법이지요. 하지만 공배수가 엄청 크다면? 각각의 배수를 구하는데 공배수가 너무 멀리 있다면? 그러면 공배수를 구하는데 시간이 너무 많이 필요하겠지요. 그래서 공배수와 최소 공배수를 구하는 방법을 배우는 거예요. 이제 임쌤과 함께 최소 공배수 구하는 방법을 살펴볼까요?

최소 공배수를 구하는 방법은 크게 두 가지 방법이 있어요.

첫 번째, 나눗셈을 이용하는 방법이 있습니다.

공배수와 최소 공배수 구하는 방법을 조금 더 자세하게 임쌤과 함께 살펴볼까요? QR코드를 통해 임쌤을 만나러 오세요.

먼저 1이 아닌 공약수로 각각의 수를 서로소가 될 때까지 나눠 보는 거예요. 만약 세 수의 최소 공배수를 구할 때 세 수의 공약수가 없다면 최대 공약수를 구할 때와는 다르게, 두 수의 공약수로만 나누어도 되는 거예요. 이때 공약수가 없는 수는 그대로 내려서 쓰면 됩니다. 나누어 준 공약수들과 마지막에 나온 몫들을 모두 곱하면 최소 공배수가 되는 거예요.

두번째, 소인수 분해를 이용하는 방법이 있습니다.

각각의 자연수를 소인수 분해하는 거예요. 공통인 소인수와 공통이 아닌 소인수를 모두 곱하면 됩니다. 여기에서 공통인 소인수는 지수가 같으면 그대로, 지수가 다르면 큰 것을 택해 곱하면 된답니다.

최소 공배수를 구하는 것이 익숙하지 않은 친구들은 임쌤과 함께 더 연습해 봅시다.

공배수와 최소 공배수

1 최소 공배수

❶ 공배수 : 두 개 이상의 자연수의 공통인 배수

❷ 최소 공배수 : 공배수 중에서 가장 작은 수

❸ 최소 공배수의 성질 : 두 개 이상의 자연수의 공배수는 최소 공배수의 배수임.

2 최소 공배수 구하기

방법 1 나눗셈을 이용하는 방법

방법 2 소인수 분해를 이용하는 방법

쪽지 시험

시험에 '반드시' 나오는 '최대 공약수와 최소 공배수' 문제를 알아볼까요?

1. 다음 두 수의 최대 공약수를 구하세요.

$2\times5^2\times7$, $2^2\times5\times7^3$

2. 다음 두 수의 최소 공배수를 구하세요.

$2\times3^2\times5^2$, $2^2\times3^4\times5$

3. 연필 60자루와 공책 48권을 최대한 많은 학생들에게 똑같이 나누어 주려고 할 때, 나누어 줄 수 있는 학생 수를 구하세요.

4. 어느 역에서 A버스는 4분마다, B버스는 6분마다, C버스는 9분마다 출발합니다. 오전 7시에 동시에 출발한 후, 오전 10시까지 몇 회나 더 동시에 출발할 수 있는지 구하세요.

답 **1.** $2\times5\times7=70$, **2.** $2^2\times3^4\times5^2=8100$, **3.** 12명, **4.** 5회

최대 공약수와 최소 공배수 관련 문제를 임쌤과 함께 풀어 볼까요? QR코드를 통해 임쌤을 만나러 오세요.

Math mind map

임쌤의 손 글씨 마인드맵으로 '최대 공약수와 최소 공배수'를 정리해 볼까요?

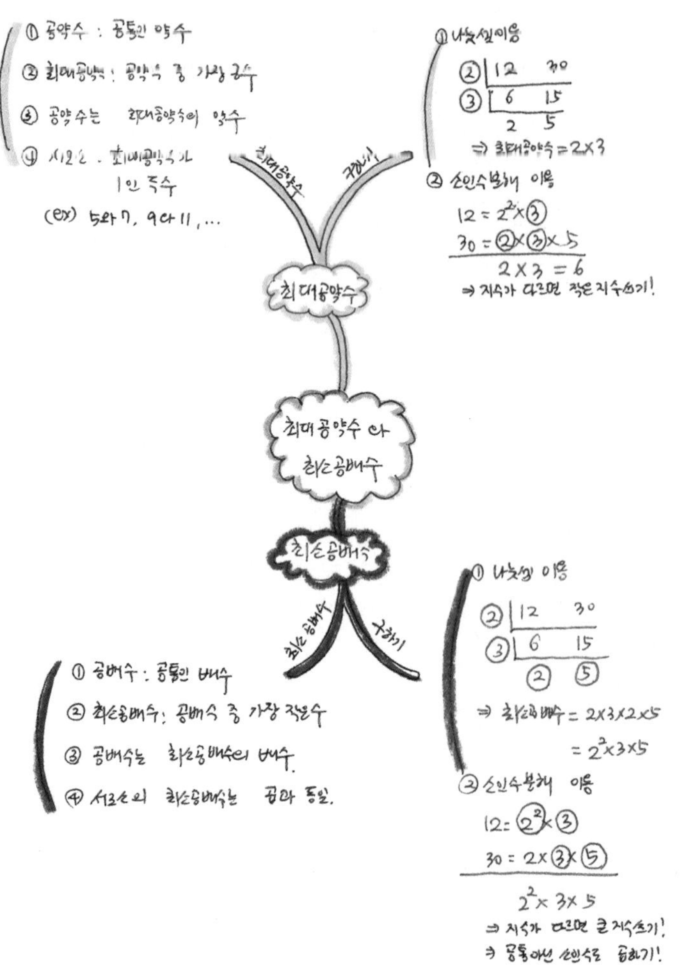

숫자들도 이름이?

03

: 정수와 유리수의 뜻

- 우리가 사용하고 있는 수의 종류에 대해 알아보아요.
- 0은 양수일까요? 음수일까요?
- 분수의 정확한 이름을 배워 볼까요?

수박 반 통을 숫자로 표현하면?

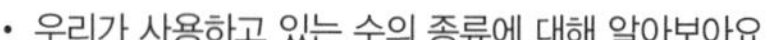

ㄴ정수와 유리수의 뜻

아빠, 과일 먹고 싶어요. 저기서 과일 사 주떼염!

아이쿠, 우리 지율이가 과일이 먹고 싶어서 혀가 짧아졌구나! 무슨 과일이 먹고 싶니?

음, 바나나도 먹고 싶고 수박도 먹고 싶어요!

그럼 먹을 만큼 적당히 살까? 바나나는 두 송이 정도만 사고…….

아빠! 여기 냉장고에 반 통짜리 수박을 팔아요! 이거 사요!

수박은 반 통이니까 가격이……. 한 통 가격의 $\frac{1}{2}$보다 조금 더 비싸구나?

그래도 남겨서 버리는 거 보단 나으니까 반 통만 사서 다 먹자고요!

지율이와 아빠가 마트에 갔나 봐요. 지금 아빠와 지율이가 바나나를 두 송이 사고, 수박은 반 통을 구매했어요. 이처럼 물건의 개수를 셀 때 우리는 당연히 숫자를 사용합니다. 아빠와 지율이가 구매한 바나나의 개수처럼 손가락으로 셀 수 있는 숫자를 우리는 '자연수'라고 부릅니다. 자연수를 영어로 'Natural number'라고 하는데 자연 속에서 사용되는 수라는 뜻이에요. 즉, 자연수란 1, 2, 3, … 과 같은 수를 말한답니다. 그런데 수에는 이미 우리도 알다시피 '음의 부호'를 나타내는 수도 존재해요. 겨울이 되면 온도가 낮아지잖아요. 영하 5도, 영하 10도처럼 음의 부호를 사용하는 수도 있답니다. 이런 수를 음수라고 불러요. 특히, 음수 중에서 자연수에 음의 부호를 붙인 수를 '음의 정수'라고 부른답니다. 그렇게 되면 자연수는 또 다른 말로 '양의 정수'라고도 부를 수 있겠지요? 자, 그렇다면 0은 어디에 소속되어 있을까요? 0은 양수일까요? 아니면 음수일까요? 많이들 궁금해 하는데요, 0은 부호가 없는 수예요. 양수도 음수도 아니기 때문에 0을 자연수(양의 정수), 음의 정수와 따로 구분해 놓습니다. 우리는 이 세 종류의 수를 모두 합쳐 '정수'라고 불러요.

위의 대화에서 수박의 가격을 $\frac{1}{2}$이라고 표현을 했는데, 그럼 $\frac{1}{2}$은 어디에 속해 있는 수일까요? $\frac{1}{2}$은 부호가 양의 부호이기에 (양의 부호인 +기호는 생략이 가능해요) 자연수일 것 같지만, 자연수는 분모가 1인 수이기에 $\frac{1}{2}$처럼 분수인 수는 따로 이름을 만들어 주어야 했어요. 그래서 분수로 표현할 수 있는 수를 '유리수'라고 불러요. 유리수 중에서 부호가 양의 부호인 수를 '양의 유리수', 음의 부호인 유리수를 '음의 유리수'라고 부른답니다. 유리수에도 부호가 있다는 사실! 그러면 쌤이 질문 하나 해볼까요? 지율이가 바나나를 두 송이 사달라고 했는데, 그때 나오는 두 송이, 즉 2라는 숫자는 유리수일까요? 아니면 유리수가 아닐까요? 분수 모양이 아니니까 유리수가 아닐 것 같지만, $2=\frac{2}{1}$로 분수 형태로 표현이 가능하기 때문에 유리수라고 부를 수 있습니다. 그래서 2

라는 숫자는 자연수이면서 유리수가 되는 거예요. 어때요? 숫자라고 하면 단순히 자연수와 분수만 있는 줄 알았는데, 그 숫자들에는 이름이 있다는 사실! 임쌤과 함께 다시 한 번 정리해 볼까요?

정수와 유리수의 뜻

1 정수

❶ 양의 정수 : 자연수에 양의 부호 +를 붙인 수

❷ 음의 정수 : 자연수에 음의 부호 −를 붙인 수

❸ 양의 정수, 0, 음의 정수를 통틀어 '정수'라고 함.

2 유리수

❶ 유리수 : $\frac{(\text{정수})}{(0\text{이 아닌 정수})}$

❷ 양의 유리수 : 분자, 분모가 자연수인 분수에 양의 부호 +를 붙인 수

❸ 음의 유리수 : 분자, 분모가 자연수인 분수에 음의 부호 −를 붙인 수

3 유리수의 종류

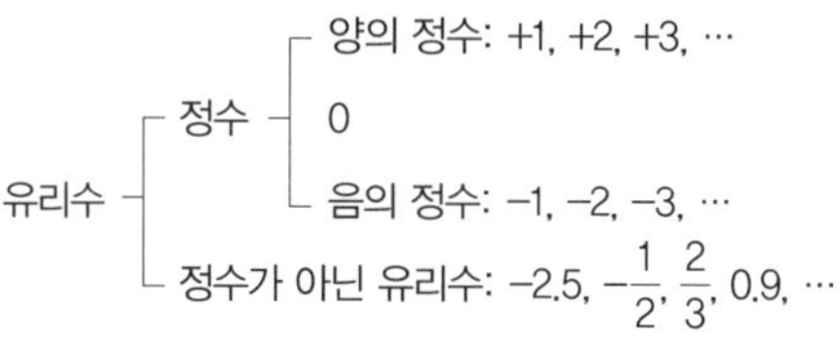

4 양수, 음수

❶ 양수 : 0이 아닌 수에 부호 +를 붙인 수

❷ 음수 : 0이 아닌 수에 부호 −를 붙인 수

쪽지 시험

시험에 '반드시' 나오는 '정수와 유리수의 뜻' 문제를 알아볼까요?

1. 다음 수 중에서 정수가 아닌 유리수는 모두 몇 개인지 구하세요.

$$-4.2,\ -\frac{4}{2},\ 0,\ \frac{4}{3},\ 4,\ -\frac{1}{3},\ -2$$

2. 다음 수에 대한 설명으로 옳은 것은?

$$-2,\ 0.1,\ -1.1,\ 2.11,\ \frac{4}{5},\ 1\frac{2}{3},\ 3,\ -4$$

① 정수는 −2, −4의 2개이다.

② 정수가 아닌 유리수는 8개이다.

③ 음의 정수는 −2, 3, −4의 3개이다.

④ 양수는 0.1, 2.11, $\frac{4}{5}$, $1\frac{2}{3}$의 4개이다.

⑤ 음의 유리수는 −2, −1.1, −4의 3개이다.

3. 다음 그림과 같이 수직선 위에 다섯 개의 점A, B, C, D, E가 있어요. 각각의 점에 대응하는 수가 정수인 점을 a개, 양의 유리수인 점을 b개라 할 때, $a+b$의 값을 구하세요.

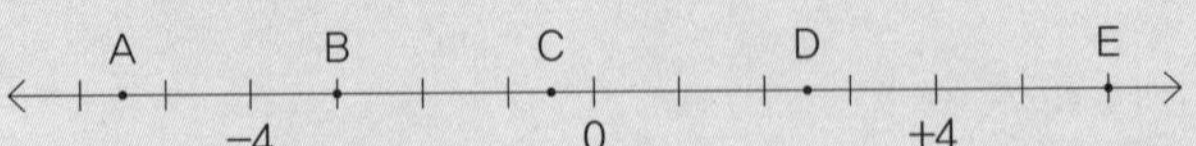

4. 다음 설명 중 옳지 <u>않은</u> 것을 모두 고르면? (정답 2개)

① 가장 작은 정수는 0이다.

② 0이 아닌 어떤 수로 0을 나눈 수는 유리수이다.

③ 유리수 중에는 정수가 아닌 수도 있다.

④ 유리수는 양의 유리수, 0, 음의 유리수로 나누어진다.

⑤ 서로 다른 두 유리수 사이에는 항상 또 다른 유리수가 있다.

답 **1.** 3개, **2.** ⑤, **3.** 4, **4.** ①, ③

정수와 유리수의 뜻 관련 문제를 임쌤과 함께 풀어 볼까요? QR코드를 통해 임쌤을 만나러 오세요.

Math mind map

임쌤의 손 글씨 마인드맵으로 '정수와 유리수의 뜻'을 정리해 볼까요?

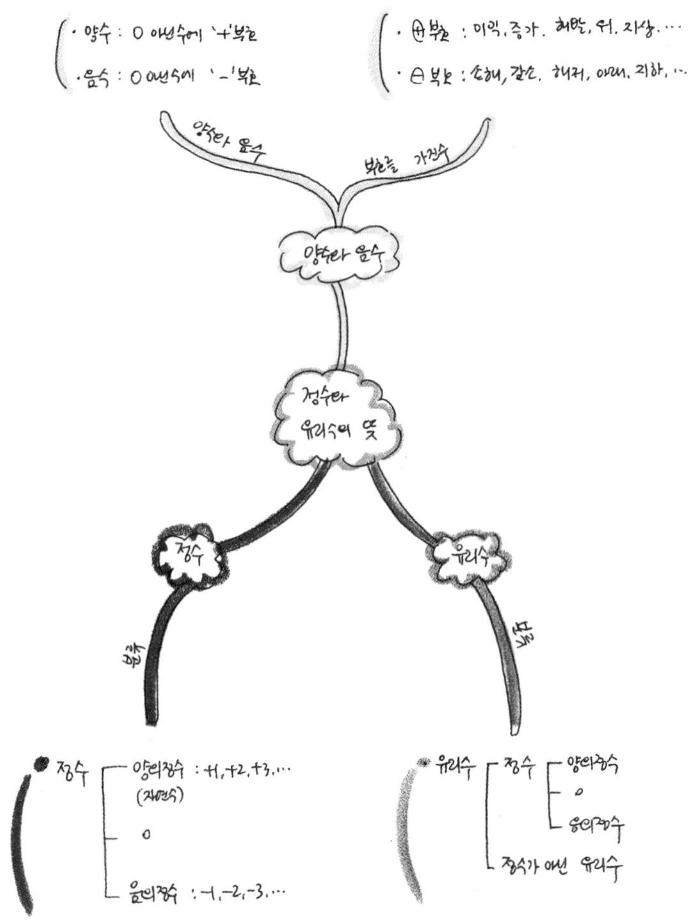

04 수의 크기를 비교하라!

: 정수와 유리수의 대소 관계

- 절댓값의 뜻을 알아보아요.
- 서로 다른 두 수의 크기를 비교해 보아요.

너와 나의 거리

ㄴ수직선과 절댓값

지율아! 과일 다 샀으면 계산대로 갈까?

아고, 사람이 너무 많아요. 어느 줄이 빠를까요?

지율아, 고민하는 순간에도 사람들은 줄을 서고 있어!

그래도 줄이 짧은 쪽에 줄을 서야 빨리 집에 가서 과일을 먹잖아요.

음, 이렇게 해보면 어떨까? 계산대를 수직선의 원점으로 두고, 줄을 선 사람들을 수직선 위에 두는 거야! 원점에서 가장 가까운 위치에 있을 수 있는 계산대에 줄을 서면 되겠네.

마트에서까지 수학이라니……. 우리 아빠는 정말 대단해요!

우리도 마트에서 장을 본 후 당연히 줄이 가장 짧은 쪽 계산대로 가지요. 그래야 빨리 계산할 수 있으니까. 물론 예상하지 못했던 변수로 인해 다른 쪽 줄이 빠르게 줄어들기도 하지만요.

위에서 아빠가 말씀하셨듯이 마트에서 계산하는 곳을 수직선의 원점으로 본다면 줄서 있는 사람들을 수직선 위에 둘 수가 있어요. 줄서 있는 사람들의 위치를 통해서 어느 줄이 더 길고 짧은지 확인할 수가 있지요. 줄서 있는 사람의 위치가 계산대로부터 멀다면 수직선에서도 원점으로부터 더 멀단 뜻이고, 줄서 있는 사람의 위치가 계산대로부터 가깝다면 수직선에서도 원점으로부터 더 가깝단 뜻이니, 수직선에서의 위치를 통하여 우리가 줄 설 계산대를 정할 수 있어요.

계산대에서 줄서 있는 사람까지의 위치, 즉 수직선 위에서 원점으로부터의 거리를 우리는 '절댓값'이라고 불러요. 만약에 줄서 있는 사람의 위치를 수직선 위에 나타냈을 때, 위치가 수직선의 3에 있다면, 그 사람의 절댓값은 3이 됩니다.

계산을 하고 계산대를 지나갔다고 가정해 볼까요? 계산하기 위하여 줄서 있는 곳을 +인 양의 부분으로 본다면, 계산을 하고 나간 곳은 부호가 -인 음의 부분이 되겠지요? 계산을 하고 나간 사람의 위치가 수직선 위에서 -3에 위치해 있다면 계산하고 나간 사람의 절댓값은 -3이 아니라 3이 됩니다. 어라? 뭔가 이상하지요? 수직선에서는 위치가 -3인데 왜 절댓값이 3이 될까요? 그 이유는 절댓값의 정의, 바로 뜻에 있습니다.

앞에서 말했듯이 절댓값은 수직선에서 원점으로부터의 거리를 말해요. '거리'입니다. '거리'는 음수가 될 수 없지요? '너와 나의 거리는 -3미터야!'라고 말하면 좀 이상하잖아요.

절댓값은 절대로 음수가 될 수 없습니다. 3의 절댓값이나, -3의 절댓값이나 모두 3이 됩니다. 물론 0은 될 수가 있어요. 언제 0이 되느냐? 바로 수직선 위에서 원점에 놓여 있다면, 원점으로부터의 거리가 0이 되는 거예요. 그래서 0의 절댓값은 0입니다. 이것을 우리는 기호로 정리해 볼 수 도 있어요.

3의 절댓값을 숫자 3 왼쪽과 오른쪽에 막대로 막아서 |3|이라고 표현할 수가 있고, -3의 절댓값 또한 숫자 -3의 왼쪽과 오른쪽에 막대로 막아서 |-3|이라고 표현할 수가 있어요. 즉, '3과 -3의 절댓값은 3이다'를 |3|=|-3|=3으로 나타낼 수 있습니다.

또 절댓값에 대해서 다르게 생각해 볼 수도 있어요. 절댓값이 5인 숫자를 찾아볼까요? 절댓값이 5라는 뜻은 수직선에서 원점으로부터의 거리가 5라는 뜻이에요. 한번 생각해 볼까요? 절대값을 이해한 우리는 원점에서부터 거리가 5가 되는 곳은 두 곳이 있다는 것쯤은 이제 쉽게 알 수 있어요. 원점에서 오른쪽으로 5만큼 갈 수도 있고, 원점에서 왼쪽으로 5만큼 갈 수도 있으니까요. 원점에서 오른쪽으로 5만큼 간 숫자는 5가 되고, 원점에서 왼쪽으로 5만큼 간 숫자는 -5가 되므로, 절댓값이 5가 되는 수는 5와 -5, 두 개의 값이 나오게 됩니다. 이것을 절댓값이 5가 되는 A라는 수 |A|=5는 A=5와 A=-5, 두 개의 값이 나온다고 기호로 표현할 수도 있어요.

절댓값은 '거리'를 나타냅니다. '거리'의 느낌을 가지고 있다면 절댓값을 쉽게 이해할 수 있어요! 그럼 쌤과 정리해 볼까요?

수직선과 절댓값

1 수직선

❶ 수직선 : 직선 위에 기준이 되는 점O를 잡아 수 0을 대응시키고 점O의 왼쪽과 오른쪽에 같은 간격의 점을 잡아 오른쪽의 점들은 차례로 +1, +2, +3, …을, 왼쪽의 점들은 차례로 −1, −2, −3, …을 대응시켜서 만든 직선을 수직선이라고 함. 이때 기준이 되는 점O를 원점이라고 함.

2 절댓값

❶ 절댓값 : 수직선 위에서 어떤 수에 대응하는 점과 원점 사이의 거리

❷ 절댓값의 표현 : A의 절댓값은 기호 | |를 사용하여 |A|로 나타내고, '절댓값 A'라고 읽음.

❸ 절댓값의 성질

(a) 절댓값은 거리이므로 0 또는 양수

(b) 절댓값이 가장 작은 수는 0

(c) 절댓값이 클수록 원점에서 멀리 떨어져 있음.

임쌤의 tip

누구의 키가 더 클까?

└수의 대소 관계

지율아, 오늘 학교에서 신체검사를 했다며?

키도 재고 몸무게도 재고, 아주 난리였어요.

역시, 몸무게를 잰다는 게 엄마나 지율이나 스트레스인가 보구나.

아니거든요? 그렇잖아도 엄마랑 몸무게 말고 키를 비교해 봤거든요.

지율이랑 엄마랑 차이가 크지 않지?

이번에 제 키가 160.5cm였어요. 그럼 엄마랑 저랑 누구 키가 더 큰 거예요?

우와, 지율이 키가 정말 많이 컸구나. 엄마 키가 164.5cm니까…….

지율이의 키가 부쩍 자랐나 봅니다. 그런 모습을 아빠가 흐뭇하게 바라보시는 것 같아요. 이번에 신체검사에서 지율이의 키가 많이 자라서 엄마와 비교할 정도가 되었나 봐요.

아빠와 지율이의 대화에서 엄마의 키는 164.5cm, 지율이의 키는 160.5cm라고 했는데, 둘 중에서 누구의 키가 더 큰 것일까요? 당연히 엄마의 키가 더 크겠지요? 그러면 이렇게 질문해 볼까요? 왜 엄마의 키가 더 큰 걸까요?

이 질문에 대한 답은 수직선으로 명쾌하게 설명할 수 있어요. 수직선을 그린 뒤, 엄마의 키와 지율이의 키를 수직선 위에 표현을 해 보는 거예요. 이때 엄마의 키가 지율이의 키보다 오른쪽에 위치해 있지요? 그 의미는 바로 엄마의 키가 지율이의 키보다 더 크다는 거예요.

수직선 위에 있는 수들은 서로의 크기가 결정되어 있고, 수직선의 오른쪽으로 갈수록 그 크기가 더 커지는 거예요. 이렇듯 우리는 수직선에서의 위치를 통해서 수의 크기를 결정할 수 있어요.

수직선의 원점에서 왼쪽으로 갈수록 더 작아집니다. 그러니까 음수는 절대값이 작은 수가 더 커요. 또 수직선의 원점에서 오른쪽으로 갈 수록 더 커집니다. 그러니까 양수는 절대값이 큰 수가 더 크고요. 이런 수들은 부등호를 사용해 그 크기를 서로 비교할 수도 있답니다.

자, 수의 대소 관계를 임쌤과 함께 정리하면서 다시 복습해 봅시다.

수의 대소 관계

1 수의 대소 관계

❶ 양수는 0보다 크고, 음수는 0보다 작음.

❷ 수직선에서의 수는 오른쪽으로 갈수록 더 커짐.

❸ 두 양수에서는 부호를 무시한 숫자가 큰 수가 더 큼.

❹ 두 음수에서는 부호를 무시한 숫자가 큰 수가 더 작음.

2 부등호의 사용

❶ $x>a$: 크다. 초과이다.

❷ $x<a$: 작다. 미만이다.

❸ $x \geqq a$: 크거나 같다. 이상이다. 작지 않다.

❹ $x \leqq a$: 작거나 같다. 이하이다. 크지 않다.

쪽지 시험

시험에 '반드시' 나오는 '정수와 유리수의 대소 관계' 문제를 알아볼까요?

1. 다음 중 절댓값이 가장 큰 수는?

① -3 ② -2 ③ $\frac{5}{2}$ ④ 3.1 ⑤ $\frac{10}{3}$

2. -2의 절댓값을 a, 절댓값이 4인 수 중에서 음수를 b라 할 때, 수직선에서 두 수 a, b를 나타내는 두 점 사이의 거리는?

① 2 ② 3 ③ 4 ④ 5 ⑤ 6

3. 다음 중 두 수의 대소 관계가 옳지 않은 것은?

① $\frac{11}{7}>\frac{2}{3}$ ② $-1>-2$ ③ $0<\frac{7}{6}$ ④ $-\frac{7}{3}<-2$ ⑤ $\frac{1}{4}>\frac{1}{3}$

4. 다음 수에 대한 설명 중 옳은 것은?

$$2.5,\ -3,\ -\frac{1}{3},\ 0.02,\ 5,\ -1$$

① 가장 큰 수는 2.5이다.
② 가장 작은 수는 -1이다.
③ 절댓값이 가장 작은 수는 $-\frac{1}{3}$이다.
④ 음수 중 가장 큰 수는 $-\frac{1}{3}$이다.
⑤ 0보다 작은 수는 2개이다.

답 **1.** ⑤, **2.** ⑤, **3.** ⑤, **4.** ④

정수와 유리수의 대소 관계 관련 문제를 임쌤과 함께 풀어 볼까요? QR코드를 통해 임쌤을 만나러 오세요.

Math mind map

임쌤의 손 글씨 마인드맵으로 '정수와 유리수의 대소 관계'를 정리해 볼까요?

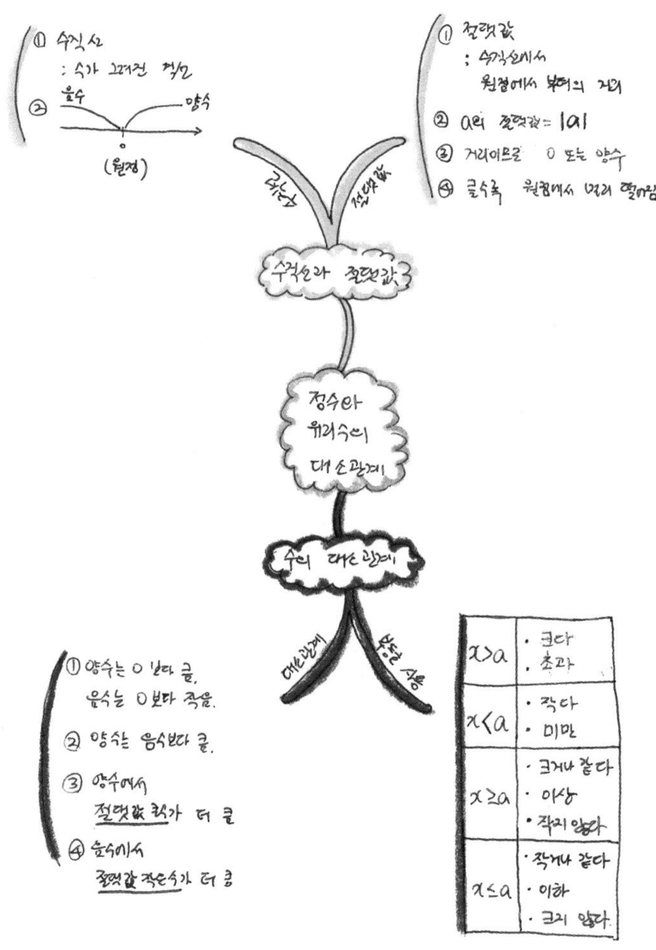

05 변함없는 덧셈과 그의 동생

: 정수와 유리수의 덧셈과 뺄셈

- 부호가 서로 같은 유리수의 덧셈과 뺄셈을 해 볼까요?
- 부호가 서로 다른 유리수의 덧셈과 뺄셈을 해 볼까요?

순서를 바꿔도, 누구와 결합해도 변함없는 덧셈!

ㄴ정수와 유리수의 덧셈

아빠! 오늘 수학 시간에 배운 더하기 중에 이해가 안 되는 내용이 있었어요.

어떤 점이 이해가 안 됐는데?

더하는 방법은 알겠는데, 덧셈의 교환 법칙과 결합 법칙이 뭐예요?

우리 지율이가 덧셈은 잘하는데, 용어가 어렵다는 얘기구나?

지율이가 학교에서 덧셈을 배웠나 봐요. 덧셈하는 방법은 초등학교 때 배워서 다들 잘할 거예요. 초등학교 때와 중학교 때 배우는 덧셈의 차이점은 무엇인지부터 알아야겠지요? 바로 자연수의 덧셈이냐, 분수인 유리수의 덧셈이냐의 차이예요. 어렵게 느껴지기도 하지만 미리 걱정할 필요는 없어요. 더하는 방법은 같으니까요.

우선 덧셈에는 두 가지 유형이 있어요. 부호가 같은 두 수를 더하는 것과 부호가 다른 두 수를 더하는 거예요.

첫 번째로 부호가 같은 두 수의 덧셈은 우선 두 수의 절댓값을 더하면 돼요. 여기서 절댓값이란 것 앞에서 배웠지요? 수직선에서 원점으로부터의 거리! 그래도 절댓값을 이해하기 힘들다면, 부호가 있는 수에서 부호를 없앤 숫자를 절댓값이라고 생각해도 된다는 사실! 그래서 부호가 같은 두 수를 더할 때에는 부호를 무시하고 두 수를 더한 뒤, 공통인 부호를 붙이면 돼요. 양수와 양수를 더하면 결과의 부호는 양수가 되고, 음수와 음수를 더하면 결과의 부호는 음수가 되는 거예요. 여기까지는 참 쉽지요?

두 번째로 부호가 다른 두 수의 덧셈은 두 수의 절댓값을 빼는 거예요. 부호를 무시한 두 수 중 큰 수에서 작은 수는 뺀 뒤에 부호를 결정할 때에는 큰 수의 부호를 따라서 붙이면 된답니다. 예를 들어서 (-5)+(+2)를 계산하게 되면 부호를 무시한 5에서 2를 뺀 3을 쓴 뒤에, 큰 수인 5의 부호 -를 붙여 -3이 답이 되는 거예요. 어때요? 처음 배울 때엔 이렇게 공식처럼 익히지만, 조금만 연습해 보면 구구단처럼 나도 모르게 계산을 할 수 있을 거예요.

이제 지율이가 궁금해 하는 법칙들을 알아볼까요?

교환 법칙은 말 그대로 '교환'하는 거예요. 바꾼다는 것이지요. 더하는 두 수의 순서를 바꾸어도 그 결과는 똑같다는 말입니다. (-5)+(+2)를 계산하는 것과 순서를 바꾼 (+2)+(-5)를 계산하는 것은 그 결과 -3으로 똑같아요.

결합 법칙은 '결합'하는 순서를 바꾸어도 그 결과 또한 똑같다는 뜻이에요.

(-5)+(+2)+(-3)을 계산할 때에는 앞의 두 수 (-5)+(+2)를 먼저 계산한 뒤 (-3)을 더한 결과와 뒤에 두 수인 (+2)+(-3)을 먼저 계산하고 맨 앞의 (-5)를

나중에 더해도 그 결과는 똑같게 나오게 돼요.

용어가 어려워 보이지만, 여기에서 교환 법칙, 결합 법칙이라는 용어를 잘 이해해 두면 앞으로 자주 보게 될 때 우리 친구들이 편하게 공부할 수 있어요. 수학 용어는 항상 단어의 뜻에 있다는 사실을 기억해 두세요.

하지만 여기에서 주의할 점은 뒤에 뺄셈을 배울 때엔 이 교환 법칙과 결합 법칙이 성립되지 않는다는 거예요.

정수와 유리수의 덧셈

1 정수와 유리수의 덧셈

❶ 부호가 같은 두 수의 덧셈 : 두 수의 절댓값의 합에 공통인 부호를 붙임.

❷ 부호가 다른 두 수의 덧셈 : 두 수의 절댓값의 차에 절댓값이 큰 수의 부호를 붙임.

2 덧셈에 대한 법칙

❶ 덧셈의 교환 법칙 : $a+b=b+a$

❷ 덧셈의 결합 법칙 : $(a+b)+c=a+(b+c)$

뺄셈은 변함없는 덧셈의 동생!

ㄴ정수와 유리수의 덧셈과 뺄셈의 혼합 계산

아빠! 오늘은 뺄셈을 배웠는데, 이번에도 신기한 게 있었어요.

뺄셈에서 신기한 것이……, 뭘까?

빨셈을 하게 되면 결국은 덧셈을 하게 되더라고요. 너무 신기했어요.

결국은 덧셈을 잘해야 한다는 소리구나! 그런데 어떻게 빨셈을 하는데 결국 덧셈을 하게 되는 거야?

우선 빨셈 기호를 덧셈 기호로 바꾼 다음에…….

지율이가 덧셈에 이어 빨셈까지 배웠나 봐요. 그런데 지율이는 빨셈을 하게 되면 결국 덧셈 연산을 한다고 신기해 했는데, 사실 그것이 빨셈을 하는 방법이에요.

빨셈을 하려면 우선은 빨셈 기호를 덧셈 기호로 바꿔야 해요! 그런데 내 마음대로 빨셈을 덧셈으로 바꾸면 안 되잖아요. 그래서 빨셈 기호 뒤에 있는 수의 부호를 함께 바꿔 주는 거예요.

예를 들어 (+5)-(+3)이면 (+5)+(-3)으로 바꿔요. 그러면 우리가 앞에서 배웠던 더하기를 하면 되는 거예요. 참 쉽지요? 그래서 빨셈을 덧셈의 동생이라고도 한답니다.

하지만 덧셈 연산에서 가능했던 교환 법칙과 결합 법칙은 빨셈에서는 성립되지 않아요. 교환 법칙인 연산 순서를 바꿔서 빨셈을 하게 되면 값이 서로 달라지기 때문이에요.

(+5)-(+3)=(+5)+(-3)=(+2)가 되지만 연산 순서를 바꾸면 (-3)-(+5)=(-3)+(-5)=(-8)이 되기 때문에 값이 달라집니다.

빨셈을 할 때에는 함부로 순서를 바꾸면 안 된다는 사실도 잊지 마세요.

정수와 유리수의 덧셈과 뺄셈의 혼합 계산

1 정수와 유리수의 뺄셈

뺄셈 연산을 덧셈 연산으로 바꾼 뒤, 빼는 수의 부호를 바꾸어 덧셈 연산으로 함.

2 덧셈과 뺄셈의 혼합 계산

❶ 덧셈과 뺄셈의 혼합 계산

STEP 1 뺄셈을 덧셈으로 고침.

STEP 2 왼쪽부터 차례대로 계산하기! (뺄셈은 교환 법칙 성립 안 됨!) 덧셈에 대해서는 교환 법칙, 결합 법칙이 성립하므로 주의해서 적당히 바꾸어 계산 가능함.

❷ 부호가 생략된 수가 있는 덧셈과 뺄셈

: 생략된 양의 부호 +를 넣고 괄호가 있는 식으로 고쳐서 계산!

예 $-2+8-1=(-2)+(+8)-(+1)$

쪽지 시험

시험에 '반드시' 나오는 '정수와 유리수의 덧셈과 뺄셈' 문제를 알아볼까요?

1. 다음 중 계산 결과가 가장 큰 것은?

① $(+9)+(-13)$ ② $(-1)+(-4)$ ③ $\left(-\frac{7}{4}\right)+\left(-\frac{9}{5}\right)$ ④ $(+3.5)+\left(-\frac{23}{5}\right)$ ⑤ $\left(+\frac{1}{6}\right)+\left(-\frac{17}{3}\right)$

2. 다음 수 중 절댓값이 가장 큰 수를 a, 절댓값이 가장 작은 수를 b라 할 때, a+b의 값은?

$$-\frac{16}{3},\quad -2,\quad -\frac{11}{4},\quad \frac{5}{6},\quad -\frac{7}{8}$$

① $-\frac{31}{12}$ ② $-\frac{7}{6}$ ③ $-\frac{9}{2}$ ④ $\frac{15}{8}$ ⑤ $\frac{43}{12}$

3. $-\frac{14}{9}$에 가장 가까운 정수를 a, $\frac{21}{8}$에 가장 가까운 정수를 b라 할 때, a−b의 값은?

① −5 ② −4 ③ −3 ④ −2 ⑤ −1

4. 오른쪽 표에서 가로, 세로, 대각선에 있는 수의 합이 모두 같을 때, a, b의 값을 각각 구하세요.

3	−4	1
	a	2
		b

답 **1.** ④, **2.** ③, **3.** ①, **4.** a=0, b=−3

정수와 유리수의 덧셈과 뺄셈 관련 문제를 임쌤과 함께 풀어 볼까요? QR코드를 통해 임쌤을 만나러 오세요.

Math mind map

임쌤의 손 글씨 마인드맵으로 '정수와 유리수의 덧셈과 뺄셈'을 정리해 볼까요?

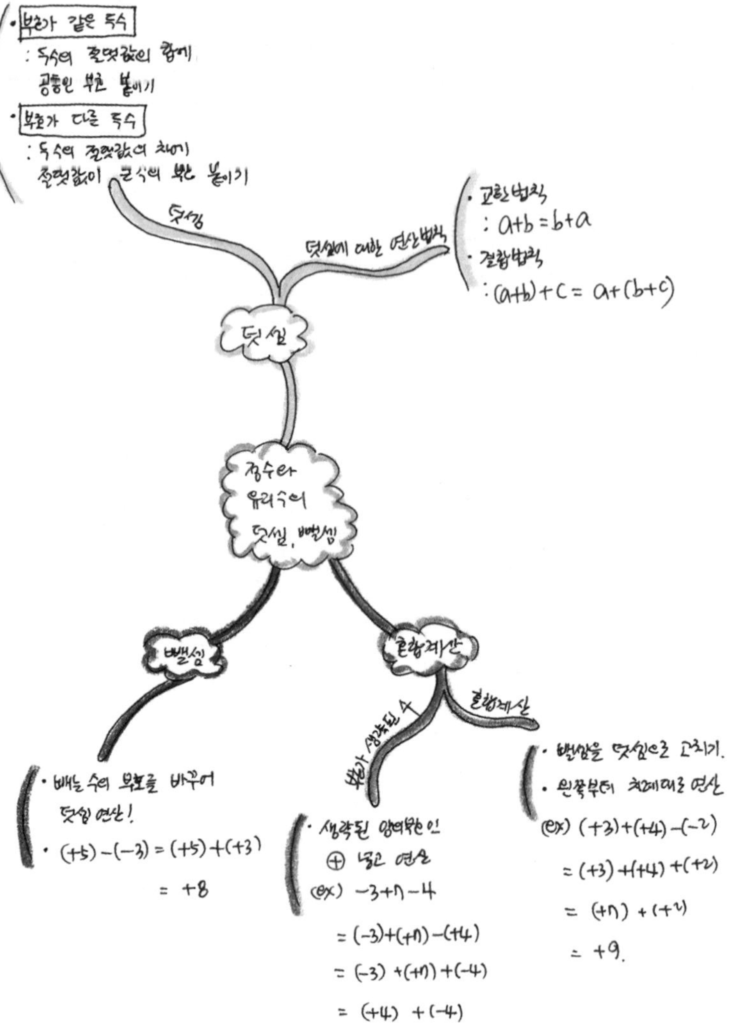

정수와 유리수의 덧셈, 뺄셈

덧셈

- 덧셈
  - 부호가 같은 두 수 : 두 수의 절댓값의 합에 공통인 부호 붙이기
  - 부호가 다른 두 수 : 두 수의 절댓값의 차에 절댓값이 큰 수의 부호 붙이기
- 덧셈에 대한 연산법칙
  - 교환법칙 : $a+b=b+a$
  - 결합법칙 : $(a+b)+c=a+(b+c)$

뺄셈

- 빼는 수의 부호를 바꾸어 덧셈 연산!
- $(+5)-(-3)=(+5)+(+3)$
  $=+8$

혼합계산

- 부호가 생략된 수
  - 생략된 양의부호 ⊕ 넣고 연산
  - ex) $-3+7-4$
    $=(-3)+(+7)-(+4)$
    $=(-3)+(+7)+(-4)$
    $=(+4)+(-4)$
- 혼합계산
  - 뺄셈을 덧셈으로 고치기.
  - 왼쪽부터 차례대로 연산
  - ex) $(+3)+(+4)-(-2)$
    $=(+3)+(+4)+(+2)$
    $=(+7)+(+2)$
    $=+9.$

곱셈과 반대하는 나눗셈의 비밀!

06

: 정수와 유리수의 곱셈과 나눗셈

- 부호가 서로 같은 유리수의 곱셈과 나눗셈을 해 볼까요?
- 부호가 서로 다른 유리수의 곱셈과 나눗셈을 해 볼까요?

부호만 잘 결정하면 덧셈보다 쉽다고?

ㄴ정수와 유리수의 곱셈

아빠! 오늘은 학교에서 곱셈과 나눗셈을 배웠는데요…….

어, 그래. 덧셈과 뺄셈보다 더 어려웠니?

아니에요. 이상하게 덧셈이랑 뺄셈보다 더 쉬웠어요. 숫자끼리 곱하고, 부호만 잘 찾으면 되더라고요.

그래, 우리 지율이가 곱셈과 나눗셈의 매력을 알게 되었구나!

지율이가 곱셈과 나눗셈을 배웠나 봐요. 곱셈과 나눗셈은 덧셈과 뺄셈보다 더 쉽다는 지율이의 자신감 넘치는 모습, 아주 좋아요! 수학을 공부할 때는 이렇게 자신감을 가지는 것이 가장 좋은 무기가 된답니다. 쉽다고 생각하면 더 쉬워지는 게 수학이라는 사실을 잊지 마세요!

지율이가 배워 온 정수와 유리수의 곱셈에 대해 우리도 조금 더 자세히 알아볼까요? 어떤 점이 지율이에게 덧셈과 뺄셈보다 쉽다고 자신 있게 대답하게 했는지 직접 확인해 봅시다.

곱셈을 하기 위해서는 '부호'와 '숫자'가 결정이 되어야 하겠지요? 이때 덧셈 연산을 할 때에는 '부호'를 결정하기가 조금 까다로웠어요. 뭐, 아주 조금이지만요. 하지만 곱셈 연산에서는 부호를 결정하기가 매우 쉬워요! 바로 곱셈 연산을 하는 숫자들 중에서 '음수'의 개수만 알면 되거든요! 만약 '음수'인 숫자가 짝수 개라면 그 곱셈 결과의 부호는 반드시 +(양수)가 되고, '음수'인 숫자의 개수가 홀수 개라면 그 곱셈 결과의 부호는 반드시 -(음수)가 됩니다. 이렇게 곱셈 결과의 부호가 결정되면 숫자를 결정하는 방법은 더 쉬워요. 바로 부호를 무시한, 절댓값을 곱하기만 하면 되거든요.

예를 들어 볼까요? (-5)와 (-2)를 곱해 봅시다. 우선 부호를 확인해야지요? 음수인 숫자들의 개수가 2개로 짝수 개이므로 곱셈 결과의 부호는 +인 양수가 되고, 그 수는 절댓값들을 곱한다고 했으니 5와 2의 곱인 10이 됩니다. 그래서 (-5)와 (-2)의 곱의 결과는 +10이 되는 거예요. 어때요? 참 쉽지요?

물론 배웠던 교환 법칙과 결합 법칙도 곱셈에서는 성립됩니다. '곱셈의 교환 법칙' 즉, 곱셈 연산은 자리를 바꾸어서 곱셈을 하더라도 그 결과의 값은 같다는 성질이지요. 예를 들어 보면, $(+5)\times(-2)=(-2)\times(+5)=-10$으로 두 숫자의 자리를 바꾸어 곱해도 동일한 결과가 나오는 거예요.

'곱셈의 결합 법칙' 또한 곱셈 연산에서는 곱하는 순서를 누구를 먼저 계산하던지 그 결과가 같게 나온다는 거예요. $\{(+5)\times(-2)\}\times(-3)=(+5)\times\{(-2)\times(-3)\}=30$처럼 앞에 있는 두 수를 먼저 곱한 후에 마지막에 있는 수를 곱하는 것과 뒤의 두 수를 먼저 곱하고 앞에 있는 수를 나중에 곱한 결과는 같다는 뜻입니다. 정리를 해보면, 덧셈과 곱셈은 모두 '교환 법칙'과 '결합 법칙'이 성립한다는 사실! 하지만 여기서 끝이 아닙니다. 곱셈 연산에서는 법칙이 하나 더 나와요. 그렇지 않아도 법칙이 많아서 힘들었는데……, 그렇지요? 하지만 지금 배우는 법칙은 계산하는 단원에서만 나오는 것이 아니라 방정식에서도 나오는 중요한 법칙이니 한 번은 꼭 정리하고 가야한답니다.

이 새로운 법칙은 바로 '분배 법칙'이에요. 무엇인가를 분배해서 정리한다는 것인데, 곱셈 연산과 덧셈·뺄셈 연산이 함께 있을 때 사용하는 연산 법칙이에요. 법칙이 성립되는 식을 직접 살펴봅시다. $a\times(b+c)=(a\times b)+(a\times c)$로 표현됩니다. 덧셈과 뺄셈 연산을 곱셈 연산보다 먼저 해야 할 때, 곱셈 연산을 각각 분배하듯이 덧셈해야 하는 숫자들에 먼저 곱해서 연산한다는 법칙이에요.

덧셈과 뺄셈의 연산도 어려운 것은 아니었지만, 이번 곱셈의 연산은 부호만 잘 결정하면 훨씬 간단히 계산할 수 있어요. 이제 쌤과 함께 정리 한 번 해 볼까요?

이 연산 법칙들에 대해서 이해하기 쉽게 영상으로 보충 설명을 할 테니 QR코드를 통해 임쌤을 만나러 오세요.

정수와 유리수의 곱셈

1 정수와 유리수의 곱셈

: 먼저 곱의 부호를 정하고, 각 수의 절댓값의 곱에 그 부호를 붙임.

❶ 음수의 개수가 짝수 개이면 ⇨ +

❷ 음수의 개수가 홀수 개이면 ⇨ −

2 곱셈에 대한 법칙

❶ 곱셈의 교환 법칙 : $a\times b=b\times a$

❷ 곱셈의 결합 법칙 : $(a\times b)\times c=a\times(b\times c)$

❸ 분배 법칙 : $a\times(b+c)=(a\times b)+(a\times c)$

곱셈에 반대하는 나눗셈의 비밀!

ㄴ정수와 유리수의 나눗셈

아빠, 오늘까지 '사칙 연산'이라는 걸 다 배웠어요!

와, '사칙 연산'이란 단어도 배웠어? 무슨 뜻인지 이해했어?

사칙! 네 가지의 계산 규칙이라고 해서 덧셈·뺄셈·곱셈·나눗셈이라고 하고, 연산은 계산이니까 결국 덧셈·뺄셈·곱셈·나눗셈을 다 할 수 있단 말이지요!

그러네. 지난 수업에 곱셈을 배웠다고 했으니, 오늘은 나눗셈을 배웠겠구나?

네. 나눗셈은 곱셈의 반대가 되는 연산으로, 역수를 통해서 곱셈 계산을 하는 거래요.

와우! 지율이가 사칙 연산을 다 마쳤군요. 이번에는 나눗셈을 배웠다면서 지율이가 아주 중요한 단어를 이야기했어요. 바로 '역수'라는 단어입니다. 역수는 분수에서 이야기하는 단어인데, 분자와 분모에 자리한 숫자의 위치를 바꾼다는 뜻이에요. $\frac{2}{5}$의 역수는 $\frac{5}{2}$가 되겠지요? 음수의 역수인 $-\frac{2}{5}$의 역수는 부호를 그대로 따라가서 $-\frac{5}{2}$가 되고요. 그럼 나눗셈 연산에서 역수가 어떻게 쓰이는지 임쌤과 함께 살펴볼까요?

나눗셈은 곱셈의 연산으로 계산을 하면 됩니다. 즉, 나눗셈 기호를 곱셈 기호로 바꾼 뒤, 나눗셈 기호 '뒤'에 있는 수를 역수로 만들어 곱셈 연산으로 계산해 주면 됩니다. 직접 계산해 볼까요?

$(-2)\div(+5)=(-2)\times\left(+\frac{1}{5}\right)=-\frac{2}{5}$처럼 계산해 주면 됩니다. 어때요? 곱셈만 연습이 잘 되어 있다면 나눗셈도 충분히 잘할 수 있겠지요? 나눗셈은 곱셈의 반대일 것 같지만, 사실은 역수를 취할 뿐 결국은 곱셈인 셈이지요.

여기에서 기억할 점은, 나눗셈도 뺄셈과 마찬가지로 교환 법칙과 결합 법칙이 성립하지 않는다는 거예요. 즉, 나눗셈은 순서를 바꾸면 뺄셈처럼 답이 달라진다는 사실을 잊지 말고 쌤과 사칙 연산의 마지막인 나눗셈을 정리해 보도록 합시다.

정수와 유리수의 나눗셈

1 정수와 유리수의 나눗셈

❶ 역수 : 두 수의 곱이 1일 때, 한 수를 다른 수의 역수라고 함. 즉, 분자와 분모의 위치를 바꾼 수가 바로 역수임.

※ 어떤 수와 그 역수의 부호는 서로 동일함.

❷ 역수를 이용한 나눗셈 : 어떤 수를 0이 아닌 수로 나누는 것은 나누는 수의 역수를 곱하는 것과 동일함.

※ $a \div b$에서 a는 어떤 수, b는 나누는 수

쪽지 시험

시험에 '반드시' 나오는 '정수와 유리수의 곱셈과 나눗셈' 문제를 알아볼까요?

1. $\left(-\frac{5}{6}\right)\times\left(-\frac{2}{15}\right)\times(-2)\times\left(-\frac{1}{8}\right)$을 계산하면?

① $\frac{1}{36}$ ② $\frac{1}{18}$ ③ $\frac{2}{15}$ ④ $\frac{5}{36}$ ⑤ $\frac{5}{18}$

2. 세 수 a, b, c에 대하여 $a\times b=-4$, $b\times c=7$일 때, $b\times(a-c)$의 값은?

① −28 ② −11 ③ 3 ④ 11 ⑤ 28

3. $\frac{3}{4}$의 역수를 a, $-\frac{16}{5}$의 역수를 b라 할 때, $a\div b$의 값을 구하세요.

4. 다음 중 가장 큰 수는?

① -2^2 ② $(-3)^3$ ③ $-(-4)^2$ ④ $-(-3^2)$ ⑤ $\{-(-2)\}^3$

답 **1.** ①, **2.** ②, **3.** $-\frac{64}{15}$, **4.** ④

정수와 유리수의 곱셈과 나눗셈 관련 문제를 임쌤과 함께 풀어 볼까요? QR코드를 통해 임쌤을 만나러 오세요.

Math mind map

임쌤의 손 글씨 마인드맵으로 '정수와 유리수의 곱셈과 나눗셈'을 정리해 볼까요?

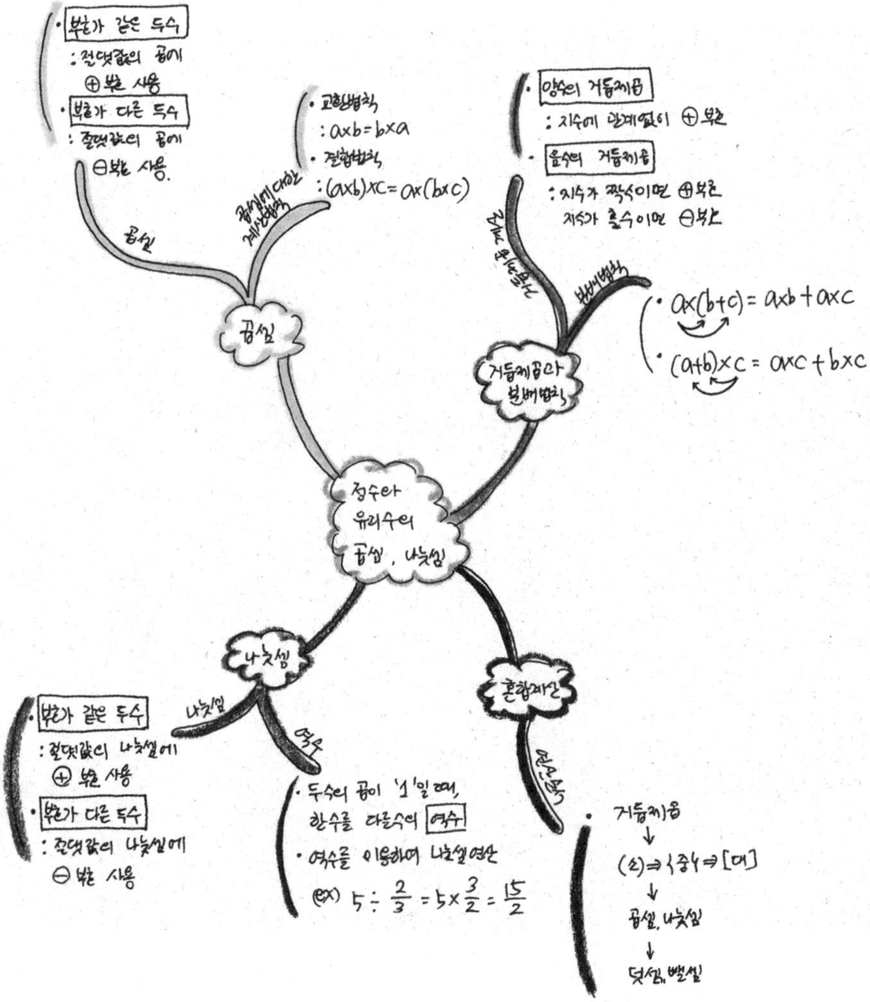

정수와 유리수의 곱셈, 나눗셈

- 곱셈
  - 곱셈
    - 부호가 같은 두 수 : 절댓값의 곱에 ⊕부호 사용
    - 부호가 다른 두 수 : 절댓값의 곱에 ⊖부호 사용.
  - 곱셈에 대한 계산법칙
    - 교환법칙 : $a \times b = b \times a$
    - 결합법칙 : $(a \times b) \times c = a \times (b \times c)$
- 거듭제곱과 분배법칙
  - 거듭제곱의 부호
    - 양수의 거듭제곱 : 지수에 관계없이 ⊕부호
    - 음수의 거듭제곱 : 지수가 짝수이면 ⊕부호, 지수가 홀수이면 ⊖부호
  - 분배법칙
    - $a \times (b+c) = a \times b + a \times c$
    - $(a+b) \times c = a \times c + b \times c$
- 나눗셈
  - 나눗셈
    - 부호가 같은 두 수 : 절댓값의 나눗셈에 ⊕ 부호 사용
    - 부호가 다른 두 수 : 절댓값의 나눗셈에 ⊖ 부호 사용
  - 역수
    - 두 수의 곱이 '1'일 때, 한 수를 다른 수의 역수
    - 역수를 이용하여 나눗셈 연산
      (ex) $5 \div \frac{2}{3} = 5 \times \frac{3}{2} = \frac{15}{2}$
- 혼합계산
  - 연산순서
    - 거듭제곱
      ↓
      (소) ⇒ {중} ⇒ [대]
      ↓
      곱셈, 나눗셈
      ↓
      덧셈, 뺄셈

II

문자와 식

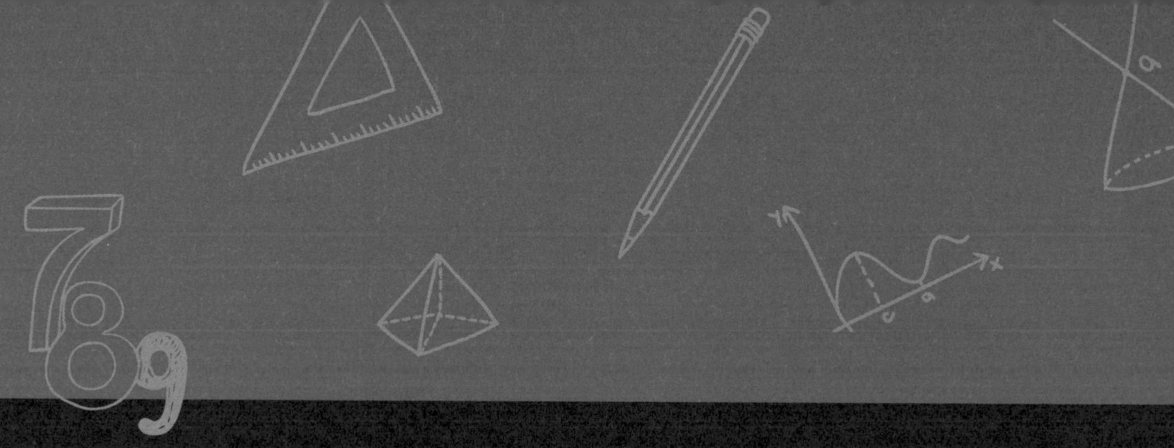

온 가족이 함께 여행을 떠나기로 한 즐거운 날, 여행을 시작할 때 운전석에 앉은 아빠나 엄마가 가장 먼저 하는 일은 뭘까요? 아마도 '내비게이션'을 켜서 목적지를 입력하는 것이 아닐까 싶어요. 내비게이션을 자세히 들여다보면, 많은 그림들로 표현되어 있는 것을 볼 수 있습니다. 한정된 화면에 자세한 정보를 담기에 그림보다 좋은 것은 없으니까요. 일상생활 속에서도 마찬가지예요. 친구와 SNS 메시지를 주고받을 때에도 기분이 좋으면 '하트' 그림을, 기분이 우울하면 '비오는 구름' 그림을 보내면 말로 하지 않더라도 상대방은 그 뜻을 이해할 수 있잖아요. 이는 우리나라 사람들뿐만 아니라 말이 안 통하는 다른 나라 사람들이 보더라도 내가 말하고자 하는 의도를 알아차릴 수 있답니다. 이처럼 수학에서도 기호나 문자를 사용하면 문장이나 식을 간결하게 표현할 수 있고, 이를 통해서 방정식의 계산과 방정식의 풀이까지도 할 수 있어요. 미국의 수학 교과서 문제를 예로 들어 볼까요?

Find the value for the expression when $x=2$

(1) $x+8+2=$　　　　(2) $x-2-9=$

이처럼 문자와 식을 사용해서 나타낸다면 서로 다른 언어로 표현이 된 문제들도 풀 수 있답니다.

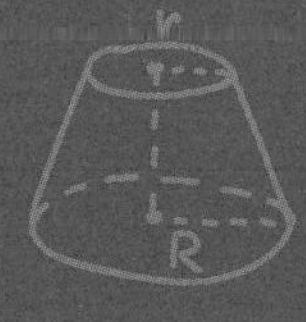

07

수학을 발전시킨 문자 기호

: 문자의 사용과 식의 계산

- 문자를 사용하여 수량 사이의 관계를 식으로 나타낼 수 있어요.
- 문자를 포함한 식에서 그 문자 대신 숫자를 대입해 계산할 수 있어요.

자동차 계기판의 속도계는 무엇을 뜻할까?

ㄴ문자의 사용, 기호의 생략

아빠! 우리 어디로 가는 거예요? 맛집 데려가 주신다고 했는데…….

그런데 차가 좀 막히네. 배고프지? 대박 맛집이라 다들 그곳으로 가는 건가?

그런가 봐요. 아빠, 지금 몇 km로 달리고 있어요?

시속 40km의 속력으로 30분 정도를 아주 느리게 달렸구나. 도대체 막힌 구간이 얼마나 된 거지?

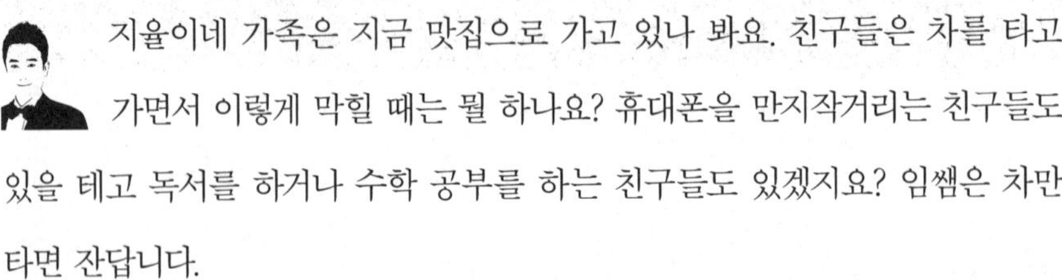

지율이네 가족은 지금 맛집으로 가고 있나 봐요. 친구들은 차를 타고 가면서 이렇게 막힐 때는 뭘 하나요? 휴대폰을 만지작거리는 친구들도 있을 테고 독서를 하거나 수학 공부를 하는 친구들도 있겠지요? 임쌤은 차만 타면 잔답니다.

아빠는 시속 40km의 속력으로 달리는 중이라고 하셨는데, 이 속력의 뜻이 뭘까요? 이 속력의 뜻은 바로 한 시간 동안에 갈 수 있는 거리를 말합니다. 즉, 시속 40km의 속력이라는 뜻은 그 속력으로 변함없이 달린다면 한 시간 동안 40km의 거리를 갈 수 있다는 뜻이에요. 그러면 두 시간을 달린다면 어느 정도의 거리를 달릴 수 있을까요? 그렇지요. 바로 80km입니다. 어떻게 그렇게 나왔을까요? 두 시간 동안 달리니 한 시간에 40km, 두 시간에 80km 즉, 속력에 2를 곱하면 되는 거네요. 3시간 달리면 속력에 3을 곱하면 되는 것이고요. 자, 여기에서 쌤이 확장해서 질문해 볼게요. 만약 갈 수 있는 거리를 식으로 만든다면 그 식이 어떻게 될까요? 바로 $(40\times x)$km가 되겠지요. 여기에서 x는 시간을 뜻하고요.

이처럼 우리는 문자를 사용해 거리나 수량 등의 관계를 식으로 간단히 나타낼 수가 있어요. 즉, 문장으로 되어 있는 말을 깔끔하고 간단하게 식으로 정리할 수 있다는 말이지요.

식으로 정리하고 만들 때에는 어느 정도의 약속은 있어요. 그 약속을 쌤과 함께 정리해 볼까요? 우선 가장 중요한 약속! 바로 곱셈 기호의 생략이에요. 앞서 세운 식 $40\times x$를 곱셈 기호를 생략하고 $40x$라고 쓸 수 있어요. 우리는 이제 $40x$를 40과 x를 곱한 것이라고 생각해서 문제를 읽고 풀 수 있어야 하겠지요? 물론 곱하기 기호를 생략할 때에도 그냥 막 생략하는 것은 아니에요. (수)와 (문자)의 곱에서 곱셈 기호를 생략하려면 수를 문자 앞에 쓰고, 1 또는 -1과 곱하여진 곱셈 계산은 숫자 1도 생략해서 씁니다.

예를 들면 $2\times x=2x$, $1\times x=x$, $(-1)\times x=-x$와 같이 쓸 수 있는데, 곱셈 기호를 생략해 식이 더 깔끔해진 것을 볼 수 있어요.

(문자)와 (문자)를 곱할 때에는 일반적으로 알파벳 순서로 쓰기로 하고, 같

디오판토스(Diophantos)
고대 그리스의 수학자. 처음으로 문자를 사용하여 식을 나타낸 사람(미지수를 x로 나타낸 것은 한참 후인 17세기의 수학자 데카르트)으로, '대수학의 아버지'로도 불린다. 그는 3세기에 이집트에서 태어나 그리스 알렉산드리아에서 활동한 것으로 알려져 있을 뿐, 언제 태어나 언제 죽었는지 정확하게 알려진 바 없다. 다만 그의 묘비에 적혀 있는 수수께끼 같은 문제를 풀면 그가 몇 살에 죽었는지는 알 수 있는데, 문제의 답은 84세이다. 그가 남긴 저서 『산학(算學, arithmetica)』은 그리스의 대수학*을 대표하는 책으로 유럽에서 2000년 가까이 교과서로 쓰일 만큼 중요한 책이다.

대수학
수 대신 문자를 쓰거나 수학 법칙을 간결하게 나타내는 것으로 방정식의 문제를 푸는 데서 시작됐다.

은 문자끼리의 곱은 우리가 제일 처음에 배운 거듭제곱의 꼴로 나타낸다는 약속도 잊지 말기로 해요.

미지수 x
수학에서 처음으로 문자 기호를 사용한 사람은 디오판토스이다. 그 이후 아직 알지 못하는 값, 미지수의 문자 기호는 계속 변해 왔다. 오늘날 우리가 알고 있는 문자 기호 x는 1637년에 데카르트가 사용하면서부터 널리 사용됐다. 데카르트가 미지수를 나타내는 데 '왜 하필 문자 x를 골랐는가?'에 대해서는 여러 설들이 있지만, 정확하게 밝혀진 바는 없다. 생활 속에서 미지수 x의 쓰임을 찾아보면 흥미로운데, x파일·x맨·x세대·x선 등이 '우리가 잘 알지 못하는 것', '낯선 것'들을 통칭하는 의미로 x를 포함하고 있다.

지금 쌤과 배워 본 문자를 사용해서 식을 만드는 과정과 그 식을 만들 때에 사용되는 곱셈 기호의 생략들은 앞으로 우리가 방정식과 부등식이라는 미지수의 값을 구할 때 가장 기본적으로 사용되는 내용들이에요. 아직은 익숙하지 않겠지만, 계속 곱셈 기호를 생략하고, 숫자 1도 생략하는 과정들을 거쳐 가면 자연스럽게 받아들여실 거예요.

그렇게 될 때까지 식을 정리하는 과정을 눈으로 익히고 손으로 익히는 연습을 많이 해야 해요. 이제 문자의 사용과 기호의 생략에 대해 쌤과 함께 정리해 볼까요?

문자의 사용

1 문자의 사용

: 문자를 사용하여 수량 사이의 관계를 식으로 간단히 나타낼 수 있음.

2 기호의 생략

❶ 곱셈 기호의 생략

(a) (수)×(문자) : 수는 문자 앞에 씀.

예 $3\times x=3x$

(b) 1×(문자), −1×(문자) : 1은 생략함.

예 $b\times1=b$, $(-1)\times c=-c$

(c) (문자)×(문자) : 알파벳 순서로 정리해서 씀.

예 $c\times a\times b=abc$

(d) 동일한 문자의 곱 : 거듭제곱의 꼴로 나타냄.

예 $c\times a\times b\times b=ab^2c$

차가 막히는 거리를 계산해요!

ㄴ식의 값

와! 다 온 거예요? 드디어 맛집에 도착!

맙소사! 사람이 너무 많아서 주차할 곳이 없구나.

진짜네? 여기 오는 내내 차가 막히더니 다 여기로 몰려왔나 봐요.

막힌 구간부터 두 시간은 온 것 같은데, 지율이가 계산해 볼래? 시속 40km의 속력으로 2시간동안 이동하면 이동 거리가 몇 km일까? 어떻게 해야 할까?

이동 거리는 시속 40km에 걸린 시간 2를 곱하면 80km가 나오는데요? 엄청 멀리 왔으니까 더 맛있게 많이 먹고 가자고요!

지율이가 계산을 아주 잘했어요. 시속 40km로 x시간동안 이동한 거리의 식이 $40x$인데, 이때 x가 의미하는 것은 걸린 시간이므로 총 2시간이 걸렸으니 $x=2$라고 생각하여 2라는 값을 대입시켰지요? 맞아요! 그럼 3시간이 걸렸다면 $x=3$을 대입시키면 120km의 거리를 이동한 셈이 되는 거예요. 이처럼 문자를 포함한 식에서 그 문자를 대신해서 숫자를 넣는 과정을 우리는 '대입'이라고 해요. '대신해서 넣는다'는 말입니다. 문자를 대신해서 숫자를 넣으면 사칙 연산 계산을 하게 되는 것이고 그러면 그 결과 숫자의 값이 나오겠지요? 그 결과값을 '식의 값'이라고 해요. 말 그대로 문자가 포함된 식의 숫자값이 되는 거예요.

$40x$라는 식에 x대신 2를 '대입'하면 $40\times2=80$이라는 '식의 값'이 나오게 된답니다. 곱하기 기호는 생략이 가능하다고 이미 배웠지요? 40과 x사이에도 곱

하기 기호가 생략되어 있어요. 그래서 대입한 후에 숫자를 사칙 연산할 때에는 곱하기 기호를 다시 써 준 후에 연산해야 한다는 것, 잊지 마세요.

문자를 포함한 식에서 대입과 식의 값 구하는 방법을 영상으로 추가 설명할 테니 QR코드를 통해 임쌤을 만나러 오세요.

식의 값

1 대입

: 문자를 포함한 식에서 그 문자 대신 숫자를 넣는 과정

2 식의 값

❶ 식의 값 : 식의 문자 자리에 어떤 숫자를 대입하여 계산한 값

❷ 식의 값 구하는 방법 : 문자에 수를 대입할 때에는 생략되어진 곱셈 기호를 다시 써서 계산함.

예 x=5일 때, $3x-10$의 값을 구하면, $3\times5-10=15-10=5$가 되므로, 식의 값은 5가 됨.

쪽지 시험

시험에 '반드시' 나오는 '문자의 사용과 식의 계산' 문제를 알아볼까요?

1. 다음 중 옳지 않은 것은?

① 가로의 길이가 acm, 세로의 길이가 bcm인 직사각형의 둘레의 길이는 (2a+2b)cm이다.

② 한 변의 길이가 acm인 정삼각형의 둘레의 길이는 3acm이다.

③ 한 변의 길이가 $x$cm인 정사각형의 넓이는 $4x$cm^{2}이다.

④ 밑변의 길이가 acm, 높이가 hcm인 삼각형의 넓이는 $\frac{1}{2}$ahcm^{2}이다.

⑤ 한 변의 길이가 acm인 정육면체의 부피는 a^3cm^{3}이다.

2. a=−3일 때, 그 값이 나머지 넷과 다른 하나는?

① 6+a　② a^2　③ −3a　④ $18-a^2$　⑤ $(-a)^2$

3. a:b=1:3일 때, $\frac{2a+3b}{2a-3b}$의 값을 구하세요.

4. $x=\frac{1}{4}$, $y=\frac{1}{3}$, $z=-\frac{1}{2}$일 때, $\frac{4}{x}-\frac{3}{y}+\frac{2}{z}$의 값은?

① −1　② 1　③ 3　④ 10　⑤ 17

답 **1.** ③, **2.** ①, **3.** $-\frac{11}{7}$, **4.** ③

문자의 사용과 식의 계산 관련 문제를 임쌤과 함께 풀어 볼까요? QR코드를 통해 임쌤을 만나러 오세요.

Math mind map

임쌤의 손 글씨 마인드맵으로 '문자의 사용과 식의 계산'을 정리해 볼까요?

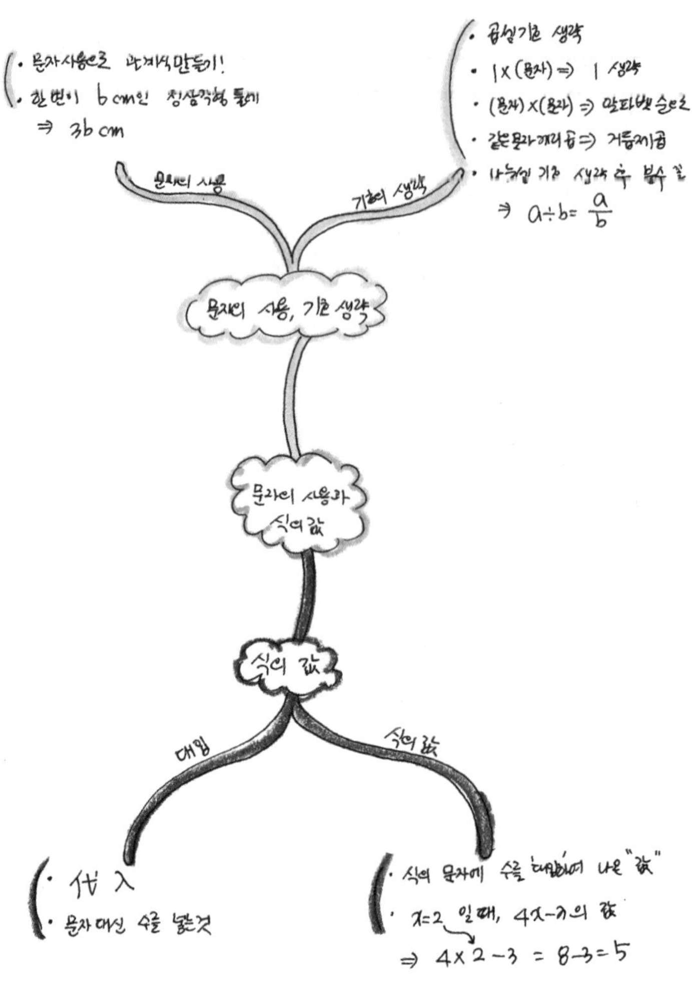

08 끼리끼리 모아야 해!

: 일차식의 덧셈과 뺄셈

- 방정식을 배우기 전에 알아야 할 용어를 알아봅시다.
- 일차식의 곱셈과 나눗셈을 할 수 있어요.
- 일차식의 덧셈과 뺄셈을 할 수 있어요.

방정식을 배우기 위한 준비 운동

ㄴ다항식과 일차식

아빠! 학교에서 드디어 방정식을 배운대요! 엄청 재밌을 것 같아요!

이제 우리 지율이도 다 컸네! 벌써 중학생이 돼서 방정식도 배우고…….

그런데 아빠, 선생님께서 방정식을 배우려면 조금 더 준비할 게 있다고 하셨어요! 식을 정리하는 과정을 배워야 한다고 하시던데요?

그래. 방정식은 조금 어려워. 식을 정리할 때 숫자의 사칙 연산처럼 덧셈·뺄셈·곱셈 그리고 나눗셈을 할 수 있어야 한다는 것을 알아야 해.

헉! 아빠, 식에도 사칙 연산이 있어요? 오늘 용어들을 많이 배워서 조금 헷갈리거든요. 용어도 많은데, 사칙 연산이라니…….

지율이가 학교에서 용어들을 많이 배웠나 봐요. '방정식'을 배우기 위해서 필요한 준비 운동을 하고 있나 봅니다. 뒤에서 임쌤과 함께 배우겠지만, 방정식이라는 것 자체는 그리 어렵지는 않아요. 그 전에 하는 준비 운동 격인 식을 정리하는 과정이 조금, 아주 조금 복잡하답니다. 그래서 방정식을 배우기까지 식을 정리하는 과정에 대해서 먼저 배우고, 연습을 하게 되는 거예요. 그 중에 하나가 바로 '용어 정리'입니다. 지율이가 학교에서 배워 온 용어들을 임쌤과 함께 살펴볼까요?

자, $5x+4y-7$이라는 식을 분해해 볼까요?

$5x$, $4y$, -7처럼 3조각으로 식을 분해할 수 있어요. 이처럼 숫자와 문자의 곱으로 이루어져 있거나, 숫자로만 이루어진 식을 우리는 '항'이라고 해요. 그럼 임쌤이 예로 든 $5x+4y-7$이라는 식의 항은 총 몇 개일까요? 그래요. 3개의 항으로 구성이 되어 있어요. 이 때, -7처럼 문자 없이 숫자로만 이루어진 항을 조금 특별하게 '상수항'이라고도 불러요. 여기서 상수란 뜻은 숫자란 뜻과 같아요.

그리고 각 항에서 문자 앞에 곱해진 또는 쓰여진 숫자들 보이지요? 그 숫자들을 '계수'라고 부릅니다. $5x$라는 항에서 5를 x문자 앞에 쓰여진 숫자라는 뜻에서 'x의 계수'라고 부르고, $4y$에서 4를 y의 계수라고 불러요. 어때요? 많은 용어가 나오긴 했지만, 여기까지는 충분히 이해할 수 있겠지요?

예로 식 하나를 더 살펴볼까요? $7x$라는 식이 있어요. 이 식의 항은 하나뿐이지요? 이처럼 항의 수가 한 개뿐인 항을 우리는 '단항식'이라고 부른답니다. 항의 길이가 짧다는 뜻이에요. 그럼 처음에 예를 들었던 $5x+4y-7$처럼 항의 수가 많으면 뭐라고 부를까요? 그렇지요. '다항식'이라고 불러요. 그런데 여기에 재밌는 사실이 숨어 있어요.

우리 교육과정에서 '다항식'의 정의를 뭐라고 써 놓았냐 하면, '하나 또는 2개 이상의 항의 합으로 이루어진 식'이라고 써 놓았어요. 즉, 다항식은 항의 수가 하나뿐이어도 다항식이라고 부른다는 거예요. 그럼 임쌤과 예로 들었던 $7x$라는 항의 수가 하나뿐인 식은 이름이 뭘까요? 항의 수가 하나뿐이므로, 단항식이라고도 하고, 다항식이라고도 해야 한답니다. 많이들 실수하는 내용들이니 꼭 기억해 주세요.

또 새로운 예를 들어 볼게요.

$5x^2-3x+7$이라는 식이 있어요. 맨 앞에 있는 항인 $5x^2$에 지수가 2로 쓰여져 있지요? 아주 중요한 숫자예요! 이처럼 어떤 항에서 '곱해진 문자의 개수'를 '차수'라고 불러요. 우리가 이미 배웠던 거듭제곱, 지수를 기억하지요? 문자 위에 작은 숫자인 지수를 차수라고 하는 거예요. $5x^2-3x+7$, 이 식의 차수는 2이고, '이차식'이라고 합니다. $5x^2$항 뒤에 $-3x$와 7이라는 항도 있지만, 다항식의 차수는 가장 큰 차수에 따라서 이름을 붙이는 것이랍니다.

이제 조금 더 어려운 예를 들어 볼까요? 수학을 잘하는 학생들도 많이들 실수하는 내용이니 주의 깊게 봐 주세요. $5xy+3y-8$이라는 다항식이 있어요. 그럼 이 다항식의 차수는 얼마일까요?

지수가 1이기 때문에 일차식이라고 하는 친구들이 대부분인데, 틀린 답입니다. 이 다항식의 차수는 2예요. 즉, 이차식입니다. 지수는 분명 1로 되어 있지만, 임쌤이 '차수'의 정의를 설명할 때, '곱해진 문자의 개수'라고 했던 것을 떠올려야 해요. $5xy$라는 항에는 x와 y라는 문자 2개가 곱해져 있지요? 2개의 문자가 곱해졌기 때문에 차수는 2가 되는 거예요.

이렇듯 차수는 지수만을 보고 결정하는 것이 아니라, 문자의 개수를 따져

봐야 한다는 사실도 꼭 기억해야 합니다.

자, 지금까지 임쌤과 용어들을 정리해 보았어요. 뒤에서 다시 정리를 하겠지만, 이 용어들은 영어 단어처럼 외우는 것이 아니라, 문제를 풀고 자주 보면서 자연스럽게 익숙해지면 된답니다.

이제 쌤과 간단한 연산을 배울 거예요. 먼저 곱셈과 나눗셈에 대해서, 단항식과 숫자의 연산부터 배워 보려고 해요. 예를 들어 볼까요? $7(2y+5)$라는 연산이 있어요. $7\times(2y+5)$라는 식에서 곱하기 기호가 생략된 것은 알겠지요? 그 다음 연산이 중요합니다! 괄호 앞에 있는 숫자인 7을 괄호 안에 수인 $2y$와 한 번 곱하고, 5와도 한 번 곱해야 해요. 즉, 괄호 안에 있는 모든 항과 다 곱해야 합니다. 이것이 바로 '분배 법칙'이지요. 쌤과 정리했던 기억이 나지요? 맞아요! 그래서 $7\times(2y+5)=(7\times2y)+(7\times5)=14y+35$가 되는 겁니다.

나눗셈도 마찬가지예요. 우리가 이미 해 봤던 유리수의 나눗셈처럼 연산을 하면 되는데, 나눗셈 기호를 곱셈 기호로 바꾼 뒤 뒤에 있는 식의 역수를 쓰면 된답니다. $(4x-7)\div(-5)$는 $(4x-7)\times\left(-\frac{1}{5}\right)$처럼 곱하기와 역수로 바꿔 준 다음에 앞에서 배웠던 분배 법칙을 적용해 주면 되는 거예요. 참, 역수를 만들 때 부호를 바꾸면 안 된다는 것도 주의해야 합니다.

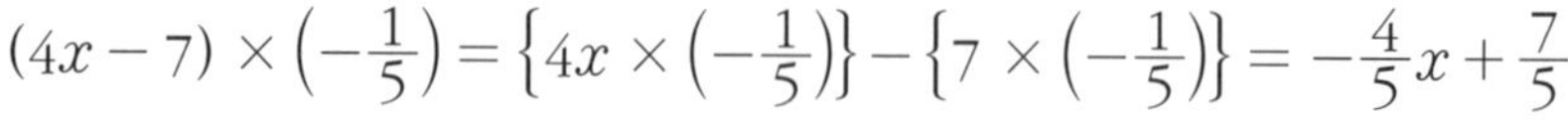

$$(4x-7)\times\left(-\frac{1}{5}\right)=\left\{4x\times\left(-\frac{1}{5}\right)\right\}-\left\{7\times\left(-\frac{1}{5}\right)\right\}=-\frac{4}{5}x+\frac{7}{5}$$

이 연산이 어려운 친구들은 이해하기 쉽게 영상으로 보충 설명을 할 테니 QR코드를 통해 임쌤을 만나러 오세요.

여기서 x의 계수는 $-\frac{4}{5}$이고, 상수항은 $\frac{7}{5}$인 일차식이 된답니다. 어때요? 분배 법칙을 잘하면 식이 정리되기 때문에 실수하지 말고 꼼꼼하게 연산을 해 줘야 해요.

지금까지 배웠던 것들을 다시 한 번 정리해 볼까요?

다항식과 일차식

1 단항식과 다항식

❶ 항 : 수 또는 문자의 곱으로 이루어진 식

❷ 상수항 : 숫자만으로 이루어진 항

❸ 계수 : 수와 문자의 곱으로 이루어진 항에서, 문자 앞에 곱해진 수

❹ 단항식 : 하나의 항으로만 이루어진 식

❺ 다항식 : 하나 또는 2개 이상의 항으로 이루어진 식

2 일차식

❶ 차수 : 어떤 항에서 곱하여진 문자의 개수

❷ 다항식의 차수 : 다항식에서 차수가 가장 큰 항의 차수

❸ 일차식 : 차수가 1인 다항식

3 일차식과 수의 곱셈과 나눗셈

❶ 곱셈 : 분배 법칙을 이용하여 수를 일차식의 각 항에 곱하여 계산

❷ 나눗셈 : 역수를 이용하여 나눗셈을 곱셈으로 고쳐서 계산

아무하고나 더하고 빼면 안 돼!

ㄴ일차식의 덧셈과 뺄셈

아빠, 지난 시간에 학교에서 일차식의 곱셈과 나눗셈에 대해서 배웠거든요.

맞다! 유리수뿐만 아니라, 일차식도 곱셈과 나눗셈을 배웠지?

네. 오늘은 덧셈과 뺄셈에 대해서 배웠으니 드디어 일차식의 사칙 연산을 모두 다 배웠습니다요!

그래. 유리수의 사칙 연산이랑은 차이가 있었니?

곱셈과 나눗셈은 큰 차이가 없었는데, 덧셈과 뺄셈은 조금 달랐어요. 아무하고나 더하고 빼면 안 되더라고요.

지율이가 일차식의 덧셈과 뺄셈을 잘 배워 왔네요. 유리수의 사칙 연산은 어느 숫자끼리라도 가능했지요? 수와 수끼리의 연산이기에 가능했어요. 하지만 식의 사칙 연산은 조금 달라요. 앞에서 곱셈과 나눗셈은 숫자는 숫자끼리, 문자는 문자끼리 곱셈과 나눗셈이 가능했어요. 그리고 지금 배우게 될 덧셈과 뺄셈은 '비슷한 식'끼리만 연산이 가능해요! 여기서 쌤이 말하는 '비슷한 식'이란 것은 뭘까요? '동류항'이라고 하는데요, 덧셈과 뺄셈은 이 동류항끼리만 연산이 가능하다는 것을 기억해야 해요. 동류항이란 문자와 차수가 각각 같은 항을 말하는데, 예를 들면 $3x$와 $5x$, $5y^2$과 $-9y^2$처럼 문자도 동일하고, 차수도 동일해야 동류항이라고 할 수 있어요. 이런 동류항끼리만 덧셈과 뺄셈이 가능하답니다. 그래서 지율이가 아무하고나 더하고 빼면 안 된다고 했나 봐요. 그럼 쌤과 동류항을 통하여 덧셈과 뺄셈하는 방법을 조금 더 자세히 알아볼까요?

예를 들어 볼게요. $5x-7y+4x+10y$라는 식이 있어요. 우선 동류항을 먼저 찾아 봐야겠지요? $5x$의 동류항은 $4x$이고, $-7y$ 의 동류항은 $10y$가 되므로 동류항끼리 옮겨 봅시다. 즉, 교환 법칙을 통해서 끼리끼리 옮겨 보는 거예요.

$5x-7y+4x+10y=(5x+4x)+(-7y+10y)$로 옮긴 다음, 동류항끼리 덧셈과 뺄셈을

하면 되는데, 여기서 $(5x+4x)=(5+4)x$처럼 문자 앞에 있는 숫자만 더하고 동일한 문자는 한 번만 쓰면 됩니다. $-7y+10y$ 또한 $(-7+10)y$처럼 앞에 숫자만 덧셈이나 뺄셈을 하고 문자는 한 번만 쓰면 되는 거예요. 동일한 문자는 한 번만 쓰기 때문에 문자와 차수가 같은 동류항끼리만 덧셈과 뺄셈이 가능한 것이지요. 어때요? 할 만 한가요? 곱셈과 나눗셈에서는 동류항이 필요가 없기에 앞에서 먼저 배운 것이고, 덧셈과 뺄셈을 할 때에는 동류항의 개념이 필요하기에 동류항을 먼저 찾고 덧셈과 뺄셈을 하는 거예요.

그럼 임쌤과 조금 복잡한 식을 계산해 볼까요?

괄호가 있는 식 $6(2x+7)-8(-2x+3)$을 살펴봅시다. 먼저 괄호를 분배 법칙을 통해서 정리해야겠지요? $12x+42+16x-24$로 정리한 다음 동류항끼리 묶어 보는 거예요. $(12x+16x)+(42-24)$가 되니 이제 식을 연산하고 마무리하면 됩니다. 앞에 놓인 일차식의 연산에서는 문자 x앞에 있는 숫자들만 더해야 한다는 사실에 주의하면, 결과는 $28x+18$이 되네요.

앞에서 배운 곱셈과 나눗셈 그리고 지금 배운 덧셈과 뺄셈을 통하여 일차식을 정리하는 과정에 대해서 모두 배웠어요.

이제는 복잡한 식을 깔끔하게 정리할 수 있는 능력이 생겼기 때문에, 식을 정리한 후 미지수의 값을 찾아 가는 과정 즉, 방정식에 대해서 배울 수 있게 되었네요. 지금까지 배운 내용 다시 한 번 정리해 볼까요?

일차식의 덧셈과 뺄셈 연습이 더 필요한 친구들은 QR코드를 통해 임쌤을 만나러 오세요.

일차식의 덧셈과 뺄셈

1 동류항

❶ 동류항 : 문자와 차수가 각각 동일한 항

❷ 동류항의 덧셈과 뺄셈 : 동류항끼리 모은 후 동류항의 계수끼리의 합 또는 차에 동일한 문자를 곱함.

2 일차식의 덧셈과 뺄셈

STEP 1 괄호가 있으면 분배 법칙을 이용하여 괄호를 품.

STEP 2 동류항끼리 모아서 연산함.

예 $6(2x+7)-8(-2x+3)=12x+42+16x-24=(12x+16x)+(42-24)=28x+18$

쪽지 시험

시험에 '반드시' 나오는 '일차식의 덧셈과 뺄셈' 문제를 알아볼까요?

1. 다음 중 옳은 것은?

① $\frac{2}{x}$는 다항식이다. ② $\frac{x}{3}+1$에서 x의 계수는 3이다.

③ $xy+z$에서 항은 3개이다. ④ $7-x$에서 상수항은 7이다.

⑤ $x-3xy+1$에서 차수는 1이다.

2. 다항식 $2x^2-4x-5+ax^2+x+1$을 간단히 하였더니 x에 대한 일차식이 되었어요. 이때 상수 a의 값은?

① -2 ② 0 ③ 2 ④ 4 ⑤ 6

3. 다음 중 옳은 것은?

① $9x\times\left(-\frac{2}{3}\right)=-12x$ ② $(-2)\times(3x-1)=-6x-1$

③ $\frac{1}{3}(9x-2)=3x-2$ ④ $(6x-4)\div(-2)=-3x+8$

⑤ $(8x-12)\div\left(-\frac{4}{5}\right)=-10x+15$

4. $\frac{x-4}{3}-\frac{2x-3}{4}$을 간단히 하면?

① $\frac{-2x-7}{12}$ ② $\frac{-2x+1}{12}$ ③ $\frac{2x-3}{12}$ ④ $\frac{2x+5}{12}$ ⑤ $\frac{x}{6}$

답 **1.** ④, **2.** ①, **3.** ⑤, **4.** ①

일차식의 덧셈과 뺄셈 관련 문제를 임쌤과 함께 풀어 볼까요? QR코드를 통해 임쌤을 만나러 오세요.

Math mind map

임쌤의 손 글씨 마인드맵으로 '일차식의 덧셈과 뺄셈'을 정리해 볼까요?

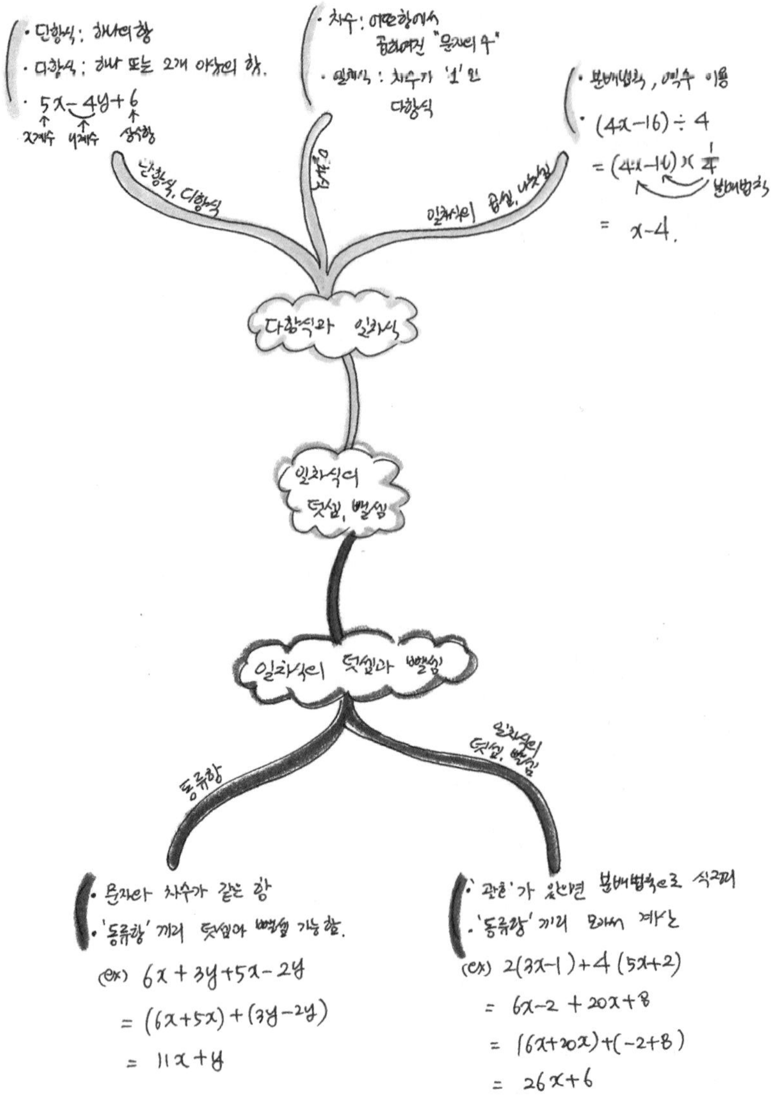

- 단항식: 하나의 항
- 다항식: 하나 또는 2개 이상의 항.
- $5x-4y+6$ (x계수, y계수, 상수항)

단항식, 다항식

- 차수: 어떤 항에서 곱해진 "문자의 수"
- 일차식: 차수가 '1'인 다항식

일차식

- 분배법칙, 역수 이용
- $(4x-16)\div 4$
  $=(4x-16)\times\frac{1}{4}$ (분배법칙)
  $=x-4.$

일차식의 곱셈, 나눗셈

다항식과 일차식

일차식의 덧셈, 뺄셈

일차식의 덧셈과 뺄셈

동류항

- 문자와 차수가 같은 항
- '동류항'끼리 덧셈과 뺄셈 가능함.

(ex) $6x+3y+5x-2y$
$=(6x+5x)+(3y-2y)$
$=11x+y$

일차식의 덧셈, 뺄셈

- '괄호'가 있으면 분배법칙으로 식 고쳐
- '동류항'끼리 모아서 계산

(ex) $2(3x-1)+4(5x+2)$
$=6x-2+20x+8$
$=(6x+20x)+(-2+8)$
$=26x+6$

09 등식의 성질을 이용해요!

: 방정식과 그 해

- 등호를 이용한 식을 만들 수 있어요.
- 방정식과 항등식을 알고 차이를 이해할 수 있어요.
- 등식의 성질을 이해할 수 있어요.

등호를 사용해 식을 만들어 봐요!

└방정식과 항등식

지율아! 아빠가 질문 하나 할까? χ에 -5를 곱한 뒤에 8을 더한 식을 생각해 볼래?

음……, χ에 -5를 곱하니 -5χ가 되고, 8을 더하니깐 -5χ+8이에요! 맞았지요?

이야, 우리 지율이가 식을 잘 세웠네. 그럼 하나 더 질문해 볼게. 방금 지율이가 구한 식은 등식일까? 등식이 아닐까?

어……. 등식이요? 그런 말은 아직 들어 본 적이 없어요.

지율이가 식을 잘 세웠네요. 칭찬 받을 만해요. 그런데 식에서 끝나는 게 아니라 아빠가 질문을 하나 더 하셨지요? '등식'의 정의를 알아야 지율이가 대답을 할 수 있겠네요. 임쌤이랑 '등식'에 대해 함께 알아볼까요?

등식이란, 등호가 포함된 식을 말해요. 등호는 '같다'는 뜻의 기호인 거 잘 알고 있지요? 그럼 위의 대화에서 아빠가 낸 문제는 등식일까요? 아닐까요? 네! 식이 $-5x+8$뿐, 등호가 없기 때문에 등식이 아니라 그냥 식이 되는 겁니다. 그럼 등식이 되려면 어떻게 바꿔야 할까요? $-5x+8=0$처럼 뒤에 등호가 포함된 식으로 표현되어야 해요. 물론, $-5x+8=7$처럼 등호 뒤에 꼭 0이 아니더라도 등호만 있다면 등식이 가능하답니다. 이항이라는 과정을 통해서 정리할 수 있는데, 이항은 쌤과 다음에 배워 보도록 해요. 이때 등호를 기준으로 왼쪽에 있는 식을 '좌변', 오른쪽에 있는 식을 '우변'이라고 하고 그 둘을 통틀어 '양변'이라고 합니다. 즉, $-5x+8=7$의 식에서는 $-5x+8$은 좌변이 되고, 7이 우변이 되는 거예요. 이렇게 등호가 들어가 있는 식인 등식에는 종류가 두 가지가 있어요.

하나는 '방정식'이라는 것이고, 또 다른 하나는 '항등식'이라는 것입니다. 그럼 방정식과, 항등식이 뭐가 다른지 임쌤과 함께 확인해 볼까요?

$2x-4=0$이라는 등식을 예로 들어 봅시다. 이 식에 미지수 x가 보이지요? 임쌤과 함께 이 미지수 x자리에 숫자들을 대입해 볼 거예요. 많은 숫자들 중 아무거나 대입을 시켜도 됩니다. 1을 대입시켜 볼까요? $2\times1-4=0$이 되는데, 식이 성립하나요? 식이 참이 되나요? 아니지요. $2\times1-4=-2$가 돼요. 즉, $x=1$을 대입하면 거짓인 식이 됩니다. 그러면 x에 2를 대입해 볼까요? $2\times2-4=0$이 되는데, 이 계산은 참이 되나요? 네! 맞아요. 이때가 중요합니다. 1을 대입했을 때는 거짓이 되는 식이고, 2를 대입할 때엔 참이 되는 식이지요? 이처럼 미지수 x대신에 숫자를 대입시켰을 때, 참이 되기도 하고 거짓이 되기도 하는 식을 우리는 '방정식'이라고 해요. 이때, 참이 되는 식이 더 중요하겠지요? 그래서 참이 되게 하는 숫자를 우리는 방정식의 '해' 또는 '근'이라고 부릅니다. 편의상 임쌤은 앞으로 '해'라고 부를게요. 정리하면, 우리가 예로 들었던 식, $2x-4=0$은 방정식

이 되고, 참이 되게 하는 숫자, $x=2$가 방정식의 해 또는 근이 되는 거예요.

지금 우리는 '대입'이라는 과정을 통해서 방정식의 해 또는 근을 구해 봤잖아요? 그런데 만약에 해가 $x=100$이 되는 방정식이 있는데, 그것도 모르고 $x=0$부터 차례대로 1, 2, 3, 4, …를 대입해서 해를 구하려고 한다면 계산을 백 번 넘게 해야만 해요. 왜냐하면 100을 대입하기 전까지는 그 식이 성립하지 않을 테니까요. 그런 수고를 덜고자 한방에 해를 구하는 방법을 배울 거예요. 우리는 방정식의 해를 구하는 방법을 '방정식을 푼다'라고 합니다. 방정식을 푸는 방법도 임쌤과 다음에 적당한 때가 오면 다시 배우도록 합시다.

자, 쌤과 방정식이 무엇인지에 대해서 배웠어요. 그럼 등식의 다른 종류인 '항등식'에 대해서도 배워 볼까요? 항등식은 '항상 등호가 성립하는 식'의 줄인 말이라고 생각하면 돼요. 즉, 미지수 x에 어떤 숫자를 대입하던지 항상 식이 성립하고, 참이 되는 식이에요. '아니! 그런 식이 있다고?' 하고 생각하는 친구들이 많을 텐데요, 의외로 우리 친구들이 자주 사용하는 식이 항등식이랍니다.

$2x+3x=5x$라는 식을 예로 들어 볼까요? 식을 읽어 보면 앞에서 배웠던 일차식의 덧셈 연산이 떠오르지요? 맞아요! 좌변인 $2x+3x$를 계산하면 우변인 $5x$가 되지요? 좌변과 우변은 똑같은 식이라는 것을 알 수 있어요. 이 말의 뜻은 미지수 x대신에 어떤 숫자를 대입을 해도 좌변과 우변이 똑같은 값이 나온다는 뜻이에요. 원하는 숫자를 대입해 직접 확인해 보세요.

이처럼 등식, 즉 등호가 포함된 식에는 방정식과 항등식이 존재해요. 그중 방정식에서 참이 되게 하는 미지수의 값이 중요하고, 그 미지수를 구하는 과정을 '방정식을 푼다'라고 한다는 것까지 기억하도록 해요.

자, 이제 방정식과 항등식의 개념을 정리해 볼까요?

방정식과 항등식

1 등식

❶ 등식 : 등호(=)를 사용하여 두 수 또는 두 식이 같음을 표현한 식

❷ 좌변 : 등식에서 등호의 왼쪽 부분

❸ 우변 : 등식에서 등호의 오른쪽 부분

❹ 양변 : 좌변과 우변

2 방정식과 항등식

❶ 방정식 : 미지수의 값에 따라서 참이 되기도 거짓이 되기도 하는 등식

❷ 방정식의 해 : 방정식을 참이 되게 하는 미지수의 값

❸ 방정식을 푼다 : 방정식의 해를 구하는 과정

❹ 항등식 : 미지수에 어떤 값을 대입하여도 항상 참이 되는 등식

등식에도 성질이 있어요!

└등식의 성질

아빠! 방정식을 참이 되게 하는 그 값, 해를 구하는 방법이 여러 가지 있다면서요?

그래, 가장 기본적인 방법은 바로 '대입'이지. 숫자를 하나하나 넣어 봐서 그 식이 참이 된다면 그것이 바로 해가 되는 거야.

맞아요. 그건 지난 수업 시간에 배웠거든요. 또 다른 방법은 뭐예요?

등식의 성질을 이용해서 방정식의 해를 구할 수도 있고, 이항을 통해서 식을 간단히 정리해서 구할 수 도 있지.

 등식의 성질이요? 등식에도 성질이 있어요? 아빠, 등식의 성질이라는 건 뭐예요?

 지율이가 '방정식의 해를 구하는 방법'을 질문하고 있군요. 드디어 방정식의 해를 구할 수 있게 되었네요.

아빠가 말씀하셨듯이 방정식의 해를 구하는 방법은 여러 가지가 있습니다. 그중 가장 기본적인 방법은 '대입'이지요. 방정식의 미지수에 여러 숫자를 넣어 보는 겁니다. 이미 임쌤과 함께 배워 보았지요? 직접 대입을 해 보아서 그 식이 참이 된다면 그때 대입했던 값이 바로 '해'가 된다는 사실! 그런데 이 방법에는 함정이 있었어요. 대입해야 하는 숫자들을 잘못 선택하면 너무 많은 숫자를 넣어 봐야 한다는 것이었지요. 왜냐하면 그 식이 참이 되는 수를 찾아야 하니까요. 그래서 방정식의 해를 구하는 조금 더 효율적인 방법을 우리가 배우려는 거예요.

그 중 한 가지 방법이 지금 살펴볼 '등식의 성질'을 이용하는 방법입니다.

등식의 성질이라……. '등식에도 성질이 있어?'라는 의문을 가질 수 있을 거예요. 임쌤이 실제 수업 중에 받은 질문이에요.

등식의 성질이라는 것은 바로, 등호가 포함된 식에서 등호를 기준으로 양변에 똑같은 수를 더하거나 빼거나 곱하거나 나누어도 등식이 그대로 성립한다는 성질입니다. 물론 0으로 나누는 것은 생각할 수 없기 때문에 0으로 나누는 것은 제외하고요. 등호를 기준으로 해서 좌변과 우변에 똑같은 수를 더하거나 빼거나 곱하거나 나누어서 식을 정리하여, 좌변에 미지수만 덩그러니 놔둔다면 우리는 미지수의 값을 구할 수 있게 됩니다. 임쌤과 예를 들어 이야기해 볼까요?

자, 여기에 $3x-5=7$이라는 방정식이 있습니다. 좌변과 우변에 똑같은 숫자를 더해 볼까요? 양변에 각각 5라는 숫자를 더해 봅시다. 그 이유는 바로 좌변에 있는 –5라는 숫자를 사라지게 하려고요. 직접 더해 보면, $(3x-5)+5=7+5$라는 식이 되고, 좌변에 있는 –5와 지금 더한 +5가 서로 사라지게 돼요. 그렇게 되면 좌변은 $3x$만 남게 되고, 당연히 우변은 12라는 수가 되겠지요. 즉, $3x=12$라는 새로운 방정식처럼 보이게 돼요. 사실 원래 있는 방정식과 동일한 식인데, 예쁘게 정리가 된 거예요. 그럼 또 다른 등식의 성질을 이용해 볼까요? 좌변과 우변에 동일한 숫자인 3으로 나눠 봅시다. 왜 3으로 나누냐고요? 양변을 3으로 나누게 되면 x의 계수인 3이 나눠져서 좌변은 x만 남게 되거든요. 즉, $\frac{3x}{3}=\frac{12}{3}$가 되고, 분자와 분모를 약분하게 되면 $x=4$라는 식이 나오게 됩니다. 어? $x=4$라는 x의 값을 구해 버렸네요! 식을 정리해서 나온 x의 값이 4가 나왔는데, 이것이 바로 방정식의 해가 되는 겁니다. 이 $x=4$라는 값을 원래 방정식인 $3x-5=7$에 대입해 봅시다. 방정식이 참이 되지요? 지금까지 우리는 등식의 성질을 통해서 x의 값을 찾게 된 거예요.

이처럼 등식의 성질을 통해서 해를 구할 때에는 방정식의 좌변이 아주 중요해요! 좌변이 미지수인 x만 남아 있게 식을 정리하는 겁니다. 등식의 성질을 통해서 좌변의 상수항을 먼저 없애기 위해 양변에 똑같은 숫자를 더하거나 빼고, x의 계수가 1이 되게 하기 위해 양변에 똑같은 숫자를 곱하거나 나누면서 좌변을 x만 남게 정리하는 거예요. 어때요? 이처럼 등식의 성질을 통해서 우리 친구들도 방정식의 해를 구할 수 있겠죠?

등식의 성질을 통해 방정식의 해를 구하는 방법을 임쌤과 더 연습해 볼까요? QR코드를 통해 임쌤을 만나러 오세요.

좌변과 우변에 사칙 연산을 통해서 식을 정리하는 과정인 '등식의 성질'을 이용하는 방법이 복잡해 보일 수 있지만, 직접 대입을 통하여 해를 구하는 방법보다 훨씬 효율적인 방법이라는 사실을 연습을 통해 알아보도록 합시다.

등식의 성질

1 등식의 성질

❶ 등식의 양변에 같은 수를 더하여도 등식은 성립함.

$a=b$이면 $a+c=b+c$임.

❷ 등식의 양변에 같은 수를 빼도 등식은 성립함.

$a=b$이면 $a-c=b-c$임.

❸ 등식의 양변에 같은 수를 곱하여도 등식은 성립함.

$a=b$이면 $a\times c=b\times c$임.

❹ 등식의 양변에 0이 아닌 같은 수를 나누어도 등식은 성립함.

$a=b$이면 $a\div c=b\div c$임(단, $c\neq 0$).

2 등식의 성질을 이용한 방정식의 풀이 방법

: 등식의 성질을 이용하여 방정식을 $x=$(수)의 꼴로 정리하여 해를 구함.

쪽지 시험

시험에 '반드시' 나오는 '방정식과 그 해' 문제를 알아볼까요?

1. 다음 중 등식인 것을 모두 고르면? (정답 2개)

① $-2x+5$ ② $x-4=7$ ③ $4x-5<7$ ④ $4+6=10$ ⑤ $5x\leqq 2x+3$

2. 등식 $(a+2)x-3=5x+b$가 x에 대한 항등식일 때, $a+b$의 값은? (단, a, b는 상수)

① -8 ② -2 ③ 0 ④ 2 ⑤$8$

3. 다음 중 [ ] 안의 수가 주어진 방정식의 해가 아닌 것은?

① $2(x-1)=-x+4$ [2] ② $1-x=x+1$ [0]

③ $3x-5=15-2x$ [4] ④ $-3x-2=7$ [−3]

⑤ $3x=5(x+1)-3$ [1]

4. 다음 중 옳은 것을 모두 고르면? (정답 2개)

① $ac=bc$이면 $a=b$이다. ② $a=b$이면 $\frac{a}{c}=\frac{b}{c}$이다.

③ $5a=4b$이면 $\frac{a}{4}=\frac{b}{5}$이다. ④ $a=b$이면 $7-a=7-b$이다.

⑤ $a=3b$이면 $a-3=3(b-3)$이다.

답 **1.** ②, ④, **2.** ③, **3.** ⑤, **4.** ③, ④

방정식과 그 해 관련 문제를 임쌤과 함께 풀어 볼까요? QR코드를 통해 임샘을 만나러 오세요.

Math mind map

임쌤의 손 글씨 마인드맵으로 '방정식과 그 해'를 정리해 볼까요?

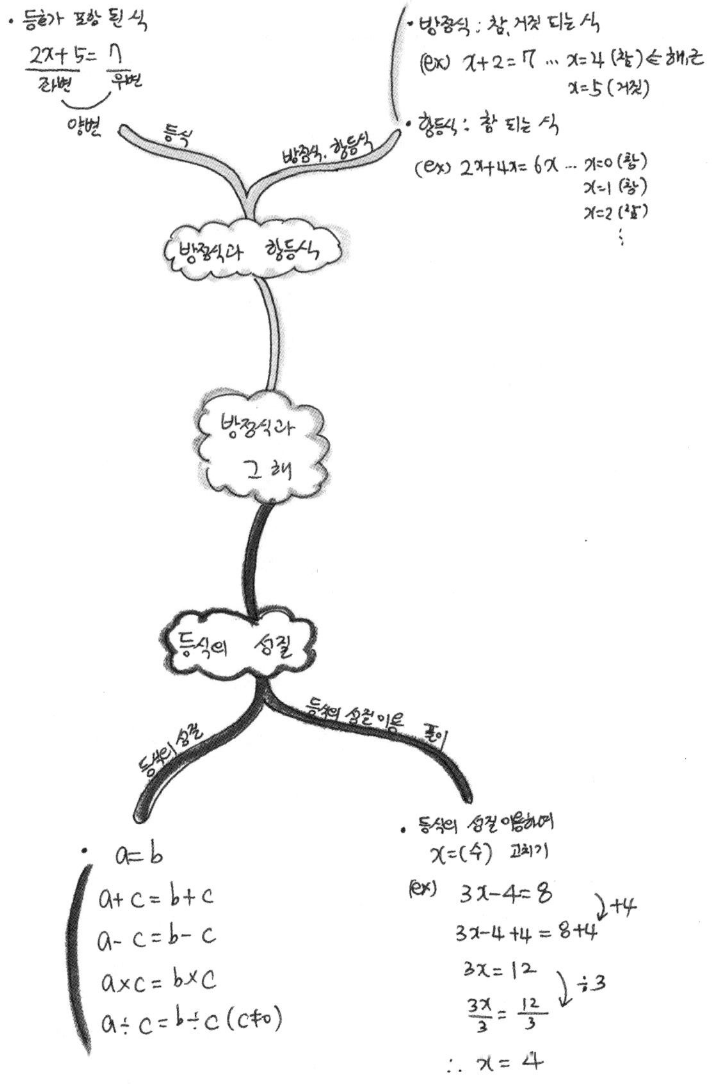

방정식과 그 해

방정식과 항등식

등식

• 등호가 포함 된 식

$2x+5=7$ (좌변, 우변 → 양변)

방정식, 항등식

• 방정식 : 참, 거짓 되는 식

(ex) $x+2=7$ … $x=4$ (참) ⇐ 해, 근

$x=5$ (거짓)

• 항등식 : 참 되는 식

(ex) $2x+4x=6x$ … $x=0$ (참)

$x=1$ (참)

$x=2$ (참)

⋮

등식의 성질

등식의 성질

• $a=b$

$a+c=b+c$

$a-c=b-c$

$a\times c=b\times c$

$a\div c=b\div c\ (c\neq 0)$

등식의 성질 이용 풀이

• 등식의 성질 이용하여 $x=$(수) 고치기

(ex) $3x-4=8$

$3x-4+4=8+4$ ($+4$)

$3x=12$

$\frac{3x}{3}=\frac{12}{3}$ ($\div 3$)

$\therefore x=4$

10

모양을 바꿔 나타나요!

: 일차 방정식의 풀이

- 일차 방정식과 이차 방정식을 이해할 수 있어요.
- 이항을 통해 일차 방정식의 해를 구할 수 있어요.
- 복잡한 모양으로 나타나는 일차 방정식들을 살펴봅시다.

방정식에도 종류가 있나요?

└일차 방정식의 풀이

아빠! 방정식에도 종류가 있나 봐요!

방정식에도 종류가 있다고? 음……, 우리 지율이가 일차 방정식을 배워서 그런 질문을 하는 거 같은데?

맞아요. 아빠! 방정식은 뭐고, 일차 방정식은 뭐예요? 그리고 일차 방정식을 풀려고 이항이라는 과정을 거친다는데, 이항하는 과정도 궁금해요.

지율이가 '일차 방정식'을 배우고 궁금한 게 생겼나 봐요. 앞서 우리가 등식과 부등식의 차이점에 대해서 배웠어요. 그 중에서 등식은 등호가 포함된 식을 등식이라고 했었지요? 그리고 등호가 포함된 식에는 방정식과 항등식으로 나뉜다는 것도 알게 됐어요. 그중 미지수에 수를 대입시켰을 때,

참이 되기도 거짓이 되기도 하는 식을 방정식이라 하고, 그런 방정식의 해를 구하는 방법에 대해서 배우고 있답니다. 그 방정식을 참으로 하는 미지수의 값인 '해'를 구하는 것이 방정식 단원의 최종 목적입니다.

그런 방정식에도 여러 종류가 있어요. 바로 미지수 x의 지수인 '차수'에 따라서 종류가 결정이 된답니다. 미지수 x의 지수인 '차수'가 1인 방정식을 일차 방정식이라고 하고, 미지수 x의 지수인 '차수'가 2인 방정식을 이차 방정식이라고 해요. 우리 교육과정으로 본다면 일차 방정식은 중학교 1학년, 이차 방정식은 중학교 3학년 때 배웁니다.

예를 들어 $x+1=3x-7$인 식은 미지수 x의 차수가 1이기 때문에 일차 방정식이라고 하는 거예요. 그러면 $3x+2=3x-8$라는 식도 미지수 x의 차수가 1이기 때문에 일차 방정식일까요? 이 식은 일차 방정식이 아니에요. 그 이유는 좌변과 우변에 똑같은 항 $3x$가 있기 때문에 그 둘이 사라지면서 $2=-8$이라는 미지수가 없는 식이 되어 버려 일차 방정식이 못되는 거예요. 그럼 언제 일차 방정식이 되느냐 하면 식을 정리하였을 때, $ax+b=0$의 꼴로 표현이 된다면 일차 방정식이라고 부른답니다. 물론 x가 사라지면 안 되기 때문에 x 앞에 있는 계수 $a \neq 0$이 되어야 해요. 이때, 식을 정리하는 과정에 대해서 알아볼 거예요. 식을 정리할 때에는 우리가 배웠던 '등식의 성질'을 이용하는 방법도 있지만 '이항'이라는 과정도 있어요. 이항이란, 항을 옮기는 과정을 뜻해요. 이항의 移項이라는 한자어의 뜻이 항목을 옮긴다는 의미예요. 즉, 좌변에 있는 항 또는 수를 우변으로 옮기거나 우변에 있는 항을 좌변으로 옮기는 과정인데, 이때 그냥 옮기는 것이 아니라 반드시 부호를 바꾸어서 다른 항으로 옮겨야 합니다. $2x+3=7$이라는 식에서 좌변에 있는 +3이라는 수를 우변으로 옮기게 된다면

$2x=7-3$처럼 좌변의 +3이 -3으로 옮겨지게 되는 거예요. 그래서 이항된 식을 연산해 보면 $2x=4$가 되고, 그 다음은 등식의 성질을 이용해서 양변에 똑같은 수인 2로 나누게 된다면 $\frac{2x}{2}=\frac{4}{2}$가 되고, $x=2$라는 일차 방정식의 해가 나오는 거예요.

지금까지 이항의 정의를 통해서 일차 방정식의 해를 구하는 과정까지 살펴봤어요.

다시 한 번 정리해 볼까요?

일차 방정식의 해를 구할 때에는 가장 먼저 무엇을 해야 할까요? 바로 식을 정리해야 해요. 이항이라는 과정을 통해서 좌변에는 미지수가 있는 식만 남겨두고 나머지 숫자들 즉, 상수항은 우변으로 모두 이항시키는 거예요. 그렇게 되면 $ax=b$ 꼴의 식이 되겠지요? 이 때, x의 계수인 a로 양변을 나누게 된다면 좌변은 우리가 구해야 하는 미지수 x만 남게 되고 우변이 우리가 구해야 하는 일차 방정식의 해가 되는 겁니다. 드디어 우리는 일차 방정식의 해를 구하는 방법에 대해서 모두 배웠어요!

등식의 성질과 이항을 통해 일차 방정식의 해를 구하는 복습이 필요하면 QR코드를 통해 임쌤을 만나러 오세요.

대입하는 방법, 등식의 성질을 이용하는 방법, 이항을 이용하는 방법! 이 모든 것들이 때에 따라 쓰일 수 있으므로 우리는 모든 방법들을 다 정리하고, 충분히 연습해 두어야 합니다.

일차 방정식의 풀이

1 이항 : 등식의 성질을 이용하여 등식의 한 변에 있는 항을 다른 변으로 옮기는 과정(옮기는 항의 부호를 바꿔야 함.)

2 일차 방정식의 풀이

❶ 일차 방정식 : 방정식의 모든 항을 좌변으로 이항하여 정리한 식이 (일차식)=0 꼴로 변형이 되는 방정식을 일차 방정식이라고 함.

예 $2x-7=0$

❷ 일차 방정식의 풀이

STEP 1 미지수 x가 포함된 항은 좌변으로, 상수항은 우변으로 이항함.

STEP 2 양변을 연산, 정리하여 $ax=b(a\neq0)$의 꼴로 만듦.

STEP 3 x의 계수인 a로 양변을 나눔.

예 $2x+3=7$의 해 구하기

STEP 1 $2x=7-3$

STEP 2 $2x=4$

STEP 3 $x=2$

다양한 모양으로 나타난다고?

ㄴ복잡한 일차 방정식의 풀이

아빠, 드디어 제가 일차 방정식을 마스터했습니다요!

그럼 아빠가 하나 물어볼까?

뭐든지 물어봐 주십시오! 다 대답해 드리겠습니다. 전 이미 이항이라는 엄청난 도구를 가지고 있거든요.

그럼, $(\chi-1):(3\chi-2)=2:5$를 만족하는 미지수의 값을 구할 수 있겠어?

오잉? 갑자기 왜 비례식이 나와요? 아빠, 이건 반칙이에요!

지율이를 당황하게 한 아빠의 엄청난 질문! $(x-1):(3x-2)=2:5$, 이 비례식은 과연 일차 방정식일까요? 아닐까요?

초등학교 6학년 때, 우리는 비례식에 대해서 배웠어요. $a:b=c:d$라는 비례식에서 a, c를 전항, b, d를 후항이라고 하고, 전항과 후항에 동일한 숫자를 곱하거나 나누어도 비례식이 성립한다는 것까지 이미 알고 있지요. 그리고 가장 중요한 계산인 '내항과 외항의 곱이 동일하다'는 $bc=ad$가 성립하는 것을 배웠고요. 이제 다시, 앞에 나왔던 비례식을 확인해 볼까요? $(x-1):(3x-2)=2:5$는 비례식의 성질에 의하여 $2(3x-2)=5(x-1)$이 성립한다고 식을 세울 수 있어요. 일차식의 곱셈이네요. 분배 법칙으로 식을 정리해 보면 $6x-4=5x-5$라는 식이 돼요. 바로 일차 방정식인 거예요. 임쌤과 배웠던 일차 방정식의 풀이를 통해서, 우변에 있는 $5x$를 좌변으로 이항하고 좌변의 -4를 우변으로 이항하면 $6x-5x=-5+4$가 되어 $x=-1$이라는 일차 방정식의 해까지 구할 수 있습니다.

이처럼 우리가 배웠던 일차 방정식의 모양이 아닐지라도, 식을 정리하였을 때 $ax+b=0$ 꼴이 나온다면 그 식은 바로 일차 방정식이 되는 거예요. 비례식 모양의 식뿐만 아니라, 괄호가 들어간 복잡한 식, 계수가 소수인 복잡한 식, 계수가 분수인 복잡한 식 등 다양하고, 복잡한 일차 방정식이 많이 나올 수 있어요. 하지만 걱정할 필요는 없지요. 식을 정리해서 일차 방정식 모양을 만든 다음 이항과 등식의 성질을 통해서 해를 구하면 되니까요. 다시 예를 하나 들어 볼까요? 이번에는 분수와 소수가 섞여 있는 일차 방정식을 살펴봅시다.

$0.5x+1=\frac{1}{5}(x-1)$이라는 복잡한 모양의 일차 방정식에서 중요한 포인트는 계수를 정수로 만드는 겁니다. 소수를 정수로 만들기 위해서 양변에 10을 곱해 볼 기예요. $10\times(0.5x+1)=10\times\frac{1}{5}(x-1)$이 되겠지요. 어때요? 이 식을 분배 법칙으로 곱해 보면 좌변은 $5x+10$이 되고, 우변은 $2x-2$이 됩니다. 즉, $5x+10=2x-2$으로 일차 방정식 모양이 되고, 이항을 통해서 $3x=-12$를 만들 수 있어요. 마지막으로 등식의 성질을 통해서 양변을 3으로 나누게 된다면 $x=-4$라는 조금은 복잡했던 일차 방정식의 해가 나오는 거예요. 어때요? 결국은 계수를 정수로 바꾸어서 일반적인 일차 방정식과 같이 해를 구하면 됩니다.

복잡한 일차 방정식의 풀이는 많은 연습이 필요한 단원이에요. 임쌤과 더 연습해 볼까요? QR코드를 통해 임쌤을 만나러 오세요.

복잡한 일차 방정식의 풀이

1 괄호가 있는 일차 방정식의 풀이

: '분배 법칙'을 통해서 괄호를 먼저 정리하고 일차 방정식의 풀이 방법에 따라 해를 구함.

2 계수가 소수인 일차 방정식의 풀이

: 양변에 10의 거듭제곱을 곱하여 정수인 계수로 바꾼 뒤 일차 방정식의 풀이 방법에 따라 해를 구함.

3 계수가 분수인 일차 방정식의 풀이

: 양변에 분모의 최소 공배수를 곱하여 정수인 계수로 바꾼 뒤 일차 방정식의 풀이 방법에 따라 해를 구함.

4 비례식으로 주어진 문제의 풀이

: 비례식의 성질인 '내항의 곱=외항의 곱'을 이용하여 식을 정리한 뒤 일차 방정식의 풀이 방법에 따라 해를 구함.

쪽지 시험

시험에 '반드시' 나오는 '일차 방정식의 풀이' 문제를 알아볼까요?

1. 다음 중 일차 방정식이 아닌 것은?

① $2x+1=3$ ② $3(2x+1)=2(3x-2)$ ③ $x=0$

④ $\frac{x}{2}=4$ ⑤ $x^2+3x+5=x^2+2x+1$

2. 다음 일차 방정식을 풀면?

$$0.4(x+3)-0.3(x-1)=1.6$$

① $x=-2$ ② $x=-1$ ③ $x=0$ ④ $x=1$ ⑤ $x=2$

3. x에 대한 일차 방정식 $ax+2=4(x-1)$의 해가 $x=3$일 때, $2a^2-a+3$의 값은?

① -9 ② -3 ③ 0 ④ 3 ⑤ 9

4. 두 일차 방정식 $-2x+5=-7x-15$와 $\frac{x}{2}-\frac{x-2a}{4}=1$의 해가 서로 같을 때, 상수 a의 값을 구하세요.

답 **1.** ②, **2.** ④, **3.** ⑤, **4.** 4

일차 방정식의 풀이 관련 문제를 임쌤과 함께 풀어 볼까요? QR코드를 통해 임쌤을 만나러 오세요.

Math mind map

임쌤의 손 글씨 마인드맵으로 '일차 방정식의 풀이'를 정리해 볼까요?

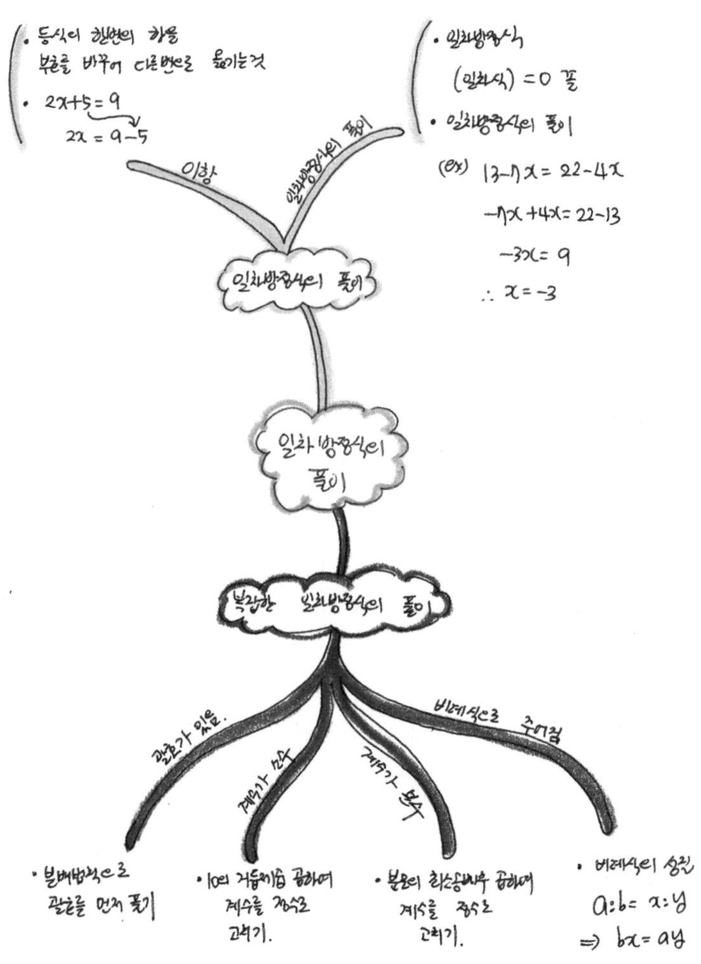

11

일상생활 속 문제를 해결해요!

: 일차 방정식의 활용

- 일차 방정식을 활용해 다양한 실생활 문제를 해결할 수 있어요
- 문제의 뜻을 파악하고 일차 방정식을 세울 수 있어요.

내 나이를 맞춰 봐!

ㄴ일차 방정식의 활용(1) – 나이

아빠, 우리 수학 선생님은 너무 동안이라 나이를 짐작할 수가 없어요.

그래? 얼마나 동안이신데 그러는 거야?

결혼도 안 한 분인 줄 알았는데 딸이 있다고 하시는 거예요. 다들 놀라서 연세가 어떻게 되시냐고 물었는데…….

그래, 몇 살이라고 하셨니? 사진을 보니, 아빠가 봐도 많이 동안이신 것 같아. 대학생처럼도 보이고.

그러니까요……. 우리가 계속 궁금해 했더니, 퀴즈를 내주셨어요. 수학 선생님과 딸의 현재 나이의 합이 53세인데, 14년 후에는 수학 선생님의 나이가 딸의 나이의 2배가 된다고 하셨어요. 이거 방정식인 거지요?

지율이와 친구들은 물론 아빠까지 놀랄 정도면 수학 선생님께서 정말 동안이신가 봐요. 궁금하니까 수학 선생님께서 낸 퀴즈를 함께 풀어 볼까요?

가장 먼저 찾아야 하는 값이 무엇일까요? 바로 수학 선생님의 나이입니다. 즉, 가장 먼저 해야 하는 것이 바로 무엇을 구해야 하는가를 미지수로 정하는 일이에요. 미지수를 정할 때에는 일반적으로 구하고자 하는 값을 미지수 x로 둔답니다. 여기에서는 수학 선생님의 나이를 x로 두면 되는 거고요.

자, 미지수를 정했다면 이제는 그 미지수가 포함된 식을 만들면 됩니다. 지금 수학 선생님의 퀴즈에서는 수학 선생님의 나이만 있는 것이 아니라 딸의 나이도 힌트로 나와 있어요. 현재 수학 선생님과 딸의 현재 나이의 합이 53세라 하였으니, 딸의 나이는 $53-x$세가 되겠네요. 이제 본격적으로 식을 세워 볼 텐데, 두 번째 힌트인 14년 후의 나이를 찾아봐야 해요. 14년 후에 수학 선생님의 나이는 현재 나이 x에 14를 더한 $x+14$세가 된다는 것은 쉽게 알겠지요? 딸은 현재 나이가 $53-x$라고 했으니까 14년 후에는 현재 나이에 14를 더한 $(53-x)+14=67-x$가 됩니다. 14년 후, 선생님과 딸의 나이 사이에 어떤 관계가 있었나요? 그래요, 바로 14년 후에는 수학 선생님의 나이가 딸의 나이의 2배가 된다고 했으니 $x+14=(67-x)\times2$라는 일차 방정식으로 표현돼요.

이제는 지금까지 우리가 배웠고 연습해 왔던 일차 방정식의 해를 구하면 됩니다. 우변을 먼저 분배 법칙으로 정리를 해서 식을 써 보면 $x+14=134-2x$가 되고, 미지수가 포함된 항은 좌변으로 상수항은 우변으로 이항해서 식을 정리하면 $x+2x=134-14$가 됩니다. 계산하면 $3x=120$이 되고, 등식의 성질을 이용하여 양변을 3으로 나누면 $x=40$이라는 일차 방정식의 해가 나옵니다.

지율이네 수학 선생님의 나이를 찾는 과정이 어려웠다면 임쌤과 다시 한 번 정리해 볼까요? QR코드를 통해 임쌤을 만나러 오세요.

하지만, x=40에서 끝이 아닙니다. 여기서 미지수 x가 무엇을 의미했나요? 일차 방정식의 해를 구한 후에는 미지수가 무엇을 의미했는지를 꼭 생각해 줘야 해요. 바로 수학 선생님의 나이였지요? 그래서 정답을 얘기할 때는 'x=40'이 아닌 '수학 선생님의 나이는 40세입니다.'라고 이야기해야 하는 거예요.

이것이 바로 '일차 방정식의 활용'입니다. 일상생활에서 실제로 일어날 수 있는 문장제 문제를 가장 먼저 미지수를 정해서 그 미지수가 포함된 식을 만든 뒤 방정식을 풀어서 해를 구하는 과정이 바로 활용의 내용이에요. 활용이라고 하면 분명 겁먹고 어려워하는 친구들이 있어요. 하지만 이렇게 임쌤과 함께 활용 문제를 차근차근 풀어 나가다보니 어렵지 않았지요?

먼저, 미지수를 잘 정한 뒤 방정식만 잘 세우면 된다는 사실을 기억합시다.

일차 방정식의 활용 (1) – 나이

1 일차 방정식의 활용 문제의 풀이

STEP 1 미지수 정하기

STEP 2 방정식 세우기

STEP 3 방정식 풀기

STEP 4 답 확인하기

2 나이에 관한 문제

: 나이의 합이나 차가 주어지면 어느 한 사람의 나이를 미지수 x로 두고, 몇 년 후와 같은 조건이 주어지면 몇 년을 미지수 x로 둠.

김치 담그는 날, 필요한 것은?

└일차 방정식의 활용(2) – 농도, 속력

아빠! 조금 전에 엄마가 뭐라고 하셨어요? 왜 나만 빼고 이야기해요?

아, 별 일 아니었어. 내일 김장하기로 했잖니. 김장을 하려면 배추를 씻어서 소금물에 절여 놓아야 하거든. 적당히 절여져야 아삭아삭하면서도 먹기 좋은 김치가 된단다.

네. 그럼 소금물 만드시려고 아빠를 부르신 거예요?

그래. 소금물을 만들기 위해서는 물이랑 소금이 필요한데 소금을 너무 많이 넣으면 물이 너무 짜서 배추가 숨이 너무 죽고 김치도 짜겠지? 소금을 너무 적게 넣어도 숨이 너무 안 죽어 김치 맛이 없으니 적당히 넣어야하거든.

아하, 소금물 농도를 상의하신 거예요? 우와, 재미있을 것 같아요. 사진 찍어서 SNS에 올려야지!

김장에 필요한 소금물의 농도에 대한 이야기를 나누고 있네요. 김장을 할 때 소금물이 정말 중요해요. 소금물을 만드는 방법은 굉장히 단순하지만 물에 소금을 얼마나 넣느냐를 결정하는 건 쉬운 일은 아니지요. 물에 소금을 넣는 양에 따른 소금물의 짬, 싱거움이 바로 '소금물의 농도'가 됩니다. 짜다, 싱겁다는 기준은 사람마다 다를 수 있거든요. 그래서 모든 사람들이 이해하기 쉽게 숫자로 표현해 놓는 것이 바로 소금물의 농도값이 되는 거예요. 농도가 20%, 30%라는 말 많이 들어봤지요? 이제 그 농도를 계산해 볼 거예요. 농도를 구한다고 하면 미리 겁먹고 어려워하는 친구들이 많다는 것을 임쌤도 다 알고 있어요. 하지만 지금부터 이야기할 내용만 잘 이해한다면 농도 문제, 그리 어렵지 않습니다.

농도를 '비율'이라고 생각하면 좋겠어요. 소금물은 소금과 물만을 가지고 만드는 거예요. 비율이라는 것은 물과 소금의 관계인데, 물과 소금을 섞었을 때 그 안에 소금이 얼마만큼 들어 있는지를 의미해요. 소금이 많으면 짜고, 소금이 적으면 싱겁겠지요? 소금물 안에 포함된 소금의 비율을 말하는 거예요. 즉, $\frac{\text{소금의 양}}{\text{소금물의 양}}$을 뜻해요. 농도의 단위는 백분율, %이어서 이 식에 100을 곱해서 단위를 %로 맞추어 줍니다. 정리하면, 소금물 농도의 값은 $\frac{\text{소금의 양}}{\text{소금물의 양}} \times$ 100(%)로 계산을 하는 겁니다.

어때요? 공식이라고 하니 겁먹었지만, '비율'만 이해하면 공식을 이해하는 것은 어렵지 않겠지요? 이제 예를 하나만 살펴봅시다.

김장을 하기 위해서 300g의 소금물을 만들었는데, 농도 측정 기계로 확인해 보니 10%의 농도가 나왔습니다. 그런데 너무 짜서 8%의 농도로 만들려면 물을 더 넣어야겠지요? 그러면 물을 얼마나 더 넣어야 할까요? 이 문제를 해결하기 위해서 임쌤과 표를 가지고 해석해 봅시다.

	물 넣기 전	추가해야 하는 물	물 넣은 후
농도	10%		8%
소금물의 양	300g		
소금의 양			

문제에서 주어진 값만을 가지고 표를 만들었습니다. 이 표에서 미지수를 정하고 그 미지수에 맞는 식을 쓰는 것이 좋겠지요. 우리가 구해야 하는 것은 추가해야 하는 물의 양입니다. 그래서 추가해야 하는 물의 양에 미지수 x를 넣을

거예요. 그러면 물을 넣은 후의 소금물의 양도 늘어나겠지요? 바로 $300+x$가 되는 거예요.

	물 넣기 전	추가해야 하는 물	물 넣은 후
농도	10%		8%
소금물의 양	300g	x	$300+x$
소금의 양			

자, 소금물의 농도 문제에서 미지수는 세웠어요. 이제 방정식을 만들어야 하는데, 농도 문제에서는 '소금의 양'을 통해서 방정식을 만들면 돼요. 그럼 소금의 양을 알아야 하는데, 이것은 따로 알아 둬야 하는 공식이 아니라 '소금물의 농도' 공식에서 식만 변형하면 나옵니다.

소금물의 농도$=\frac{\text{소금의 양}}{\text{소금물의 양}}\times 100(\%)$라는 식에서 우변 분자에 있는 소금의 양을 구하는 식으로 바꾼다면, 소금의 양$=\frac{\text{소금물의 양}}{100}\times$소금물의 농도라는 식이 나오게 됩니다. 즉, 분모는 100으로 두고서, 분자에는 농도와 소금물의 양을 모두 곱하면 된다는 뜻이에요.

	물 넣기 전	추가해야 하는 물	물 넣은 후
농도	10%		8%
소금물의 양	300g	x	$300+x$
소금의 양	$\frac{300\times 10}{100}$		$\frac{(300+x)\times 8}{100}$

당연히 추가해야 하는 물의 양에는 소금이 없으니, 안 쓰면 되겠지요? 자, 이제 표는 다 채웠습니다. 그럼 방정식을 만들어야 하는데, 추가해야 하는 물에

소금물의 농도를 통해 일차 방정식의 해를 구하는 방법은 몇 번만 연습해 익숙해지면 어렵지 않을 거예요. 임쌤과 다시 한 번 정리해 볼까요? QR코드를 통해 임쌤을 만나러 오세요.

는 소금이 없기 때문에 물을 넣기 전과 물을 넣은 후의 소금의 양은 변함이 없어요. 그래서 물을 넣기 전 소금의 양인 $\frac{300\times10}{100}$과 물을 넣은 후 소금의 양인 $\frac{(300+x)\times8}{100}$의 값이 똑같아져서, $\frac{300\times10}{100}=\frac{(300+x)\times8}{100}$이라는 방정식이 나오는 것이랍니다. 이제부터는 우리가 배웠던 방정식, 즉 일차 방정식의 해를 구하기만 하면 되는 거예요. 어때요? 생각보다 어렵지 않지요? 소금물의 농도는 표만 잘 그려서 소금의 양을 통해 방정식만 잘 만들면 된다는 것을 기억하면 돼요. 그럼 위에 있는 방정식을 계산하고, 마무리 합시다.

$\frac{300\times10}{100}=\frac{(300+x)\times8}{100}$의 양변에 100을 곱하고, $300\times10=(300+x)\times8$에서 분배 법칙으로 식을 정리하면 $3000=2400+8x$가 나와요. 미지수는 좌변으로 상수항은 우변으로 이항을 하면, $-8x=2400-3000$의 식이 나와서, $x=75$라는 값이 나오고, 단위까지 써서 정답을 적어 보면 75g의 물을 넣으면 된다는 정답이 나오는 겁니다.

이렇게 표를 통해서 식을 세우기만 하면 일차 방정식의 정답을 뽑는 과정이 어렵지 않다는 것을 꼭 기억해 둡시다. 또 일차 방정식의 활용에서 다양한 형태의 문제들이 나올 수 있는데, 임쌤과 함께 다시 한 번 정리하고 문제도 풀면서 살펴보도록 합시다.

일차 방정식의 활용(2) – 농도, 속력

1 농도에 관한 문제

❶ (소금물의 농도)$=\dfrac{\text{소금의 양}}{\text{소금물의 양}}\times 100\%$

❷ (소금의 양)$=\dfrac{\text{소금물의 농도}}{100}\times$(소금물의 양)

※ 어떤 소금물에 물만 더 넣으면 소금의 양은 변함없음.

어떤 소금물에 물을 증발시키면 소금의 양은 변함없음.

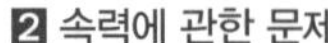

2 속력에 관한 문제

❶ (거리)=(속력)×(시간)

❷ (속력)$=\dfrac{\text{(거리)}}{\text{(시간)}}$

❸ (시간)$=\dfrac{\text{(거리)}}{\text{(속력)}}$

시험에 '반드시' 나오는 '일차 방정식의 활용' 문제를 알아볼까요?

1. 어떤 수 x의 7배에서 5를 빼면 어떤 수 x에서 5를 빼고 2배를 한 수와 같아요. 어떤 수 x는?

① −3 ② −2 ③ −1 ④ 1 ⑤ 2

2. 우리 안에 소와 닭이 합하여 15마리가 있어요. 다리의 수의 합이 44개일 때, 소는 모두 몇 마리일까요?

① 7마리 ② 8마리 ③ 9마리 ④ 10마리 ⑤ 11마리

3. 2010년에 어머니의 나이는 48세, 딸의 나이는 14세입니다. 어머니의 나이가 딸의 나이의 두 배가 되는 해를 구하세요.

4. 지효가 등산을 하는데 올라갈 때는 시속 3km로 걷고, 내려올 때는 시속 4km로 걸어서 모두 2시간 20분이 걸렸다고 해요. 이때 등산로의 거리는 얼마일까요? (단, 올라갈 때와 내려올 때 같은 등산로를 걸었다.)

① 1km ② 2km ③ 3km ④ 3.5km ⑤ 4km

답 **1.** ③, **2.** ①, **3.** 2030년, **4.** ⑤

일차 방정식의 활용 관련 문제를 임쌤과 함께 풀어 볼까요? QR코드를 통해 임쌤을 만나러 오세요.

Math mind map

임쌤의 손 글씨 마인드맵으로 '일차 방정식의 활용'을 정리해 볼까요?

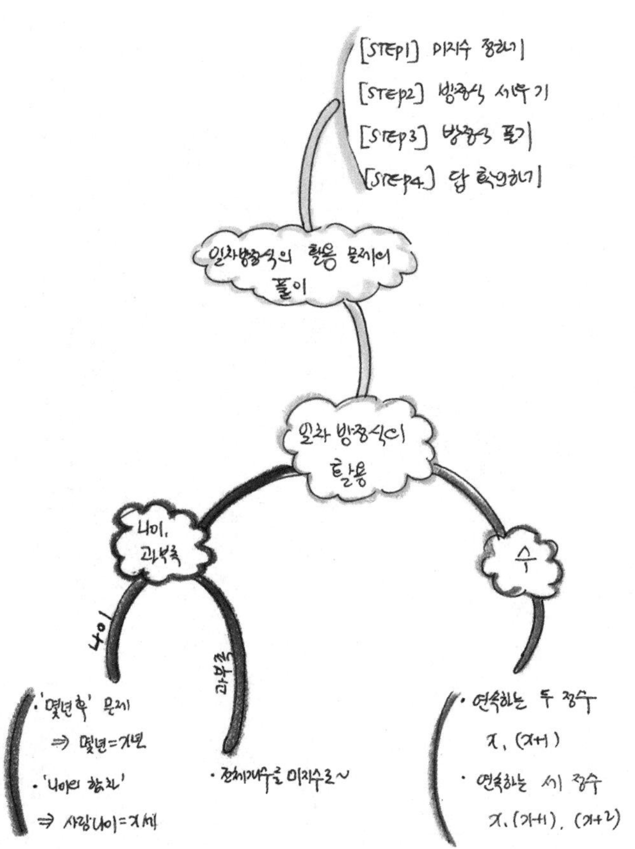

III

좌표 평면과 그래프

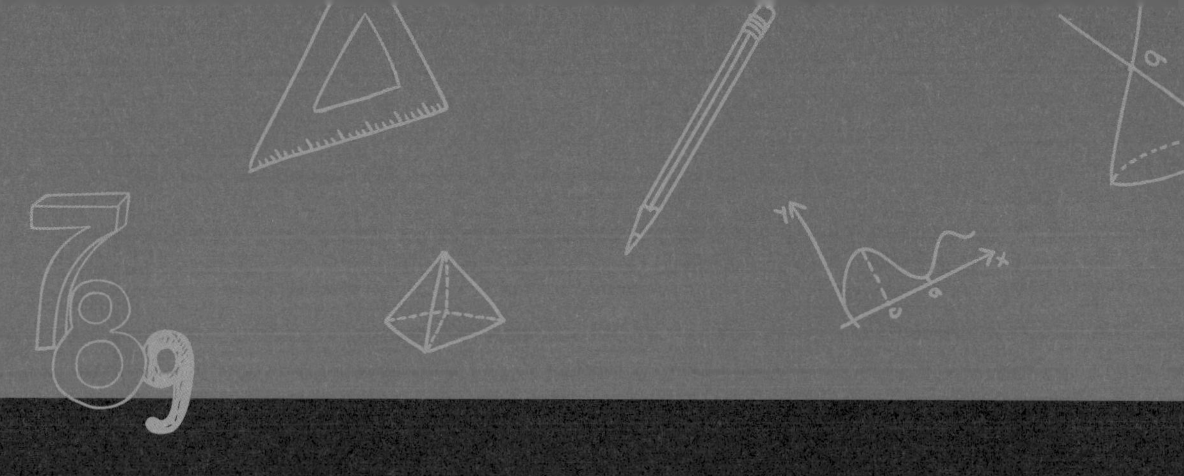

해마다 수능시험일 앞뒤로 수능과 관련된 다양한 뉴스들이 쏟아지는데, 임쌤이 가장 놀랐던 사실은 수학의 난이도나 문제 유형들보다 수능시험을 치룬 학생들의 수였어요. 수능 응시인원은 해마다 줄고 있다고 하거든요. 몇 해 전부터 역대 최저 응시인원이 수능시험을 보았다는 뉴스가 계속 나오고 있어요. 인구절벽이라는 표현과 함께 인구수 감소에 대한 뉴스는 자주 봐 왔지만, 해마다 줄어들고 있는 수능 응시인원 수를 비교해 보자니 인구절벽이라는 말이 더 와 닿았답니다. 하지만, 전 세계 인구수는 그렇지 않은가 봐요. 전 세계 인구수는 꾸준히 증가하고 있는 추세네요. 1850년대 산업혁명으로 인하여 한 번의 인구급증이 있었고, 1950년대 의학의 발달로 인하여 다시 한 번 인구가 폭발적으로 증가하는 시기가 있었어요. 이 추세로 본다면 2012년 기준 75억 명이던 세계 인구가 2100년에는 100억 명에 달할 것이라고 UN보고서에서는 말하고 있답니다. 어떻게 이런 결과를 예측할 수 있었을까요? 바로 표, 그래프, 식 등으로 우리 주변의 현실 세계와 자연의 여러 가지 상황에서 쉽게 찾아볼 수 있는 '변하는 양 사이의 관계'를 정리했기 때문이지요. 이처럼 다양하게 변화하는 현상 속에서 변하는 양 사이의 관계를 x축과 y축이라는 기본적인 공간에 표현하고 해석하는 내용들에 대해서 이야기해 보려고 합니다. 이것을 우리는 '그래프'라고 하고요. 자, 임쌤과 함께 그래프의 세계로 진입해 볼까요?

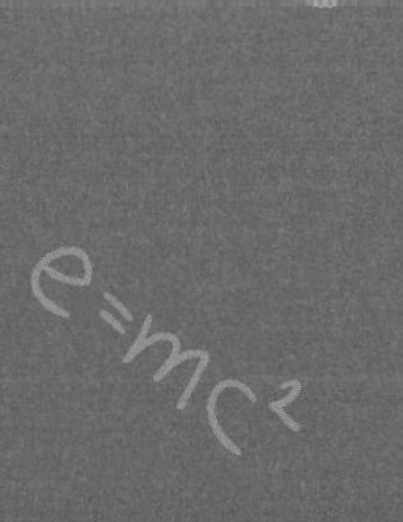

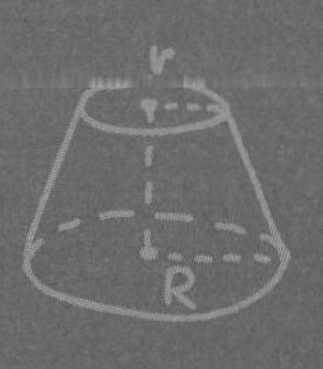

12

등이 가려울 때 콕 찍어 말해요!

: 순서쌍과 좌표

- 순서쌍과 좌표를 이해할 수 있어요.
- 사분면의 이름을 알 수 있어요.
- 좌표 평면을 그리고, 대칭의 개념을 이해할 수 있어요.

등이 가려울 때, 정확한 위치를 말해요!

└순서쌍과 좌표

지율아, 뭐하니?

SNS 하는 중이에요.

아빠 등 좀 봐 줄래? 머리카락이 있는지 많이 가렵네.

아빠도 참……, 어디가 가려운데요?

어디냐면 어깨 쪽인데……, 등 한가운데를 좌표 평면의 원점이라고 본다면 순서쌍 (2, 3) 위치가 가려워.

아빠, 여기 맞아요? 여기 아무것도 없는데?

아니, 지율아! 네 손가락이 찍은 곳은 (3, 2)인 곳이야. 다시 찾아 봐! 정말 가려워.

아…… 여기 있네. 머리카락 당첨!

아빠가 정말 가려우셨나 봐요. 세상에 등 한복판에 좌표 평면이라니요! 그래도 아빠의 가려움을 지율이가 잘 해결했네요.

자, 어떻게 아빠가 정확한 위치를 지율이에게 알려 줄 수 있었을까요? 바로! 위치를 순서쌍으로 표현했기 때문에 지율이가 그 순서쌍에 위치해 있는 곳을 정확히 찾을 수 있었어요. 이처럼 순서쌍을 안다면 우리는 좌표 평면을 통해서 정확한 위치를 파악할 수 있답니다. 여기서 잠깐! 순서쌍은 무엇이고, 좌표 평면은 무엇인지 자세히 알아볼까요?

우선은 좌표의 개념부터 다시 정리해 보도록 해요. 수직선이 있어요. '수가 그려진 직선을 수직선이라고 한다.'는 것은 이미 임쌤과 함께 배워 알고 있지요? 그 수직선 위의 한 점에 대응하는 수를 우리는 그 점의 좌표라고 해요. 예를 들어서 수직선위에 점A가 있는데, 그 점A의 위치가 숫자 7위에 있다면 그 점의 좌표는 7이 되는 것이고, A(7)이라고 표현해요.

다시 임쌤과 함께 수직선 2개를 그려 볼게요. 두 수직선이 점O에서 서로 수직하게 그러니까 90도로 만날 때, 그 두 수직선으로 그려지는 평면을 바로 좌표 평면이라고 해요. 이때, 가로의 수직선을 x축이라고 하고, 세로의 수직선을 y축이라고 하면서 그 두 축을 통틀어서 좌표축이라고 하고요.

이제 준비물은 모두 완성되었습니다. 이 좌표가 그려진 평면인 좌표 평면 위에 임쌤이 점을 하나 찍을 거예요. 그 점의 이름을 A라고 할게요. 그 점에서 가로축인 x축에 90도가 되게 선을 그렸을 때 x축과 만나는 점이 2가 되고, 세로축인 y축에 90도가 되게끔 선을 그렸을 때 y축과 만나는 점이 4가 된다고 한다면 점A의 좌표가 (2, 4)가 되는 것이고, 이것을 순서쌍이라고 해요. 표현은 A(2, 4)라고 한답니다. 그러면 왜 순서쌍이라고 부를까요? 그 이유는 순서가 있기 때문이에요. B라는 점을 하나 더 찍어 볼까요? 이 B라는 점의 순서쌍이 (4, 2)가 되게 점을 찍어 볼까요? 그럼 점B는 아래와 같이 찍히겠지요? 그림을 확인해 봅시다.

순서쌍과 좌표에 대해 임쌤과 다시 한 번 정리해 볼까요? QR 코드를 통해 임쌤을 만나러 오세요.

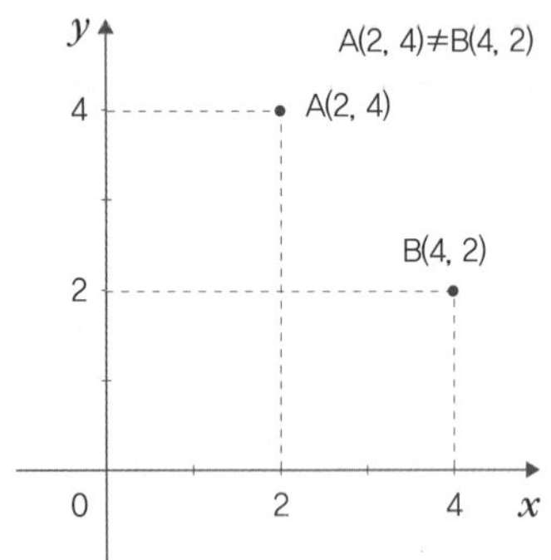

어때요? 점A와 점B의 위치가 같은가요? 아니오, 전혀 다릅니다. 이처럼 A(2, 4)와 B(4, 2)는 순서가 있는 순서쌍이라서 점의 위치가 전혀 다른 거예요.

지율이와 아빠처럼 아빠의 등을 좌표 평면으로 두고 가려운 위치를 순서쌍으로 표현하면 지율이뿐 아니라 그 누구라도 금방 찾을 수 있겠지요? 물론 순서쌍과 좌표 평면에 대해 이해를 하고 있는 사람이라면 말이에요.

순서쌍과 좌표

1 수직선 위의 점의 좌표

❶ 점의 좌표 : 수직선 위의 한 점에 대응하는 수를 그 점의 좌표라고 하고, 좌표가 a인 점 P를 기호로 P(a)라고 나타냄.

❷ 원점 : 수직선 위의 좌표가 0인 점O(0)

2 좌표 평면

❶ 좌표축 : 두 수직선이 점O에서 서로 수직으로 만날 때, 가로의 수직선을 x축, 세로의 수직선을 y축이라 하고, x축과 y축을 통틀어 좌표축이라고 함.

❷ 원점(O) : 두 좌표축이 만나는 점

❸ 좌표 평면 : 두 좌표축이 그려져 있는 평면

3 좌표 평면 위의 점의 좌표

❶ 순서쌍 : 두 수 a, b의 순서를 정하여 (a, b)와 같이 나타낸 쌍

※ $(a, b) \neq (b, a)$

❷ 좌표 평면 위의 점의 좌표 : 좌표 평면에서 점P의 위치를 나타내는 순서쌍 (a, b)를 점P의 좌표라고 하고, 기호로 P(a, b)와 같이 나타냄. 이 때, a를 점P의 x좌표, b를 점P의 y좌표라고 함.

한 점을 위로 접고, 아래로 접어 대칭시키라고?

└사분면

아빠! 전에 등 한가운데를 좌표 평면의 원점으로 두고, 머리카락의 위치를 찾았던 것 기억하세요?

그래, 맞아. 내 등이 좌표 평면이 되었었지.

그때 아빠의 등이 크게 네 개로 나눠진 거잖아요.

그렇지! 머리카락이 있었던 (2, 3)의 위치는 오른쪽 위의 영역이었고.

그럼, 혹시 그 네 개로 나눠진 영역들도 이름이 있어요?

지율이가 아빠의 등에서 어떤 영감이 떠올랐나 봐요! 앞서 아빠의 등에 붙은 머리카락을 떼면서 아빠의 등을 총 4개의 부분으로 나누었던 것을 기억하지요? 가로축과 세로축을 가상으로 그렸기 때문에 총 4개의 영역이 생길 수 있었지요. 지율이가 그 4개의 영역의 이름이 있는지 궁금해 하네요. 맞아요, 그 4개의 영역은 모두 이름이 있답니다. 그 나누어진 4개 영역을 통틀어서 '사분면'이라고 해요. 그림으로 살펴볼까요?

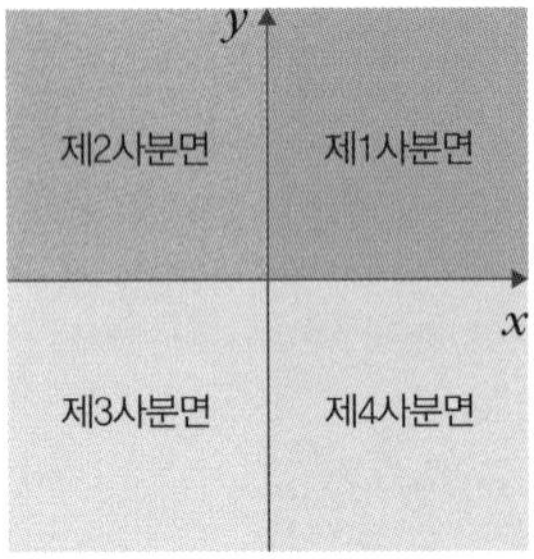

오른쪽 위를 시작으로 제1사분면 이라는 이름을 붙이게 되고, 시계 반대 방향으로 이름의 순서가 결정이 돼요. 수학에서는 시계 반대 방향이 아주 중요해요. 시계 반대 방향으로 가는 것이 일반적인 이동 방향이라고 생각하면 좋겠어요. 여기서도 그 순서대로 이름이 결정이 됩니다. 사분면의 이름 앞에는 '제'라는 단어를 꼭 붙여 줘야 하고요. 자, 그럼 임쌤과 좀 더 자세히 살펴볼까요? (3, 6)이라는 점은 몇 사분면 위의 점일까요? 좌표 평면 위에 이 점을 찍어보면 제1사분면에 찍힙니다. 그렇다면 (-3, 6)은 몇 사분면 위의 점일까요? 똑같이 점을 좌표 평면 위에 찍으면 제2사분면 위에 찍힙니다. 마지막으로 (7, 0)은 몇 사분면 위의 점일까요? 어?

x축 위에 있네요. 이처럼 축 위에 있는 점들은 제1사분면이라고 또는 제4사분면이라고 말하기 어려워요. 즉, x축이나 y축 위에 있는 점들은 '어느 사분면에도 포함되지 않는다.'라고 이야기하면 되겠습니다.

자세히 보면, 각 점의 부호에 따라서 사분면의 위치가 결정이 되는 걸 알 수 있어요. 제1사분면 위의 점의 부호는 (+, +), 제2사분면 위의 점의 부호는 (-, +), 제3사분면 위의 점의 부호는 (-, -), 제4사분면 위의 점의 부호는 (+, -)가 됩니다. 물론 이 부호를 외워서 문제를 해결해도 되지만, 그보다 직접 좌표 평면에 점을 찍어서 어느 사분면 위에 있는지 확인하는 것이 더욱 빠르고 정확하답니다.

이제 임쌤과 '대칭'의 개념에 대해서 알아보도록 합시다. '대칭'이라는 것은 '대칭이 되는 선을 접었다 폈을 때 만나는 점'을 말해요. 만약 (2, 3)이라는 점의 x축에 대하여 대칭인 점을 찾는다면, x축을 직접 접어서 (2, 3)이라는 점이 어디에 찍히게 되는지 확인을 해주면 돼요.

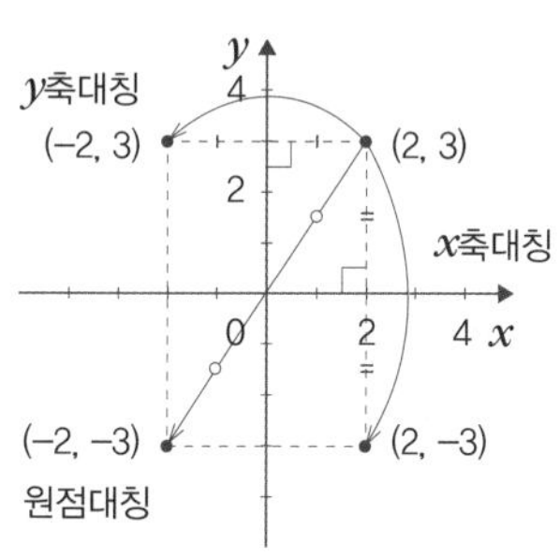

x축으로 접으니 (2, 3)이라는 점이 위에서 아래로만 옮겨지기 때문에 대칭된 점의 좌표의 x의 값은 변함이 없고, y의 부호만 바뀌게 되는 (2, -3)이 되는 거예요. 바로 옆의 그래프처럼 말이지요.

같은 방법으로 y축에 대하여 대칭을 시키면 왼쪽으로만 이동을 하게 되므로 x의 부호만 반대가 되고, y의 값은 그대로 이동을 하게 되어서 (-2, 3)이 되고요. 어때요? 여기까지는 쉽지요? 마지막으로 '원점대칭'에 대해서도 생각해 봅시다. 원점대칭이란 무엇일까요? 천천히 생각해 보면 돼요. 원점대칭이란 원

사분면의 개념과 대칭인 점 찾는 방법이 어려웠나요? 걱정하지 말고 QR코드를 통해 임쌤을 만나러 오세요.

점을 기준으로 대칭이라는 말이에요. 즉 x축과 y축에 모두 대칭인 것인데, x축과 y축을 기준으로 모두 이동시키기 때문에 x좌표와 y좌표의 부호를 모두 바꾸어 주면 되는 거예요. 그래서 (-2, -3)이 되는 겁니다.

이처럼 대칭이라는 것은 접었을 때 일치하는 점을 말한다는 점, 미술에서 배우는 '데칼코마니'와 같은 느낌이지요?

임쌤의 tip

사분면

1 사분면

❶ 사분면 : 좌표 평면은 두 좌표축에 의하여 네 부분으로 나뉘어지는데 그 각각을 제1사분면, 제2사분면, 제3사분면, 제4사분면이라고 함.

제2사분면	제1사분면
제3사분면	제4사분면

❷ 각 사분면에서의 x좌표와 y좌표의 부호

제1사분면 (+, +)

제2사분면 (−, +)

제3사분면 (−, −)

제4사분면 (+, −)

2 대칭인 점의 좌표

점P(a, b)에 대하여

❶ x축에 대칭인 점Q의 좌표 : Q(a, $-b$)

❷ y축에 대칭인 점R의 좌표 : R($-a$, b)

❸ 원점에 대하여 대칭인 점S의 좌표 : S($-a$, $-b$)

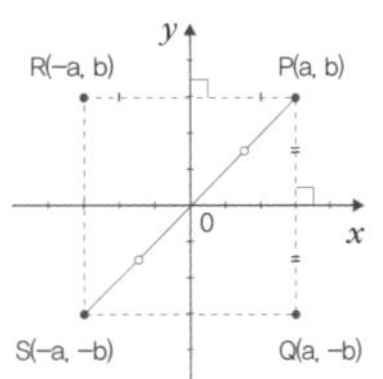

쪽지 시험

시험에 '반드시' 나오는 '순서쌍과 좌표' 문제를 알아볼까요?

1. 다음 중 x축 위에 있고, x좌표가 $\frac{2}{3}$인 점의 좌표는?

① $(-\frac{2}{3}, 0)$ ② $(0, -\frac{2}{3})$ ③ $(0, \frac{2}{3})$ ④ $(\frac{2}{3}, 0)$ ⑤ $(\frac{2}{3}, \frac{2}{3})$

2. 두 점 $A(2a+1, 1-3a)$, $B(b-3, 5b+4)$가 각각 x축, y축 위의 점일 때, ab의 값을 구하세요.

3. 좌표 평면 위의 세 점 A(2, 2), B(−2, −4), C(2, −4)를 꼭짓점으로 하는 삼각형 ABC의 넓이를 구하세요.

답 **1.** ④, **2.** 1, **3.** 12

순서쌍과 좌표 관련 문제를 임쌤과 함께 풀어 볼까요? QR코드를 통해 임쌤을 만나러 오세요.

Math mind map

임쌤의 손 글씨 마인드맵으로 '순서쌍과 좌표'를 정리해 볼까요?

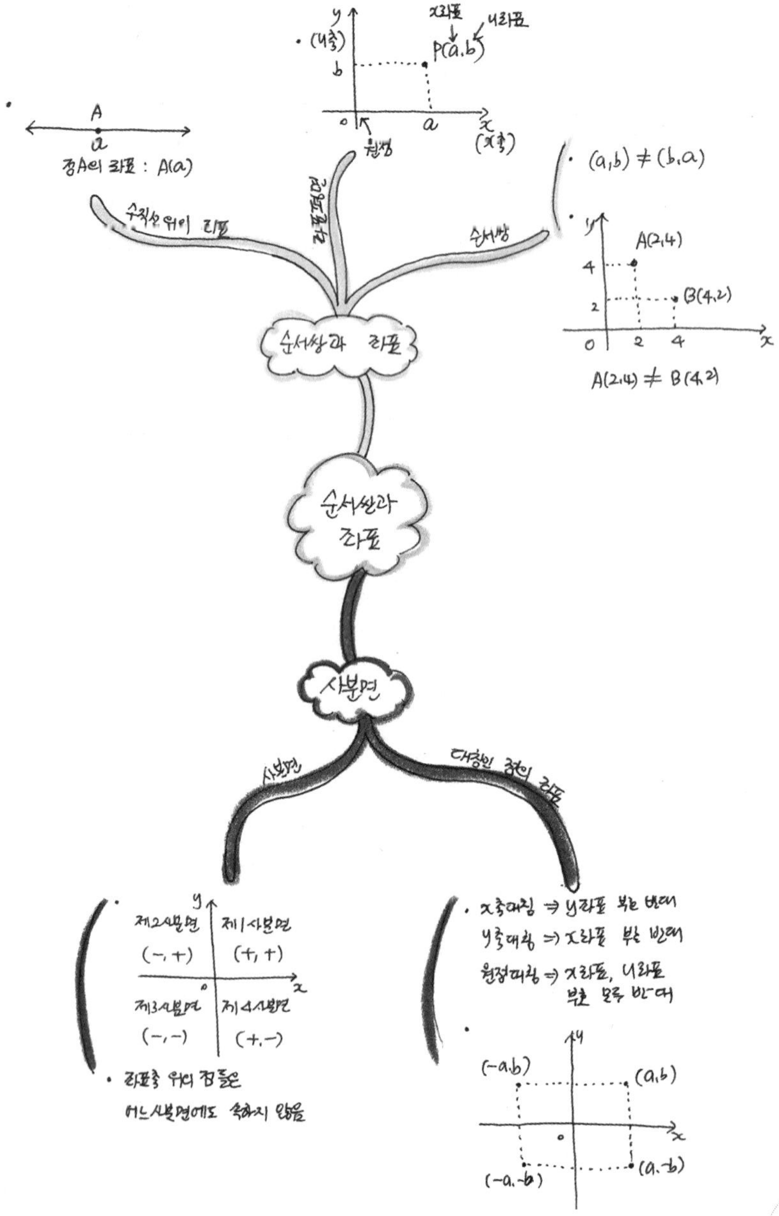

순서쌍과 좌표

- 순서쌍과 좌표
  - 수직선 위의 좌표
    - 점 A의 좌표 : $A(a)$
  - 좌표평면
    - y (y축), x (x축), $P(a, b)$ (x좌표, y좌표), 원점 O
  - 순서쌍
    - $(a, b) \neq (b, a)$
    - $A(2, 4)$, $B(4, 2)$
    - $A(2, 4) \neq B(4, 2)$
- 사분면
  - 사분면
    - 제2사분면 $(-, +)$, 제1사분면 $(+, +)$, 제3사분면 $(-, -)$, 제4사분면 $(+, -)$
    - 좌표축 위의 점들은 어느 사분면에도 속하지 않음
  - 대칭인 점의 좌표
    - x축 대칭 ⇒ y좌표 부호 반대
    - y축 대칭 ⇒ x좌표 부호 반대
    - 원점 대칭 ⇒ x좌표, y좌표 부호 모두 반대
    - $(-a, b)$, (a, b), $(-a, -b)$, $(a, -b)$

함수를 눈에 보이게 그려라!

: 그래프

13

- 함수와 함수식을 알 수 있어요.
- 함수식을 좌표 평면 위에 옮길 수 있어요.
- 그래프를 보고 해석할 수 있어요.

대관람차가 한 바퀴 도는 데 얼마나 걸릴까?

ㄴ그래프

아빠! 수학공부 하다가 '그래프를 그리라'는 내용이 있었는데, 그 말의 뜻이…….

아! 지율이가 함수에 대해서 배우고 있구나. 함수와 그래프는 떼려야 뗄 수 없는 관계지. '그래프를 그리라'는 말의 뜻은 '함수식을 좌표 평면 위에 옮기라'는 뜻이야.

'함수식을 좌표 평면 위에 옮기라'는 것이면 전에 아빠 등에 가려운 곳을 찾을 때처럼 점을 찍으라는 거잖아요.

그래, 맞아. 바로 함수식을 만족하는 (x, y)의 순서쌍들을 찾아서 그 점들을 찍으라는 말이야.

아! 결국 순서쌍들의 모임이구나. 그런데 아빠, 그래프들을 보면 선으로 그려져서 나오는데, 그 선들은 또 뭐예요? 제가 찾을 수 있는 순서쌍들은 한계가 있는데…….

지율이가 그래프에 대해서 열심히 공부했나 봐요. 궁금한 것이 많다는 것은 그만큼 관심이 많다는 것이니까요. 자, 그러면 지율이가 궁금해 하는 그래프 위의 선들에 대해서 살펴볼까요? 그래프라는 것은 지율이 아빠가 말씀하셨듯이 '함수식을 만족하는 순서쌍들을 좌표 평면 위에 나타낸 그림'이라고 생각하면 돼요. 쉽게 말하면, 함수를 눈에 보이게 그린 그림이 바로 그래프인 셈이지요. 함수라는 것은 간단히 말해서 미지수 사이의 관계를 말해요.

편의점에서 초콜릿을 사 먹는다고 생각해 볼까요? 초콜릿 한 개의 가격이 500원이라면 사 먹는 초콜릿의 개수를 미지수 x, 마트 계산대에서 지불해야 하는 금액을 미지수 y라고 한다면 두 미지수 x와 y 사이의 관계에서는 어떤 관계식이 나올까요? 그렇지요. 바로 $y=500x$라는 식이 나오게 돼요. 이것이 바로 함수식입니다. 함수라는 더 자세한 내용은 중학교 2학년 때 배우게 되지만 초등학교 때 배웠던 내용으로도 함수의 그래프를 이해할 수는 있어요.

자, 이제 함수식에 대해서 알게 됐다면 함수의 그래프를 이해하고 갈 시간이에요. 방금 예로 들었던 함수식인 $y=500x$를 만족하는 순서쌍들이 분명 존재할 거예요. 몇 개 찾아볼까요? 가장 쉬운 (0, 0)과 (1, 500) (2, 1000), (3, 1500)라는 점들을 찾을 수 있네요.

임쌤과 지금 4개의 점만 찾았지만, 사실은 무수히 많은 순서쌍들이 있겠지요? 이제 이 순서쌍들을 '좌표 평면' 위에 옮길 시간이에요. 앞에서 배웠던 x축과 y축이 그려진 평면을 떠올려 보세요. 그 좌표 평면 위에 순서쌍들의 위치를 찍어 보는 거예요. 그럼 우선 듬성듬성 찍히게 됩니다. 다시 조금 더 순서쌍들을 구해서 조금 더 좌표 평면 위에 세세하게 점들을 찍게 되고 이렇게 반복

되면 점들이 선이 돼요. 이제 지율이가 궁금해 했던 순서쌍의 점을 찍는데 그래프가 선으로 그려지는 이유가 밝혀졌네요.

이 그래프라는 것은 결국 함수식을 만족하는 점들의 모임이 좌표 평면 위에 옮겨진 그림이란 거예요. 이때요? 이 그래프라는 개념만 잘 이해한다면, 아무리 어려운 함수식일지라도 모두 그래프를 그릴 수 있겠지요. 계산만 잘해서 순서쌍들을 구하기만 하면 되니까요.

또 반대로 우리는 그려진 그래프를 통해서 그 그래프를 이해하고 해석할 수도 있어야 해요. 예를 들어 볼까요?

놀이공원에 가면 대관람차가 있지요? 빙글빙글 돌아가는 그 대관람차가 출발한지 x분 후의 높이를 ym라고 했을 때, 그 x와 y 사이의 관계를 나타낸 그래프가 아래처럼 그려졌다고 합시다.

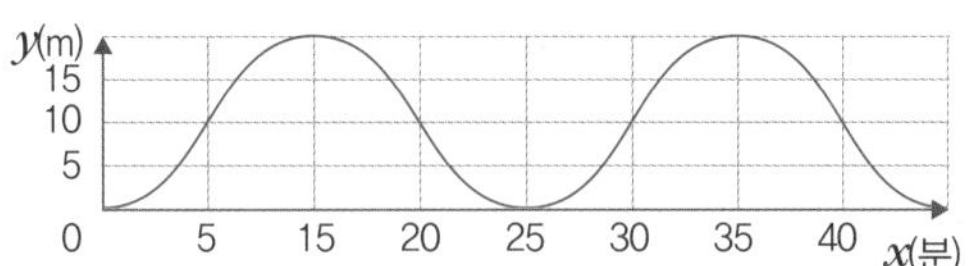

이 그래프로 질문 하나 해볼까요? 과연 이 대관람차가 한 바퀴 회전하는 데 걸린 시간을 몇 분이나 될까요?

그래프를 자세히 본다면 x=0일 때 y=0이란 뜻은 0분일 때 높이가 0m라는 뜻이지요. 시간이 지나면서 높이인 y가 가장 높을 때가 몇 미터가 되나요? 그렇지요. x=10인 10분이 지났을 때, y=20으로 가장 높지요? 이 말은 가장 높이가 높은 값인 20m만큼 관람차가 올라간다는 뜻이에요. 그래서 가장 높은 곳까지 올라갈 때 걸리는 시간은 10분이고, 그때의 높이는 20m가 된다는 뜻이

그래프를 보고 해석하는 것이 어려운 친구들은 QR코드를 통해 임쌤을 만나러 오세요.

지요. 그럼 한 바퀴를 돌면 가장 높은 곳에 도달했다가 다시 지면 가까이로 내려와야 하겠지요? 그래서 높이가 다시 0m가 되는 20분에 바닥까지 내려온다는 뜻이 됩니다. 즉, 한 바퀴를 회전하는 데 총 20분이 걸린다는 뜻이 돼요. 어때요? 이처럼 완벽하게 그려진 그래프를 통해서 우리는 상황을 읽어 낼 수도 있어야 해요.

앞으로 이런 그래프들을 많이 보게 될 거예요. 함수식을 통해서 그래프도 그릴 수 있어야 하고, 그려진 그래프를 해석할 수도 있는 실력을 갖추어야 한다는 사실을 기억해 둡시다.

그래프

1 그래프

❶ 변수 : 여러 가지로 변하는 값을 나타내는 문자

❷ 그래프 : 두 변수 x와 y 사이의 관계를 만족하는 순서쌍 (x, y)를 좌표 평면 위에 나타낸 것.

2 그래프의 이해

: 좌표 평면에 두 값 사이의 관계를 그래프로 나타내어서 두 값의 변화를 알아볼 수 있음.

쪽지 시험

시험에 '반드시' 나오는 '그래프' 문제를 알아볼까요?

1. 다음 그림은 지율이가 어느 상가 3층에서 1층까지 에스컬레이터를 이용하여 내려가는 동안에 걸린 시간과 지율이가 서 있는 곳의 높이 사이의 관계를 나타낸 그래프입니다. 지율이가 이동한 시간과 이동한 거리를 각각 구하세요.

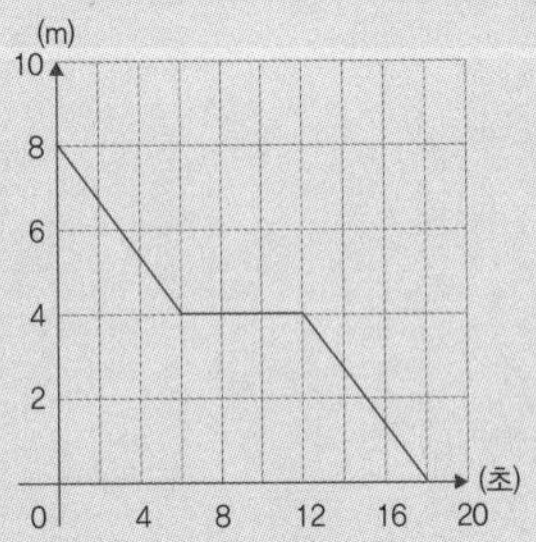

2. 다음은 직선 도로를 달리는 전동 킥보드의 시간에 따른 속력의 변화를 나타낸 그래프입니다. x초일 때의 속력을 ym/s라 할 때, 다음 중 옳은 것은?

① A 구간에서 전동 킥보드의 속력은 점점 감소하였다.

② B 구간에서 전동 킥보드는 정지해 있었다.

③ B 구간에서 전동 킥보드가 이동한 거리는 100m이다.

④ C 구간에서 전동 킥보드의 속력은 점점 증가하였다.

⑤ 전동 킥보드는 C 구간을 6초 동안 달렸다.

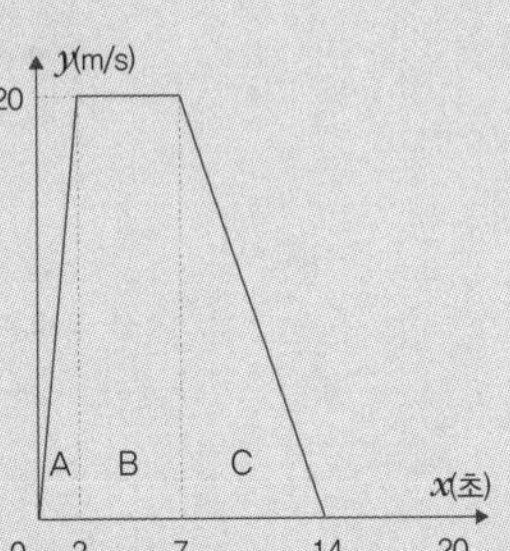

답 **1.** 18초, 8m, **2.** ③

그래프 관련 문제를 임쌤과 함께 풀어 볼까요? QR코드를 통해 임쌤을 만나러 오세요.

Math mind map

임쌤의 손 글씨 마인드맵으로 '그래프'를 정리해 볼까요?

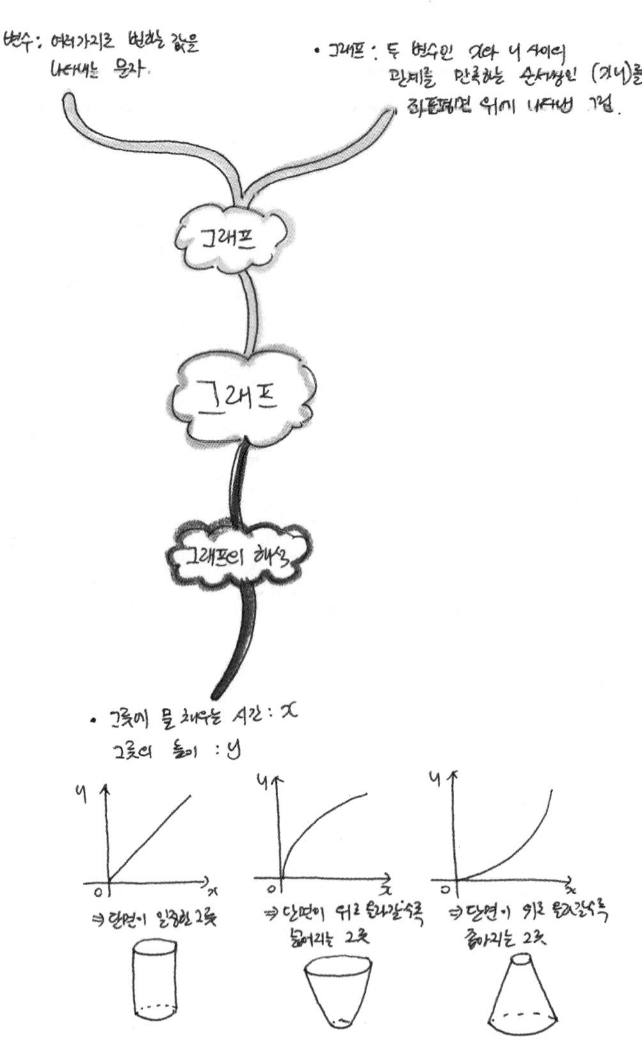

14

같이 커지거나, 반대로 작아지거나!

: 정비례와 반비례

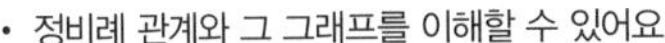
• 정비례 관계와 그 그래프를 이해할 수 있어요.

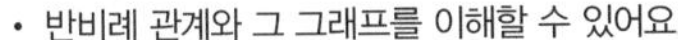
• 반비례 관계와 그 그래프를 이해할 수 있어요.

'자동차의 연비'란 뭘까요?

ㄴ정비례 관계와 그 그래프

아빠! 뉴스에서 보니까 자동차 연비를 높이는 운전 습관에 대해서 나오던데, 자동차 연비가 뭔지 잘 모르겠어요.

연비라는 것은 자동차가 1리터의 휘발유를 가지고 이동할 수 있는 거리를 뜻해. 운전 습관에 따라 같은 양의 휘발유를 가지고도 더 먼 거리를 움직이기도 하지.

아, 그럼 1리터의 휘발유로 10km를 이동할 수 있는 연비를 지닌 자동차를 타고, 30km 떨어진 맛집을 가려면 3리터의 휘발유가 필요하겠네요?

그렇지! 당연히 먼 곳을 가려면 더 많은 휘발유가 필요하겠지? 이 때, 사용된 휘발유와 이동할 수 있는 거리는 서로 정비례 관계라고 하는 거고.

아! 제가 한자를 좀 잘 알잖아요. 정비례 관계라면 여기서 '정'이라는 한자어가 '바르다'라는 뜻일 테니, 왠지 사용된 휘발유량과 이동 거리가 함께 '바르게 커진다'란 뜻일 것 같아요.

지율이가 자동차의 연비에 대해 궁금해 했어요. '연비'란 자동차의 연료 1리터당 그 자동차가 이동할 수 있는 거리를 뜻한다고 했어요. 연비가 15km/l란 뜻은 1리터의 연료로 15km를 갈 수 있는 자동차란 뜻이 되는 거겠지요. 그럼 그런 자동차를 타고 30km 떨어진 곳을 가려면 얼마의 연료가 필요할까요? 그래요. 바로 2리터의 연료가 필요합니다. 당연히 이동해야 하는 거리가 2배가 되었기 때문에 필요한 연료도 2배인 2리터가 필요하다고 생각했겠지요. 맞아요! 아주 잘 생각했어요! 이것이 바로 '정비례' 관계입니다.

서로 다른 두 개의 자료 x, y가 있다고 가정했을 때, x의 값이 2배, 3배, 4배로 변함에 따라 y의 값도 2배, 3배, 4배로 변하는 관계를 우리는 'x와 y는 서로 정비례한다'라고 이야기해요.

앞에서 예로 들었던 연비가 15km/l인 자동차를 다시 떠올려 볼까요? x라는 미지수를 연료량으로 생각하고, y를 자동차의 이동 거리라고 하면 y=15x라는 식을 만들 수 있어요. 그래서 거리, 30km를 이동한다고 생각해 보면 y라는 문자 대신 30이라는 이동해야 하는 거리를 대입해 필요한 연료, x가 2리터로 나오게 되는 거예요. 어렵지 않지요? 이처럼 정비례식은 y=ax의 꼴로 표현된답니다.

이런 정비례 관계를 앞서 배운 '그래프'로도 그리고 해석할 수 있어요. '그래프'에 대해 임쌤과 다시 한 번 복습해 볼까요? 그래프는 미지수 x와 y 사이의 관계를 만족하는 순서쌍들을 좌표 평면 위에 점으로 나타낸 것이라고 배웠어요. 그 순서쌍들은 무수히 많기 때문에 좌표 평면에는 무수히 많은 점들이 찍힐 것이고 그 점들이 모이면 선이 되기 때문에 그래프라는 것이 흡사 선이 그려지는 것처럼 보인다고 했고요.

정비례 관계도 이처럼 x와 y 사이의 관계를 만족하는 순서쌍들을 좌표 평면 위에 점으로 나타내 그래프로 그려볼 수 있어요. 예를 들어 $y=15x$라는 정비례식을 그래프로 그려 볼까요? 먼저 이 정비례식을 만족하는 순서쌍들을 구해 보는 거예요. 가장 쉬운 점인 (0, 0)은 원점에 있겠고요. (1, 15), (2, 30)뿐 아니라 (-1, -15), (-2, -30)이라는 점들도 있겠네요. 그 점들 사이사이에도 무수히 많은 점들이 있는데, 그런 점들이 모여서 선이 되겠지요. 그런데 그 선은 아주 큰 특징을 가지고 있을 거예요. 바로 정비례 관계의 그래프는 원점을 지나는 직선 모양의 그래프가 그려진다는 사실입니다.

자, 임쌤이 그래프 2개를 그려 보았어요. 이 두 그래프의 공통적인 특징이 보이나요? 두 가지 특징이 있는데, 원점을 지나는 것과 직선이라는 거예요. 즉, 우리가 지금 배우는 정비례 관계의 그래프를 그리게 되면 이처럼 원점을 지나는 직선의 모양이 그려지게 된답니다.

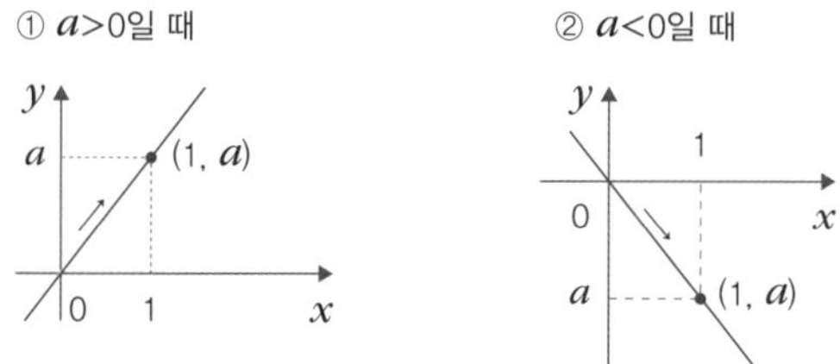

이때, x의 계수인 a의 부호가 양수가 된다면 왼쪽 그림처럼 오른쪽 위를 향하는 '증가하는 직선' 모양의 그래프가 그려지고, x의 계수인 a의 부호가 음수가 된다면 오른쪽 그림처럼 오른쪽 아래를 향하는 '감소하는 직선' 모양의 그래프가 그려지게 됩니다. 임쌤과 예로 살펴보았던 $y=15x$라는 정비례 관계의 식에 대한 그래프는 x의 계수인 15가 양수이기 때문에 왼쪽 그래프처럼 그려지

정비례 관계의 그래프를 그리고 설명하기 어려웠다면 QR코드를 통해 임쌤을 만나러 오세요.

게 될 거예요. 제1사분면과 제3사분면을 지나게 되겠지요.

어때요? 이처럼 정비례 관계를 좌표 평면에 그래프로 그려 보니 말로만 설명할 때보다 더욱더 눈에 잘 들어오지요? 그래프를 그리는 것이 처음에는 조금 낯설거나 어려울 거예요. 자꾸 연습하다 보면 어느새 익숙해 질 테니까 걱정하지 마세요.

임쌤의 tip

정비례 관계와 그 그래프

1 정비례 관계

❶ 정비례 : 두 변수 x, y에 대하여 x의 값이 2배, 3배, 4배, …로 변함에 따라서 y의 값도 2배, 3배, 4배, …로 변하는 관계가 있을 때, y는 x에 정비례한다고 함.

❷ 정비례 관계식 : y가 x에 정비례할 때, x, y사이의 관계식은 $y=ax$($a\neq0$인 상수 0)꼴임.

예 $y=4x$ (정비례임.)

$y=\frac{2}{5}x$ (정비례임.)

$y=2x+3$ (정비례가 아님.)

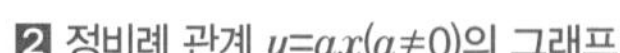

2 정비례 관계 $y=ax(a\neq0)$의 그래프

❶ 정비례 관계의 그래프 : x의 값의 범위가 수 전체일 때, 원점을 지나는 직선 모양의 그래프

❷ 그래프의 성질

(a) $a>0$일 때

– 오른쪽 위로 향하는 직선

– 제1사분면, 제3사분면 지남

– x의 값이 증가하면 y의 값도 증가

(b) $a<0$일 때

– 오른쪽 아래로 향하는 직선

– 제2사분면, 제4사분면 지남

– x의 값이 증가하면 y의 값은 감소

① $a>0$일 때

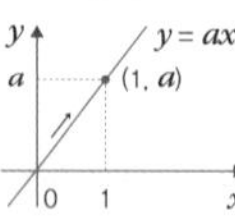

② $a<0$일 때

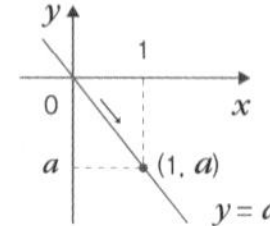

만 원으로 고를 수 있는 초콜릿의 개수는?

ㄴ반비례 관계와 그 그래프

아빠! 오늘은 초콜릿이 먹고 싶어요!

그래. 오랜만에 아빠랑 쇼핑하러 왔으니 먹고 싶은 거 다 사도 돼. 하지만…….

고맙습니다. 그런데 '하지만……'은 왜요? 또 단서가 붙는 건가요?

그래, 초콜릿은 너무 많이 먹으면 건강에 안 좋으니까. 아빠가 만 원을 줄 테니, 그 금액만큼만 사면 어떨까?

좋아요. 만 원 내에서 골라 볼게요. 음……, 비싼 초콜릿은 몇 개 못 고를 거 같아요. 저렴한 초콜릿을 고르면 더 많이 먹을 수 있겠네요.

지율이와 아빠가 쇼핑을 했나 봐요. 쇼핑하다가 군것질은 당연히 빠질 수 없는 코스고요. 쇼핑을 하다가 지율이가 초콜릿을 사달라고 하는데, 아빠가 미션을 주셨네요. 만 원으로 초콜릿 사 먹기!

지율이가 비싼 초콜릿을 산다면 몇 개 못 살 것이고, 저렴한 초콜릿을 산다면 많은 양을 살 수 있겠지요? 예를 들어 오천 원짜리 초콜릿을 산다면 2개밖에 못 사고 오백 원짜리 초콜릿을 산다면 20개의 초콜릿을 살 수 있단 뜻이에요. 이렇게 초콜릿의 가격과 초콜릿의 개수처럼 서로 크기가 반대가 되는 두 관계를 우리는 '반비례 관계'라고 합니다.

'(초콜릿의 가격)×(초콜릿의 개수)=10000원'이라는 식을 우리는 만들어 볼 수 있겠네요. 여기서 초콜릿의 가격을 미지수 x, 초콜릿의 개수를 미지수 y로 둔다면 $x\times y=10000$이라는 식을 만들 수 있고, 이 식에서 양변을 x로 나눈다면

$y = \frac{10000}{x}$ 라는 분모에 미지수 x가 포함되어 있는 '반비례 관계식'이 되는 거예요. 그렇다면 분수로 되어 있으면 모두 반비례 관계식이냐? 그건 아니에요. 분모에 반드시 미지수 x가 들어가 있어야만 반비례 관계식이에요.

이런 반비례 관계식도 그래프로 그려 보고 해석해 볼 수 있어요. 예를 들어 $y = \frac{2}{x}$ 라는 반비례 관계식을 생각해 볼까요? 이미 알고 있듯이 그래프라는 것은 관계식을 만족하는 순서쌍들의 모임이라는 사실을 다시 한 번 떠올려 봐요. 이제 $y = \frac{2}{x}$ 를 만족하는 순서쌍을 찾아봅시다.

(1, 2), (2, 1), (4, $\frac{1}{2}$)처럼 양수뿐 아니라, (-1, -2), (-2, -1), (-4, -$\frac{1}{2}$)처럼 음수의 값도 존재합니다. 이 점들을 좌표 평면 위에 순서쌍으로 찍어 보면 (1)번 그래프처럼 그려지게 됩니다.

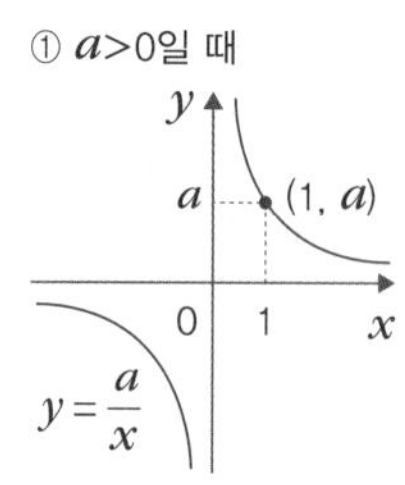

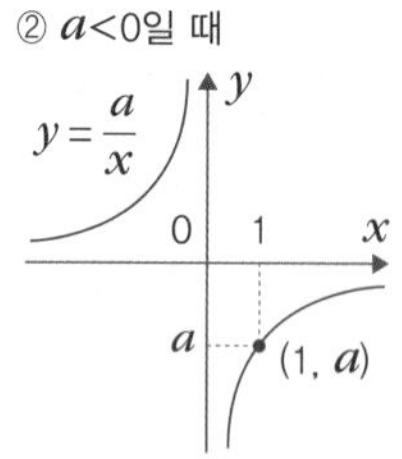

우리가 순서쌍으로 찍은 점의 수는 6개뿐이지만, 이 6개의 점을 부드러운 곡선으로 연결을 해보면 위의 그림처럼 그래프가 그려지게 돼요. 이 그래프를 우리 교과서에서는 '원점에 대하여 대칭인 부드러운 곡선 모양의 그래프'라고 표현했어요. 여기서 원점에 대하여 대칭이라는 뜻은 x축과 y축 모두에 대칭시키면 원점대칭이라 하는데, 제1사분면에 있는 곡선을 x축대칭시킨 뒤 다시 y축대칭을 시키면 제3사분면의 곡선과 일치한다는 뜻이에요. 친구들도 직접 대칭시켜 보세요. 접으면 정확하게 겹치는 대칭이 될 거예요.

위의 ①번 그래프는 분자의 부호가 양수일 때 제1사분면과 제3사분면을 지나는 곡선 모양의 그래프가 그려지는 것이고, 아래쪽 ②번 그래프는 분자의 부호가 음수일 때 제2사분면과 제4사분면의 그래프가 그려지는 거예요.

어때요? 우리 친구들도 반비례 관계에 대한 그래프도 그려 볼 수 있겠지요? 숫자 하나하나를 대입해 그에 대응하는 (x, y)의 순서쌍을 만들어 좌표 평면 위에 점을 찍어 가다 보면 생각보다 어렵지 않게 반비례 관계의 그래프도 그릴 수 있답니다.

반비례 관계의 그래프를 그리기 어려운 친구들은 QR코드를 통해 임쌤을 만나러 오세요.

반비례 관계와 그 그래프

1 반비례 관계

❶ 반비례 : 두 변수 x, y에 대하여 x의 값이 2배, 3배, 4배, …로 변함에 따라 y의 값은 $\frac{1}{2}$배, $\frac{1}{3}$배, $\frac{1}{4}$배, …로 변하는 관계가 있을 때, y는 x의 반비례라고 함.

❷ 반비례 관계식 : y가 x에 반비례할 때, x와 y 사이의 관계식은 $y=\frac{a}{x}$ $(a\neq0$인 상수) 꼴임.

예 $y=\frac{1}{x}$ (반비례임.)

$y=-\frac{5}{x}$ (반비례임.)

$y=\frac{x}{3}$ (반비례아님.)

2 반비례 관계 $y=$(분수)$(a\neq0)$의 그래프

❶ 반비례 관계의 그래프 : x 값의 범위가 0을 제외한 수 전체일 때, 반비례 관계 $y=\frac{a}{x}$ $(a\neq0)$의 그래프는 원점에 대하여 대칭인 부드러운 한 쌍의 매끄러운 곡선 모양의 그래프

❷ 그래프의 성질

(a) $a>0$일 때

– 제1사분면, 제3사분면 지남

– x의 값이 증가하면 y의 값은 감소

(b) $a<0$일 때

– 제2사분면, 제4사분면 지남

– x의 값이 증가하면 y의 값도 증가

① $a>0$일 때

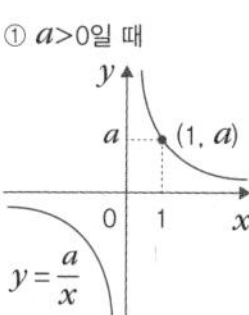

② $a<0$일 때

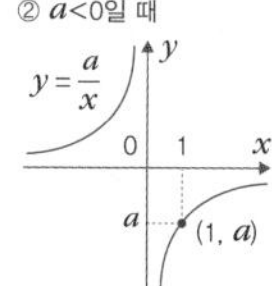

쪽지 시험

시험에 '반드시' 나오는 '정비례와 반비례' 문제를 알아볼까요?

1. 다음 중 식 $y=-5x$의 그래프에 대한 설명으로 옳지 않은 것은?

① 제2사분면과 제4사분면을 지난다. ② 원점을 지나는 직선이다.

③ 점$\left(-\frac{3}{5}, -3\right)$을 지난다. ④ y는 x에 정비례한다.

⑤ x의 값이 증가하면 y의 값은 감소한다.

2. 다음 중 오른쪽 그래프 위에 있는 점은?

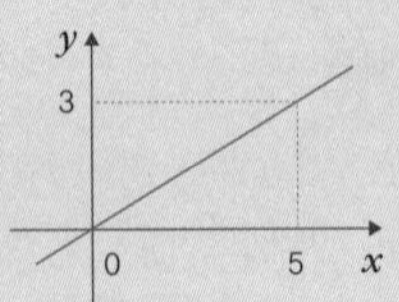

① $(-5, 3)$ ② $(-3, 5)$ ③ $\left(1, \frac{5}{3}\right)$ ④ $(3, 5)$ ⑤ $(5, 3)$

3. 다음 중 식 $y=\frac{a}{x}(a\neq0)$의 그래프에 대한 설명으로 옳지 않은 것은?

① 두 좌표축에 점점 가까워지면서 한없이 뻗어 나가는 한 쌍의 매끄러운 곡선이다.

② y는 x에 반비례한다.

③ $a<0$이면 제2사분면과 제4사분면을 지난다.

④ y축과 한 점에서 만난다.

⑤ 점 $(1, a)$를 지난다.

4. 오른쪽 그림은 두 식 $y=ax$, $y=\frac{8}{x}$의 그래프입니다. 점A의 x좌표가 2일 때, b의 값은?

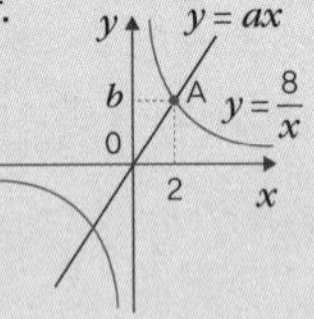

① 1 ② 2 ③ 3 ④ 4 ⑤ 5

답 1. ③, 2. ⑤, 3. ④, 4. ②

정비례와 반비례 관련 문제를 임쌤과 함께 풀어 볼까요? QR코드를 통해 임쌤을 만나러 오세요.

Math mind map

임쌤의 손 글씨 마인드맵으로 '정비례와 반비례'를 정리해 볼까요?

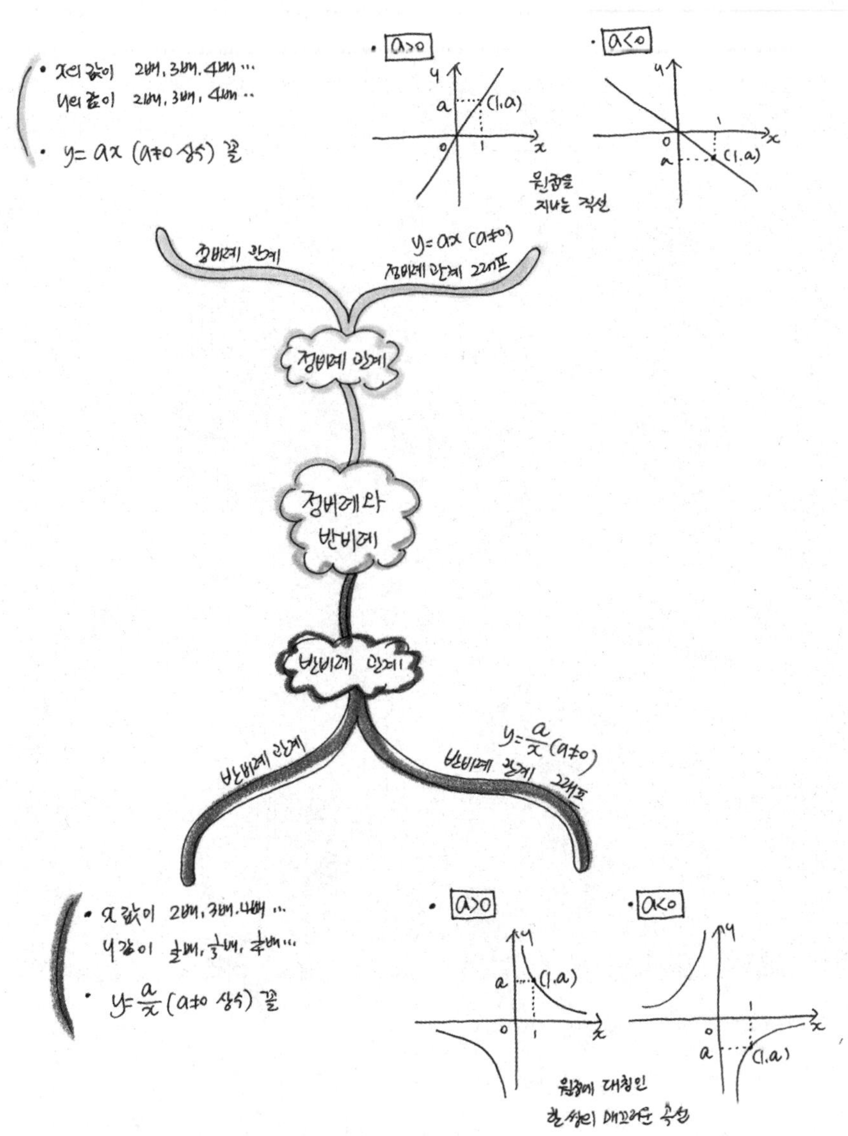

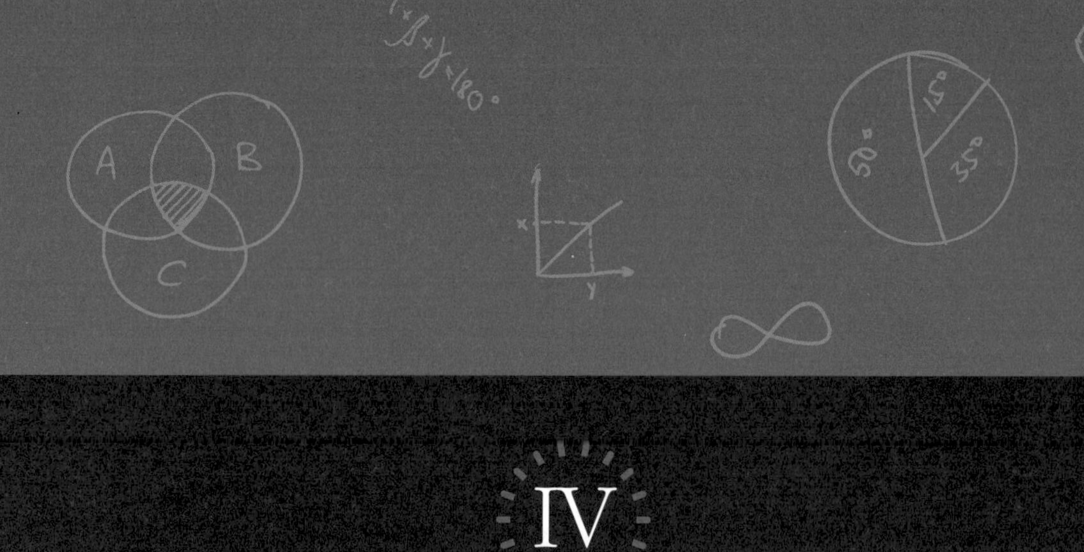

Ⅳ

기본 도형과 작도

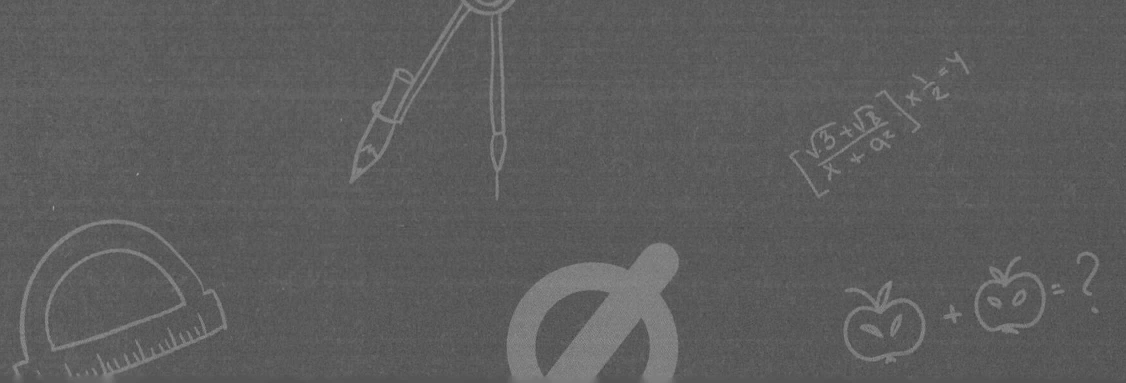

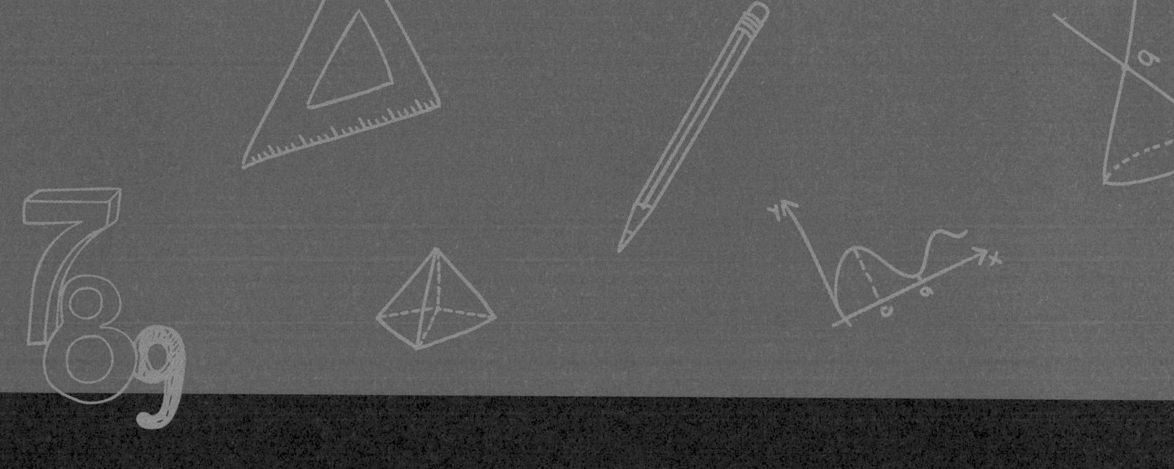

우리 친구들은 미술관에 가서 그림 보는 것을 좋아하나요? 임쌤은 명화 보는 것을 좋아합니다. 선이 아닌 점을 찍어서 그림을 완성하는 '점묘법'이라는 기법이 있는데, 이 점묘법의 대가라 불리는 쇠라(1859~1891)의 작품인 ≪그랑드 자트섬의 일요일 오후≫라는 그림을 좋아해요. 여유가 넘치고 밝은 느낌의 그림이라서 보고 있노라면 마음이 평온해 지거든요. 좋아하는 다른 작품도 소개해 볼까요? 이번엔 선과 면을 가지고 그림을 구성시킨 작품입니다. 몬드리안(1872~1944)의 ≪노랑, 파랑, 빨강이 있는 구성≫이라는 작품이에요.

이 두 작품을 통해서도 우리는 점, 선, 면이라는 도형을 이루는 가장 기본 요소를 찾을 수 있답니다. 명화 이야기를 하다가 '도형의 기본 요소'라니 조금 웃긴가요? 이렇게 일상생활 속에서 만나는 모든 것과 '수학'을 연결하는 재미가 쏠쏠하답니다. 그럼 우리는 이제 도형의 기본 요소들을 살펴보도록 할까요?

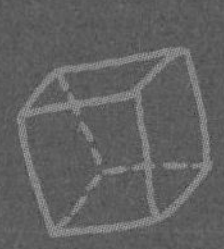

15 도형을 만드는 기본 요소들

: 점·선·면

- 점·선·면의 여러 가지 성질을 이해할 수 있다.
- 교점과 교선의 뜻을 알 수 있다.
- 선분과 직선·반직선을 표현할 수 있다.

어느 길로 가면 더 빠를까?

└점·선·면

지율아! 아빠랑 지도 좀 같이 볼까?

아니, 아빠! 요즘도 지도를 보는 사람이 있어요? 스마트폰 하나면 더 빠르고 정확하게 해결되는데요?

그렇구나……. 아빠도 스마트폰 내비게이션이나 위치 찾기를 잘 사용하지만, 지율이 나이 때는 지도를 보면서 놀기도 했거든. 여기 우리 집도, 저기 할머니 댁도 나오잖아!

아, 다 있네! 신기해요. 그런데 아빠, 우리 집이랑 할머니 댁 중간에 우리 학원이 있는데요? 자로 재보면……, 정확히 한 가운데에 학원이 있어요!

그러네. 거리가 비슷한 줄은 알았는데 지도로 보니깐 정확히 한 가운데구나! 봐, 지도 살펴보니까 재미있지? 여기, 아빠가 군대 생활한 곳도 보이는구나.

으악! 또 군대 이야기라니…….

임쌤도 학창 시절에 사회과 부도에 나오는 지도들을 살펴보는 것을 좋아했었습니다. 그 지도 속에 나오는 지명들을 하나하나 찾아보면서 어른이 되면 여행을 가봐야겠다고 생각했고요. 지율이와 아빠도 함께 지도를 살펴보고 있네요. 자, 여기서 할머니 댁과 우리 집의 거리를 자로 재어 보았다고 했지요? 할머니 댁과 우리 집을 연결해 그은 그 선을 우리는 '선분'이라고 해요. 선분은 선을 그렸을 때 양 끝이 존재하는 선을 말해요. 그럼 끝이 없는 선도 있을까요? 네! 끝이 없이 양쪽으로 계속 가는 선을 우리는 '직선'이라고 한답니다. 그리고 한쪽으로만 끝없이 가는 선들도 있어요. 이런 선들은 직선이긴 하지만 반만 존재한다고 해서 '반직선'이라고 합니다.

이번 단원부터는 임쌤과 도형에 대해서 배워보려고 해요. 도형을 배우려면 가장 기본적인 준비물부터 알아야겠지요? 그 준비물이 바로 '기본 도형'을 아는 거예요.

기본 도형에는 크게 네 가지가 있어요. 점·선·면 그리고 각!

내용이 많으니 먼저 이번 장에서는 점·선·면에 대해서 배우고 각은 다음 장에서 살펴보도록 합시다. '점'에 대해서는 우리 친구들이 잘 알 거예요. 얼굴에 난 점을 떠올린 친구들도 있을 텐데요, 연필로 콕 찍어서 생기는 도형이 바로 점입니다.

점은 길이도 없고 넓이도 없는 도형을 구성하는 기본 요소예요. 이런 점들을 계속 찍어가다 보면 긴 선모양이 나오는데 점들이 움직여서 생기는 자리를 우리는 '선'이라고 해요.

옆의 그림처럼 연필로 점을 찍다 보면 선이 그려지게 되지요. 선에는 쭉쭉 뻗어 나가는 '직선'도 있지만, 물결처럼 올록볼록하게 그려지는 '곡선'도 있답니다.

이런 선들을 계속 그리다보면 면이 생깁니다. 면에도 선처럼 평면이 있고 곡면이 있는데, 중요한 사실은 이런 면은 끝이 없다는 거예요. 직선과 마찬가지로 면이라는 것은 경계가 없이 계속 그려지는 도형이랍니다.

왼쪽 그림은 평면이고, 오른쪽 그림은 곡면이에요.

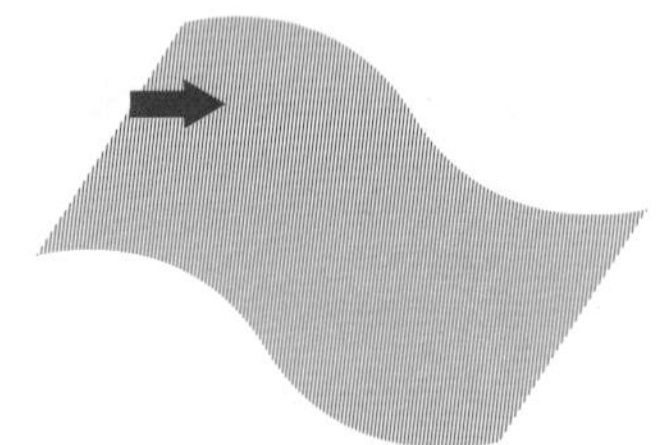

선은 무수히 많은 점으로 이루어져 있고, 면은 무수히 많은 선으로 이루어져 있다는 사실을 기억해 두면 좋겠어요.

이제 임쌤과 도형의 종류에 대해서 정리해 볼까요? 삼각형, 사각형, 원처럼 평면에서 그릴 수 있는 도형을 '평면 도형'이라고 하고, 직육면체, 원기둥과 같이 한 평면 위에서 그릴 수 없는 입체적인 도형을 '입체 도형'이라고 해요.

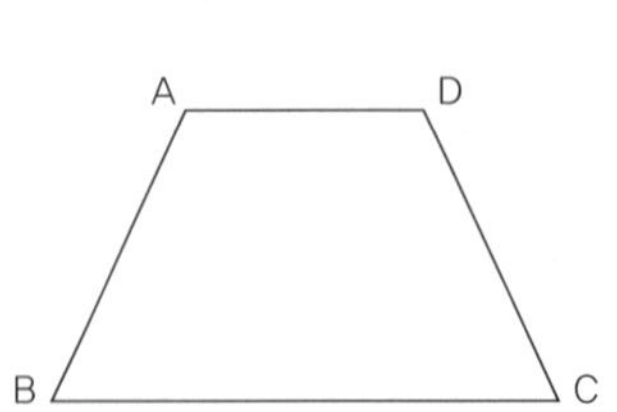

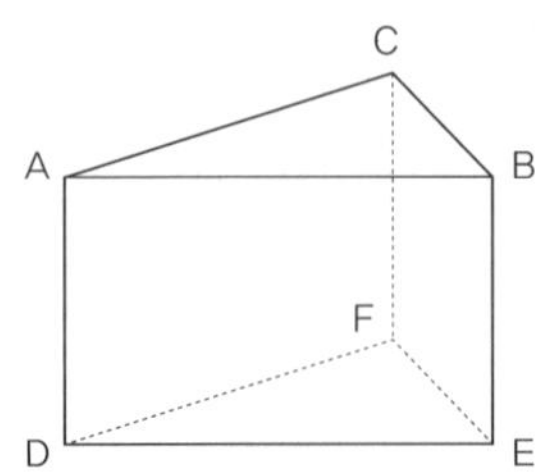

왼쪽 평면 도형은 사각형이고, 오른쪽 입체 도형은 삼각기둥이에요. 이 삼각기둥을 그릴 때, 평면으로 못 그리기 때문에 그림 뒤에 점선으로 안 보이는 부분을 표시해 둔 것이 보이나요? 이런 그림을 우리는 '겨냥도'라고 한답니다. 말 그대로 겨냥해서 보이는 부분을 그린다란 뜻이에요.

다음은 임쌤과 '교점'과 '교선'에 대해서 알아봅시다. 여기서 '교'라는 뜻은 교차로의 '교'와 같은 뜻인데, 서로 만난다는 뜻이에요. 교점은 만나서 생기는 점이란 뜻이고, 교선은 만나서 생기는 선이란 뜻이지요. 여기서 우리 친구들이 실수할 만한 그림을 하나 확인해 볼까요?

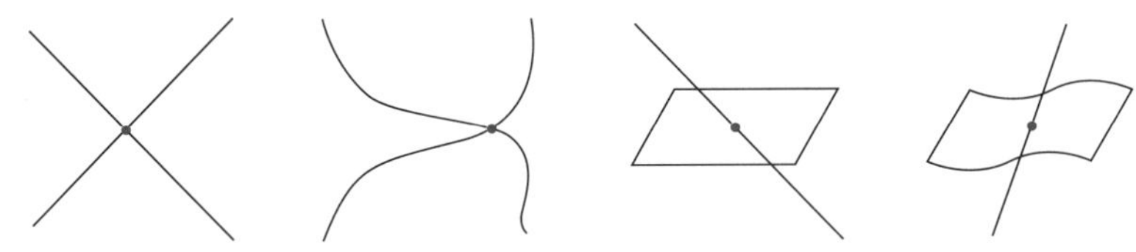

위의 그림들은 모두 교점을 나타내는 그림들이에요.

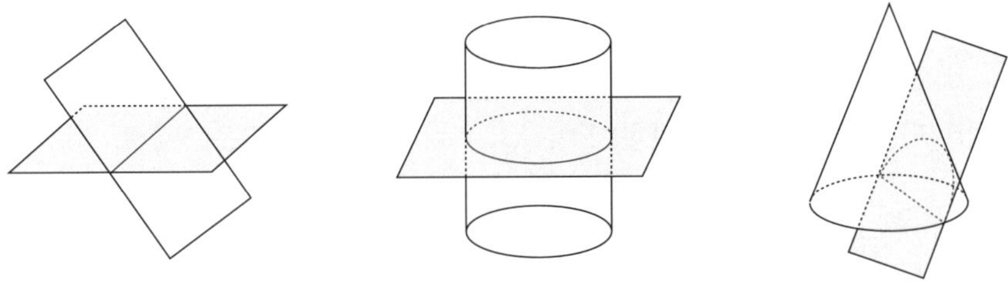

그리고 이 그림들은 교선을 나타내는 그림들이고요. 그런데, 두 번째와 세 번째 그림을 조금 더 자세히 확인해 볼까요? 교선이라고 하면 선이라는 단어가 들어가 있어서 쭉 뻗은 직선을 생각하기 쉬운데요, 원기둥의 옆면과 평면이 만나서 생기는 부분이기 때문에 곡선 모양도 교선이 될 수가 있답니다. 세 번째 원뿔 그림에서도 마찬가지에요. 면과 면이 만나서 생기는 선들이 교선이니 곡선도 교선이 된답니다.

자, 여기에서 정리를 한 번 하고 넘어 갈까요? 직선뿐만 아니라 곡선도 교선이라는 것, 헷갈리지 않도록 주의해야 해요.

선의 종류에는 직선·반직선·선분이 있다고 앞에서 말했었지요?

점A와 점B, 여기 두 개의 점이 있는데, 그 두 점을 지나는 선을 양쪽에 끝이 없이 그리면 직선이 돼요. 이를 '직선AB'라고 읽고, 기호로는 $\overleftrightarrow{AB}$로 표시를 하는데, 직선은 방향성이 없어서 $\overleftrightarrow{AB}=\overleftrightarrow{BA}$로 바꿔써도 같은 직선이 되는 거예요.

이 그림은 직선AB를 나타낸 거예요.

다시, 한쪽 점을 기준으로 다른 쪽 점을 지나 계속 그리게 되면 이 선은 반직선이 됩니다 점A에서 시작하면 '반직선AB'라고 읽고 기호로는 $\overrightarrow{AB}$라 표시하는데, 반직선은 방향성이 있기 때문에 점A에서 시작하는지 점B에서 시작하는지 잘 보고 표현해야 해요. 점A에서 시작을 하는 반직선은 $\overrightarrow{AB}$가 되는 것이고, 점B에서 시작을 하는 반직선은 $\overrightarrow{BA}$가 되는 거랍니다. 그 둘은 다르기 때문에 이 $\overrightarrow{AB} \neq \overrightarrow{BA}$ 식이 성립되는 거예요.

위에 있는 두 그림을 잘 기억해 둡시다. 왼쪽 그림이 $\overrightarrow{AB}$이고, 오른쪽 그림이 $\overrightarrow{BA}$가 되는데 서로 다르지요?

마지막으로 살펴볼 것은 '선분'입니다.

기하학(Geometry)

기하학은 도형이나 공간의 성질을 다루는 학문이다. 일상생활에서 쓰는 가전제품과 가구 같은 물건들부터, 건축물 같은 공간까지 모두 기하학으로 설명할 수 있다. 기하학을 영어로 Geometry라고 하는데 여기서 Geo는 토지를, metry는 측량을 뜻한다. 토지를 측량하는 것이 기하학이라는 뜻인데, 이는 역사 속에서 기하학의 시작을 찾아보면 이해가 가능하다. 고대 이집트 문명의 발상지인 나일강 주변은 잦은 홍수로 인해 땅의 경계가 사라지곤 했다. 땅의 경계를 다시 정하는 것이 바로 기하학의 시작이 된 셈이다. 이때 토지를 측량하는 일은 물론 피라미트와 같은 건축물을 만드는 일 등 생활 속 문제를 해결하는데 기하학이 필요했다. 이런 고대 이집트의 기하학은 그리스로 건너가면서 그 성격이 완전히 달라졌는데, 고대 이집트의 기하학이 실용적이었다면 그리스의 기하학은 논리적이었다. 그리스 기하학의 핵심에 '유클리드의 원론'이 있는데, 엄밀하게 정의하고 논리에 따라 증명하는 그리스의 기하학을 잘 보여주는 책이다.

초등학교 때 배웠던 도형의 넓이, 둘레 등을 계산하는 기하학은 고대 이집트의 기하학에 가까웠던 반면, 중학교에서 배우는 도형은 그 성질을 논리적으로 풀어 가는 그리스의 기하학에 더 가깝다. 그래서 우리는 지금부터 기본 도형에 나오는 용어와 그 성질들을 정확하게 알고 문제를 해결하는 연습이 필요하다.

선분은 두 점 A와 B를 양 끝점으로 해서 그린 선입니다. 즉, 끝이 있는 선이지요. 읽을 때는 '선분AB'라고 읽고, 기호로는 $\overline{AB}$ 라고 표시합니다. 양끝이 있지만 방향성이 없기 때문에 $\overline{AB} = \overline{BA}$ 처럼 같은 선분이 되는 거예요.

이 선분은 두 점 사이의 거리에서도 사용이 됩니다.

지율이와 지율이 아빠의 대화에서 나왔던 지율이네 집과 할머니 댁 사이의 거리를 구하라고 하면 어떻게 구해야 할까요? 집에서 출발해서 멀리 떨어진 학교를 들렀다 가는 것이 아니라, 바로 할머니 댁으로 가면 되는 거잖아요. 즉, 집과 할머니 댁을 자로 연결하였을 때, 그 선분의 길이가 바로 거리가 되는 거랍니다. 최단 거리가 되는 거예요.

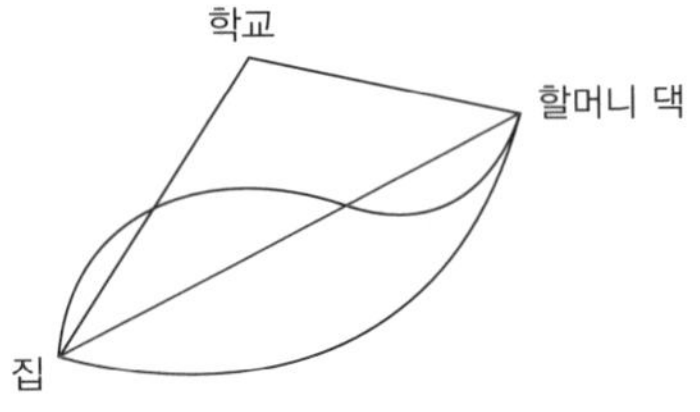

이번 단원에서 '도형'을 배우기 때문에, 지금까지 도형을 구성하는 기본 요소인 점·선·면 에 대해서 임쌤과 함께 알아보았어요. 어려운 내용은 아니지만, 정확하게 정리하고 넘어갈 필요가 있기 때문에 꼼꼼하게 정리해 보았는데요, 다시 한 번 되짚어 보고 넘어가도록 합시다.

점·선·면

1 점·선·면

❶ 도형의 기본 요소

(a) 점·선·면 : 도형을 구성하는 기본 요소

(b) 점이 움직인 자리는 선이 되고, 선이 움직인 자리는 면이 됨.

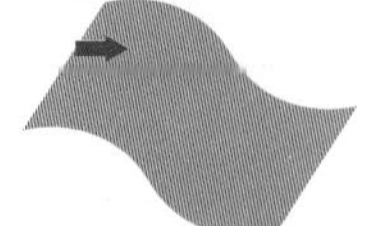

❷ 도형의 종류

(a) 평면 도형 : 삼각형, 사각형, 원과 같이 한 평면 위에 있는 도형

(b) 입체 도형 : 직육면체, 원기둥과 같이 한 평면 위에 있지 않는 도형

❸ 교점과 교선

(a) 교점 : 선과 선 또는 선과 면이 만나서 생기는 점

(b) 교선 : 면과 면이 만나서 생기는 선

2 직선·반직선·선분

❶ 직선AB : 서로 다른 두 점 A, B를 지나는 직선, $\overleftrightarrow{AB}$

❷ 반직선AB : 직선 위의 한 점A에서 시작하여 점B의 방향으로 한없이 곧게 연장한 선, $\overrightarrow{AB}$

❸ 선분AB : 직선AB의 점A에서 점B까지의 부분, $\overline{AB}$

3 두 점 A, B사이의 거리

❶ 두 점 A, B 사이의 거리 : 두 점 A, B를 양 끝으로 하는 선 중에서 길이가 가장 짧은 선분AB의 길이

❷ 선분AB의 중점 : 선분AB위의 점으로 선분AB의 길이를 이등분하는 점

쪽지 시험

시험에 '반드시' 나오는 '점·선·면' 문제를 알아볼까요?

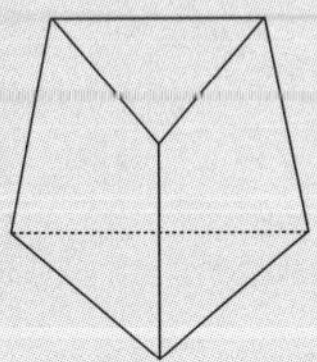

1. 오른쪽 그림과 같은 입체 도형에서 교점의 개수를 a, 교선의 개수를 b라고 할 때, 의 $b-a$값을 구하세요.

2. 아래 그림과 같이 직선 위에 5개의 점 A, B, C, D, E가 있을 때, 다음 중 $\overrightarrow{BE}$와 같은 것은?

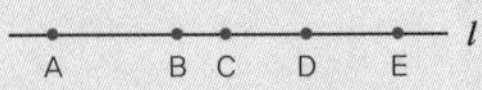

① $\overrightarrow{BA}$ ② $\overrightarrow{BC}$ ③ $\overline{BD}$ ④ $\overleftrightarrow{BD}$ ⑤ $\overleftrightarrow{CD}$

3. 다음 그림에서 점 L, M, N은 각각 $\overline{AB}$, $\overline{AL}$, $\overline{MB}$의 중점이고 AB=20cm일 때, $\overline{AN}$의 길이를 구하세요.

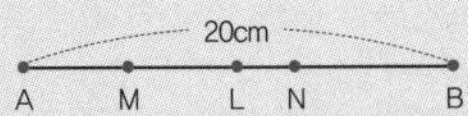

4. 아래 그림에서 두 점 M, N은 $\overline{AB}$를 삼등분하는 점이고 점 O는 $\overline{AB}$의 중점일 때, 다음 중 옳은 것은?

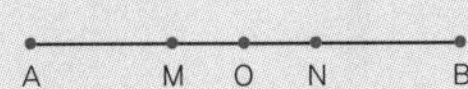

① $\overline{AO}=\overline{BN}$ ② $\overline{AN}=\frac{2}{3}\overline{BM}$ ③ $\overline{MN}=\frac{1}{3}\overline{AN}$ ④ $\overline{AB}=2\overline{AM}$ ⑤ $\overline{MO}=\frac{1}{3}\overline{OB}$

답 **1.** 3, **2.** ②, **3.** 12.5cm 또는 $\frac{25}{2}$cm, **4.** ⑤

점·선·면 관련 문제를 임쌤과 함께 풀어 볼까요? QR코드를 통해 임쌤을 만나러 오세요.

Math mind map

임쌤의 손 글씨 마인드맵으로 '점·선·면'을 정리해 볼까요?

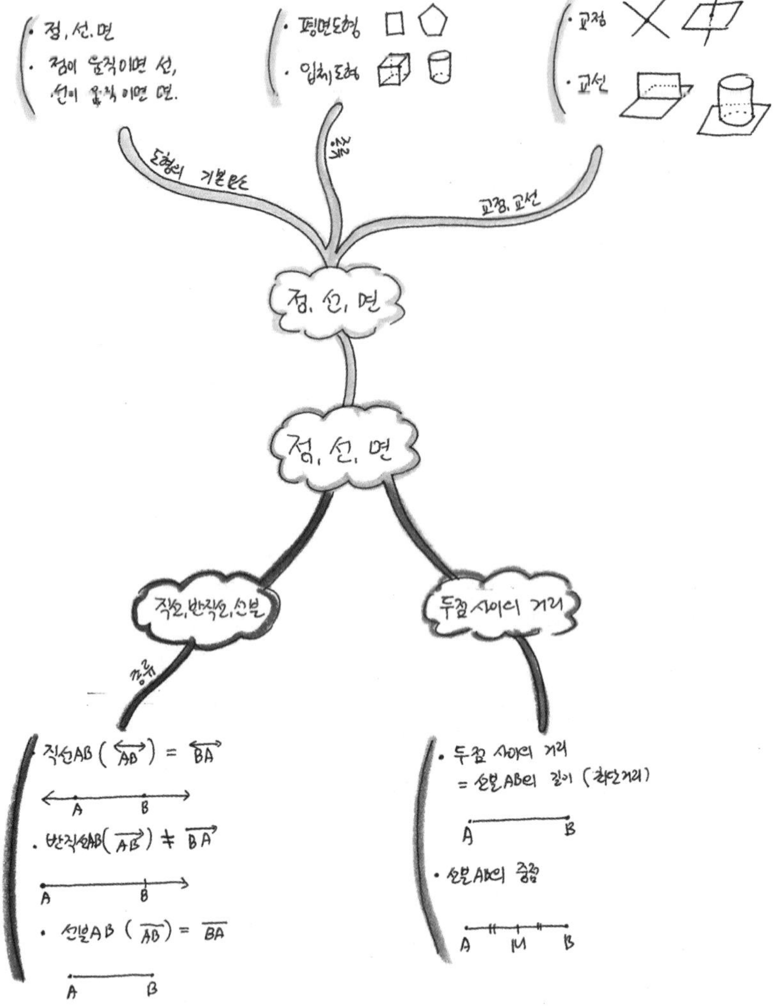

점, 선, 면

점, 선, 면

도형의 기본요소
- 점, 선, 면
- 점이 움직이면 선, 선이 움직이면 면.

- 평면도형
- 입체도형

교점, 교선
- 교점
- 교선

직선, 반직선, 선분

종류
- 직선AB ($\overleftrightarrow{AB}$) = $\overleftrightarrow{BA}$

  A B

- 반직선AB($\overrightarrow{AB}$) ≠ $\overrightarrow{BA}$

  A B

- 선분AB ($\overline{AB}$) = $\overline{BA}$

  A B

두 점 사이의 거리

- 두 점 사이의 거리
  = 선분 AB의 길이 (최단거리)

  A B

- 선분 AB의 중점

  A M B

16 크기에 따라 이름도 달라진다고?

: 각

- 각의 뜻을 알 수 있다.
- 각의 여러 가지 성질을 이해할 수 있다.
- 각을 종류를 알고 분류할 수 있다.

시계의 짧은 바늘과 긴 바늘 사이의 각의 크기는?

└각

지율아! 지금 몇 시니?

지금 시간이……, 오후 5시 10분이네요.

곧 저녁 시간이구나. 어쩐지 배가 고프다 했네. 아참, 지율아! 시계에 있는 시침과 분침 사이의 각의 크기도 잴 수 있을까?

그럼요! 각도기로 재면 간단하잖아요.

아니, 아빠 말은 각도기 없이 정확한 각을 잴 수 있느냐는 거야.

오잉? 각도기 없이 각을 정확하게 재라고요?

초등학교 다닐 때, 각을 구하는 문제들 많이 풀어 봤지요? 각도기를 사용하고 읽는 방법과 함께 각도기를 통해서 각을 구하는 방법까지

많이들 연습했을 거예요. 그렇다면 지율이 아빠의 말씀대로 각도기 없이도 각을 정확하게 잴 수 있을까요? 맞아요. 각도기 없이 각을 구하는 방법들이 여러 가지 있습니다. 주어진 힌트를 잘 사용하면 그리 어렵지 않게 구할 수 있답니다. 우리가 이미 알고 있는 '삼각형의 세 각의 합이 180도'라는 성질을 이용하거나, 지율이 아빠가 질문하신 문제처럼 시계에서 시침과 분침이 이동하는 시간은 정해져 있으니 그 시간을 이용해서 각의 크기도 구할 수 있어요. 지금부터는 각에 대해서 임쌤과 정리해 보도록 합시다.

우리는 기본 도형에 대해서 이미 살펴보았어요. 점·선·면과 함께 각 또한 기본 도형중 하나이지요. 각은 반직선 두 개가 만나서 생기는 기본 도형이에요. 그림처럼 생긴 각을 살펴볼까요? 한 점O에서 시작하는 두 반직선 OA와 OB로 이루어진 도형인데, 기호로는 ∠AOB, ∠BOA, ∠O처럼 여러 가지로 표현할 수가 있어요. 구해야 하는 각의 이름이 가운데에 오기만 하면 된답니다.

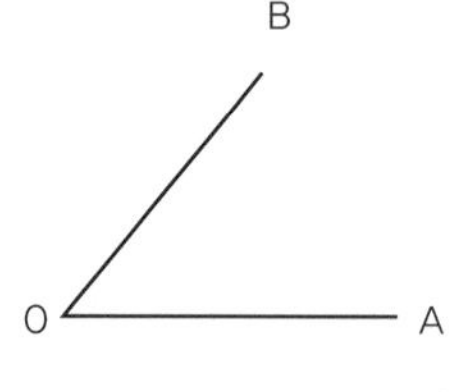

이런 각에도 종류가 있어요. 각의 크기가 0도 보다 크고 90도 보다 작은 각을 '예각'이라고 하고, 90도가 되는 각을 '직각'이라고 해요. 직각보다 커진 각, 그러니까 90도 보다 크고 180도 보다 작은 각은 '둔각'이라고 말하고 180도인 각은 평각이라고 한답니다.

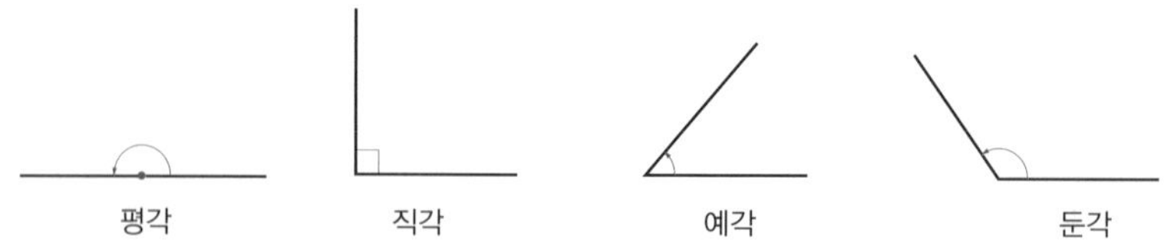

여기서 0도는 예각이 아니고, 180도 보다 큰 각들은 둔각이 아니에요. 물론 180도 보다 큰 각들도 존재하고 음수인 각들도 존재하지만 그 각들은 고등학교 때 배우니 우리가 지금 알아야 할 중등 교육과정에서는 180도까지만 생각하면 된답니다.

자, 그럼 이제는 임쌤과 직선 두 개를 그려봅시다. 서로 다른 두 직선이 한 점에서 만나도록 그린다면 두 직선을 통해서 총 4개의 각이 생깁니다.

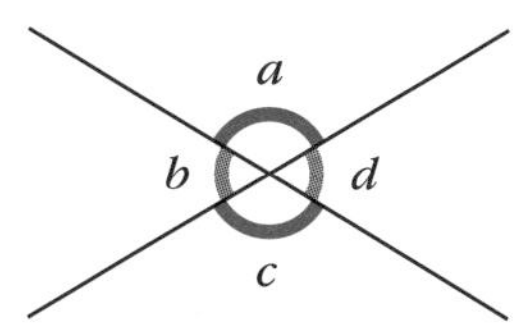

그 각들을 우리는 '교각'이라고 해요. 만나서 생기는 각이라는 뜻이에요. 그 교각들 중에서 서로 마주 보는 각들을 '맞꼭지각'이라고 합니다. 마주 보는 각이라는 뜻이에요. 그런데, 이 맞꼭지각에는 아주 중요한 성질이 있어요. 바로 맞꼭지각의 크기는 서로 같다는 거예요. 그림에서 각a 와 각c는 맞꼭지각이기 때문에 크기가 서로 같습니다. 물론 각b와 각d도 맞꼭지각이니까 크기가 서로 같고요.

이때 두 직선이 한 점에서 만나는데 교각이 직각, 즉 90도가 된다면 두 직선은 서로 '직교한다' 또는 '서로 수직'이라고 하고, 기호로 $\overleftrightarrow{AB} \perp \overleftrightarrow{CD}$ 라고 표시합니다. 두 직선이 서로 수직일 때, 한 직선을 다른 한 직선의 '수선'이라고 말하기도 해요.

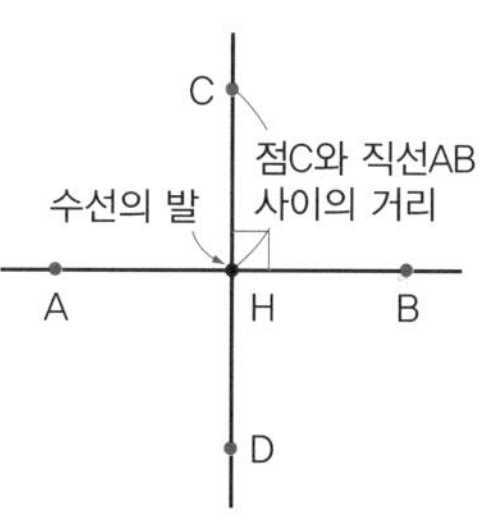

이번에는 선분으로 살펴봅시다. 선분은 양 끝이 존재하는 직선이라고 했지요? 그 선분의 가운데 중점을 지나고 수직인 직선을 그리면, 다음 그림과 같이 그려지는데 그 때 직선l을 선분AB의 '수직 이등분선'이라고 해요.

'수직으로 이등분시키는 선이다'라는 뜻이에요. 모두 용어 안에 뜻이 있으

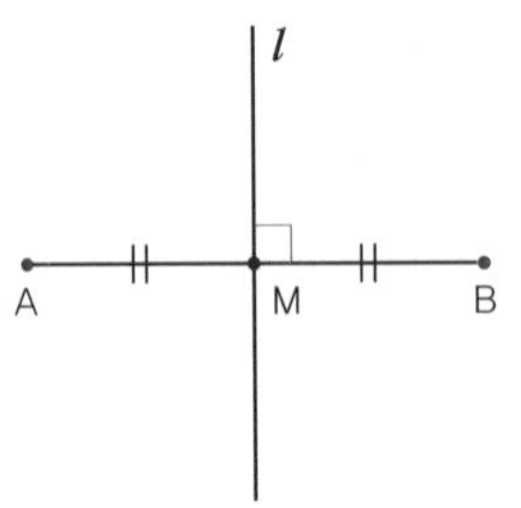

니, 용어를 너무 겁먹거나 어려워하지 말았으면 좋겠어요.

임쌤이 직선l을 그리는데, 직선l 위에 있지 않는 점P가 있어요. 그 점P에서 직선l에 그은 수선과 직선l의 교점을 우리는 '수선의 발'이라고 해요. 점P를 임쌤의 머리라고 생각하고 임쌤이 직선l 위에 서있다고 가정하면 임쌤의 발의 위치를 상상해 볼까요? 그렇지요. 수선의 발 위치에 있지요? 맞아요! 그 발이 Foot을 말하는 게 맞습니다. 여기서 점과 직선 사이의 거리 개념이 나오는 거예요. 점과 직선 사이의 거리는 그 점과 수선의 발까지의 거리인 최단 거리를 말해요. 임쌤의 머리에서부터 발끝까지, 임쌤의 키가 바로 점과 직선 사이의 거리랍니다.

지금까지 살펴본 내용에 용어들이 많아서 헷갈릴 수 있지만, 모두 초등학교 때 배웠던 내용들을 복습한다 생각하면 이해하기 쉬울 거예요. 임쌤과 함께 다시 한 번 정리해 봅시다.

각

1 각

❶ 각AOB : 한 점O에서 시작하는 두 반직선 OA와 OB로 이루어진 도형

⇨ $\angle AOB$, $\angle BOA$, $\angle O$, $\angle a$

❷ 각AOB의 크기: 꼭짓점 O를 중심으로 $\overrightarrow{OA}$가 $\overrightarrow{OB}$까지 회전한 양

2 각의 분류

❶ 예각 : 크기가 0°보다 크고, 90°보다 작은 각

❷ 직각 : 크기가 90°인 각

❸ 둔각 : 크기가 90°보다 크고, 180°보다 작은 각

❹ 평각 : 크기가 180°인 각

3 맞꼭지각

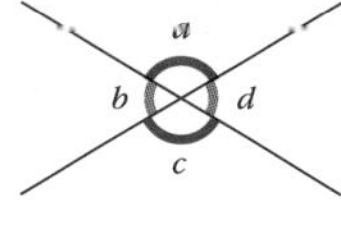

❶ 교각 : 서로 다른 두 직선이 한 점에서 만날 때 생기는 4개의 각
⇨ $\angle a$, $\angle b$, $\angle c$, $\angle d$

❷ 맞꼭지각 : 서로 다른 두 직선이 한 점에서 만날 때 생기는 4개의 각 중에서 서로 마주 보는 각 ⇨ $\angle a$와 $\angle c$, $\angle b$와 $\angle d$

❸ 맞꼭지각의 성질 : 맞꼭지각의 크기는 서로 같음. ⇨ $\angle a=\angle c$, $\angle b=\angle d$

4 수직과 수선

❶ 직교(수직) : 두 직선 AB와 CD의 교각이 직각일 때, 두 직선은 서로 직교한다 또는 서로 수직이라고 함. ⇨ $\overleftrightarrow{AB}\perp\overleftrightarrow{CD}$

❷ 수선 : 두 직선이 서로 수직일 때, 한 직선을 다른 한 직선의 수선이라고 함.

❸ 수직 이등분선 : 선분AB의 중점M을 지나고 그 선분에 수직인 직선l을 선분AB의 수직 이등분선이라 함.

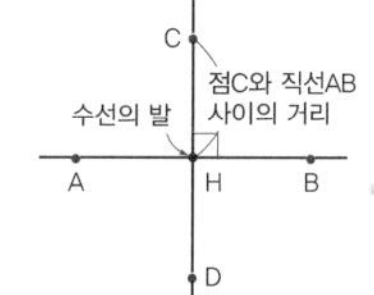

❹ 수선의 발 : 직선AB 위에 있지 않은 점C에서 직선AB에 그은 수선과 직선AB의 교점H를 수선의 발이라고 함.

❺ 점과 직선 사이의 거리 : 점C에서 직선AB에 내린 수선의 발H까지의 거리, 즉 $\overline{CH}$의 길이

쪽지 시험

시험에 '반드시' 나오는 '각' 문제를 알아볼까요?

1. 오른쪽 그림에서 ∠BOC의 크기를 구하세요.

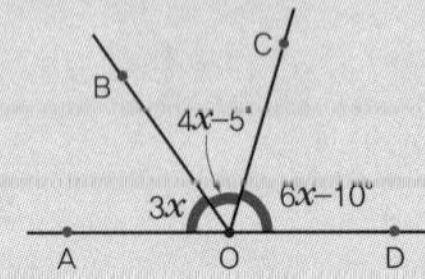

2. 오른쪽 그림에서 ∠AOB=∠BOC, ∠COD=∠DOE일 때, ∠BOD의 크기는?

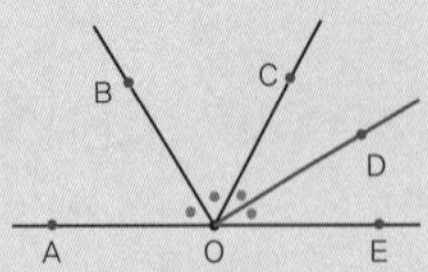

① 78° ② 82° ③ 86° ④ 90° ⑤ 94°

3. 오른쪽 그림에서 $\overline{AE}\perp\overline{BO}$이고 ∠AOC=6∠BOC, ∠DOE=3∠COD일 때, ∠BOD의 크기는?

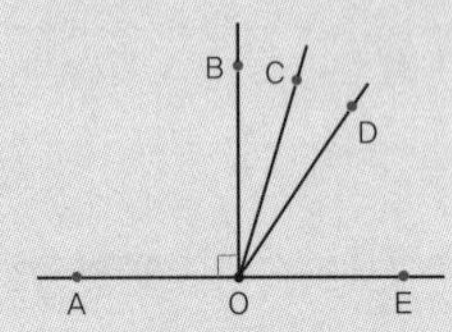

① 30° ② 32° ③ 34° ④ 36° ⑤ 38°

답 1. 55°, 2. ④, 3. ④

각 관련 문제를 임쌤과 함께 풀어 볼까요? QR코드를 통해 임쌤을 만나러 오세요.

Math mind map

임쌤의 손 글씨 마인드맵으로 '각'을 정리해 볼까요?

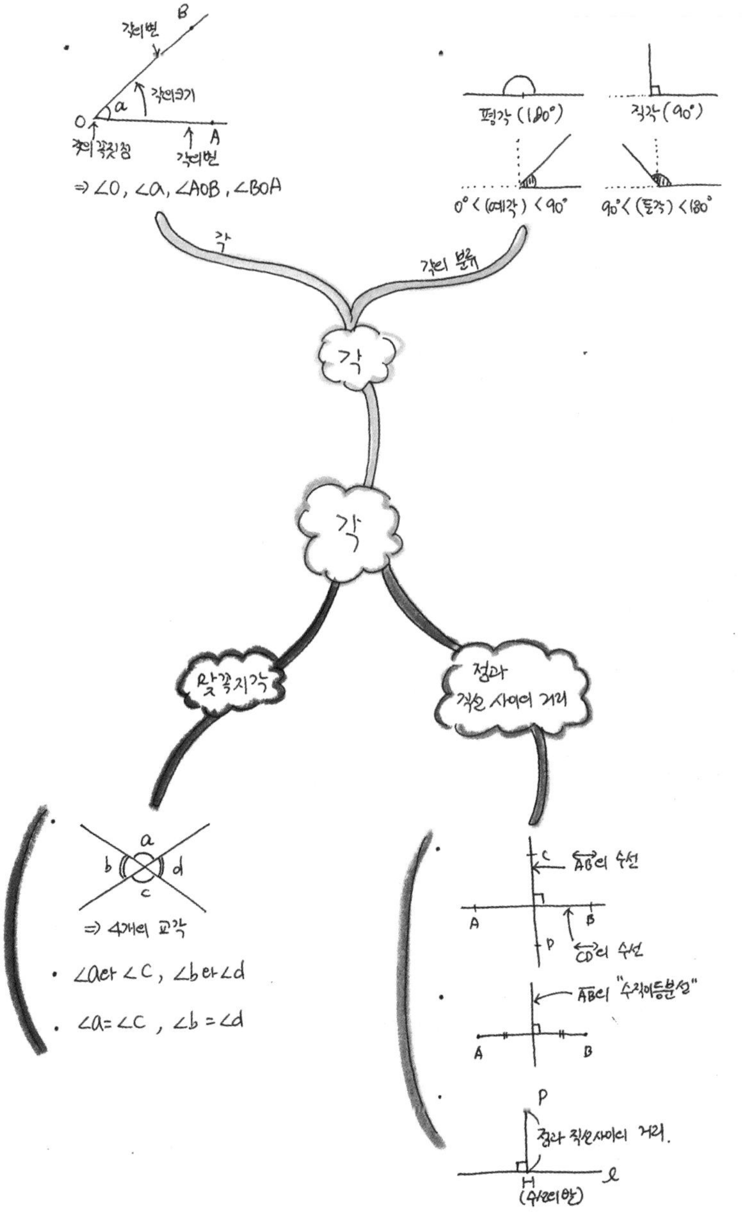

각

- 각의 변, 각의 크기, 각의 꼭짓점, 각의 변
  ⇒ ∠O, ∠a, ∠AOB, ∠BOA

각의 분류

- 평각 (180°), 직각 (90°)
  0° < (예각) < 90°, 90° < (둔각) < 180°

각

맞꼭지각

- ⇒ 4개의 교각
- ∠a와 ∠c, ∠b와 ∠d
- ∠a = ∠c, ∠b = ∠d

점과 직선 사이의 거리

- $\overleftrightarrow{AB}$의 수선, $\overleftrightarrow{CD}$의 수선
- $\overline{AB}$의 "수직이등분선"
- 점과 직선 사이의 거리.
  H (수선의 발)

17

레이저 보안 시스템의 비밀!

: 위치 관계

- 평면에서 두 직선의 위치 관계를 알 수 있어요.
- 공간에서 두 직선의 위치 관계를 알 수 있어요.

도화지에 그림을 그려 볼까?

└평면에서의 위치 관계

지율아! 아빠랑 A4용지 위에 그림 하나 그려 볼까?

그림이요? 뭘 그릴까요? 저 캐릭터 잘 그리는 거 아시죠?

음……, 지난번에 기본 도형 이야기 했던 거 기억나니?

기본 도형은 점·선·면·각으로 도형을 만들 때 가장 기본이 되는 도형이었잖아요. 설마 그 기본 도형을 그리자고요?

아니! 기본 도형을 그리는 것은 쉬우니, 우린 그 기본 도형들 사이의 관계를 한번 그림으로 그려 보면 어떨까 하는데?

음. 이 A4 용지를 평면으로 생각하면, 평면에서의 관계를 바로 볼 수는 있겠는데요?

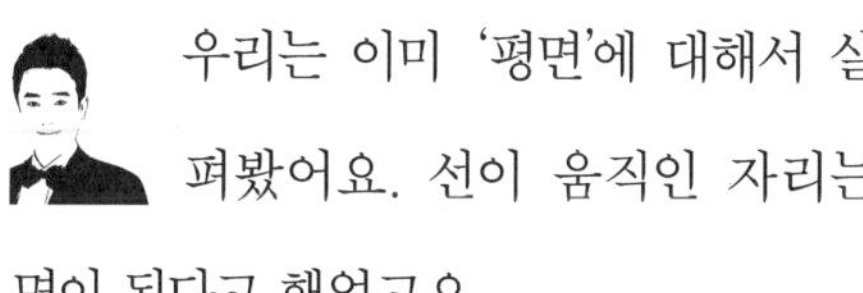

우리는 이미 '평면'에 대해서 살펴봤어요. 선이 움직인 자리는 면이 된다고 했었고요.

면에는 평면과 곡면이 있는데, 그 둘은 모두 끝이 없는 영역으로 구성되어 있어요. 이번에는 평면에서의 위치 관계에 대해서 이야기해 볼 거예요. 평면은 끝이 없지만 편의상 평면을 사각형 모양으로 그려 놓고 위치 관계를 생각한답니다. 그래서 지율이 아버지께서 A4용지를 가지고 오신 것 같아요.

그럼 임쌤과 함께 이 A4라는 평면 위에 기본 도형들을 그려 보도록 할까요? 그림을 그려 가면서 과연 기본 도형, 점·선·면들 사이에는 어떤 위치 관계가 있는지 확인해 보도록 해요.

자, 기본 도형은 점·선·면·각이 있어요. 그 중 점·선·면, 이 세 가지 사이의 관계에 대해서 먼저 살펴봅시다. 점과 점의 위치 관계는 간단해요. 두 점이 만나는 경우와 만나지 않는 경우가 있어요. 이 때 만나는 경우를 '일치한다'라고 해요. 점과 직선의 위치 관계는 어떨까요? 점과 직선도 만나는 경우와 만나지 않는 경우가 있는데, 이때 만나는 경우는 '포함한다'라고 해요. 일치하는 것은 서로 대등한 관계일 때 사용하는 것이고, 점과 직선은 점이 모여서 직선이 되기 때문에 점이 직선에 포함이 되는 거예요. 아래 그림에서 왼쪽이 만나는 경우이고, 오른쪽이 만나지 않는 경우인 거예요. 그러니까 직선과 만나는 점P는 직선l에 포함되는 것이고, 직선과 만나지 않는 점Q는 직선l에 포함되지 않는다는 것이지요.

점과 평면은 어떨까요? 평면에서의 위치 관계에서는 만나는 경우 한 가지뿐이에요. 우리 친구들이 펜으로 A4용지에 점을 찍어 보면 안 만나게 찍을 수 없겠지요? 하지만, 공간에서의 점과 평면의 위치 관계는 안 만나는 경우도 있으니, 다음에 조금 더 자세히 살펴보도록 합시다.

자, 지금까지 임쌤과 3가지 관계에 대해서 이야기했어요. 점과 점, 점과 직선, 점과 평면.

그 다음은 직선과 직선의 관계에 대해서 살펴볼까요? 한 평면 위에 있는 두 직선의 위치 관계는 크게 3가지가 있어요. 아래 그림으로 확인해 봅시다.

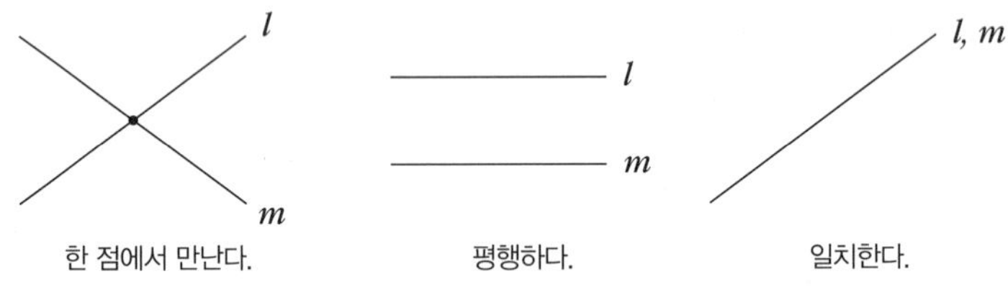

처음 그림처럼 한 점에서 만나게 두 직선을 그릴 수 있지요. 그 때 만나서 생기는 한 점을 우리는 '교점'이라고 부른다고 알고 있어요. 그리고 두 번째 그림처럼 만나지 않는 경우가 있어요. 두 직선이 끝없이 만나지 않는 것을 '평행하다'라고 하고, 두 직선의 이름을 l과 m이라고 할 때, 평행하다는 기호를 사선 두 개를 그려서 $l /\!/ m$로 표현합니다. 마지막으로 두 직선이 포개져서 만나는 경우가 있어요. 두 직선이 일치하는 경우는 위의 세 번째 그림처럼 마치 하나의 직선으로 보인답니다.

이제 직선과 면의 위치 관계를 확인해 볼까요?

점과 면의 위치 관계와 마찬가지로 우리 친구들이 A4용지에 선을 그려 보는 거예요. 종이에 안 그려지면서 선을 그릴 수 있을까요? 조금 이상한 말인가요? 맞아요. 다시 말하면 종이에는 반드시 선이 그려질 수밖에 없는 겁니다. 평면에서의 직선과 평면의 위치 관계는 그래서 만나는 경우밖에 없는 거예요. 이때도 만나면서 직선이 평면에 포함된다고 말할 수 있겠지요?

직접 그려 보고도 평면에서의 위치 관계가 조금 복잡하다 싶은 친구들은 QR코드를 통해 임쌤을 만나러 오세요.

평면에서의 위치 관계 중 마지막입니다. 바로 면과 면의 위치 관계예요. 평면에서의 평면과 평면의 위치 관계도 서로 만나는 경우밖에 없어요. 두 장의 A4 용지가 포개지는 경우밖에 없겠지요?

이처럼 기본 도형의 위치 관계를 직접 그려 보면 조금 더 쉽게 정리할 수가 있어요.

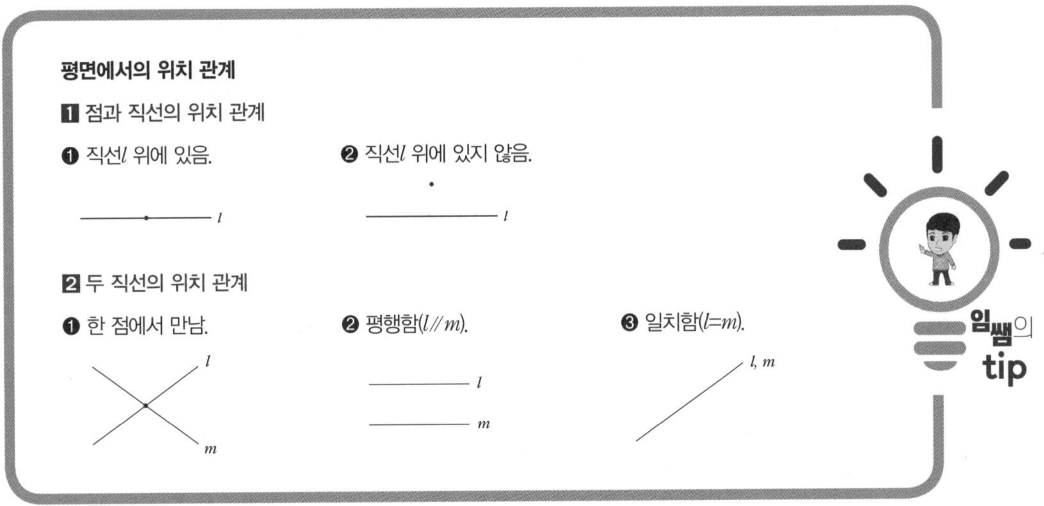

입체 공간에도 그림을 그릴 수 있을까?

└공간에서의 위치 관계

지율아! 우리가 지난번에 A4용지에 그림을 그렸잖니?

맞아요. 그림이라기보다는 공부였지만요.

그게 바로 평면에서의 위치 관계였어. 평면이 나오면 다음은 공간이 나오겠지

3D가 입체지요? 그럼 오늘은 우리 입체 그림을 그리는 건가요?

맞아. 그런데 평면은 그림을 그려 가면서 생각할 수 있는데, 공간에서는 그림 그리기 힘드니 머릿속으로 잘 생각해야 한단다.

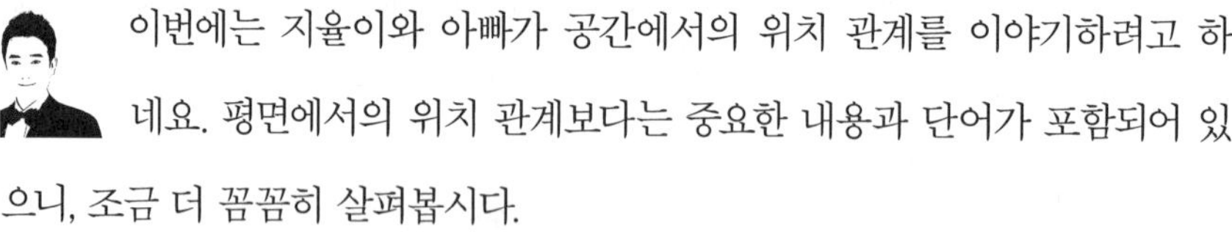

이번에는 지율이와 아빠가 공간에서의 위치 관계를 이야기하려고 하네요. 평면에서의 위치 관계보다는 중요한 내용과 단어가 포함되어 있으니, 조금 더 꼼꼼히 살펴봅시다.

공간에서의 위치 관계도 평면에서의 위치 관계와 마찬가지로 점·선·면의 관계를 확인해 볼 거예요. 가장 먼저 점과 점의 위치 관계예요. 공 2개를 준비해 그 공을 점이라고 생각하고 공간에서 움직여 볼까요? 두 가지 경우밖에 없지요? 만나는 경우와 만나지 않는 경우 말입니다. 이때 만나는 경우를 앞서 평면에서와 마찬가지로 '일치한다'라고 해요.

점과 직선의 위치 관계는 어떨까요? 공간에서의 점과 직선의 위치 관계도 만나는 경우와 만나지 않는 경우가 있어요. 이 때, 만나는 경우를 '포함한다'라고 하지요. 즉, 점과 점, 점과 직선의 위치 관계는 평면에서의 위치 관계와 공간에서의 위치 관계가 동일하답니다. 그럼 점과 평면의 위치 관계는 어떨까요? 먼

저 그림을 살펴봅시다.

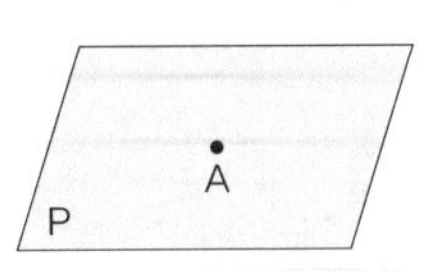

공간에서의 위치 관계이기 때문에 점B처럼 평면 위쪽으로 점이 놓일 수도 있어요. 그래서 점A처럼 평면과 만나는 경우로 평면에 포함될 수 있고, 점B처럼 만나지 않을 수도 있는 거예요. 어때요? 공간에서의 위치 관계라고 해서 엄청 어렵고 복잡할 줄 알았는데, 그림으로 생각해 보니 별거 아니지요?

직선과 직선의 공간에서의 위치 관계도 확인해 볼까요? 직선과 직선의 공간에서의 위치 관계는 중요한 내용이 많으니 잘 따라오세요.

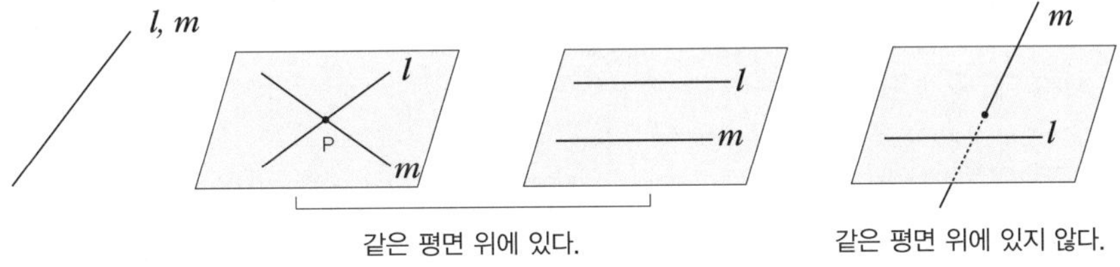

우선 그림으로 확인해 볼까요?

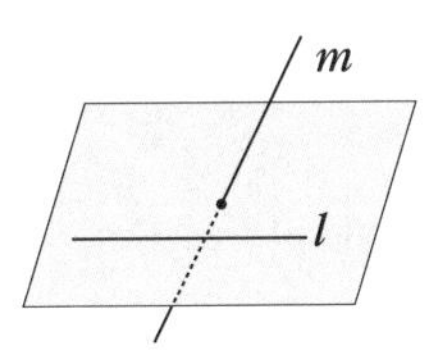

두 직선의 위치 관계는 4가지가 있어요. 위에 그림에서 차례대로 살펴봅시다. 일치하는 경우, 한 점에서 만나는 경우, 평행하는 경우는 평면에서의 위치 관계와 동일합니다. 하지만, 공간에서의 위치 관계에서는 추가되는 내용이 하나 더 있어요! 바로 꼬인 위치 관계입니다. 꼬인 위치 관계라는 것은 4번째 그림처럼, 만나지도 않고 평행하지도 않는 관계를 꼬인 위치 관계라고 해요! 두 가지 조건을 모두 만족해야지만 꼬인 위치 관계라는 사실을 기억해 둡시다.

자, 직선과 평면의 공간에서의 위치 관계를 살펴볼까요? 만나는 경우와 만나지 않는 경우가 있는데, 만나는 경우에는 포함되어서 만나는 경우도 있지만,

레이저 보안 시스템
두 직선이 공간에서 만나지도, 평행하지도 않는 관계를 꼬인 위치 관계라고 한다. 이 공간에서의 꼬인 위치를 이용한 것이 바로 영화 속에서도 자주 등장하는 레이저 보안 시스템이다. 레이저 보안 시스템은 선들이 만나는 것처럼 보이지만, 실제로 이 선들은 서로 얽혀 있으면서도 한 점에서 만나지도 않고 평행하지도 않다. 여러 개의 선이 얽혀 있어서 사물이 공간을 통과하기 어렵게 만드는 원리를 이용한 것이다.

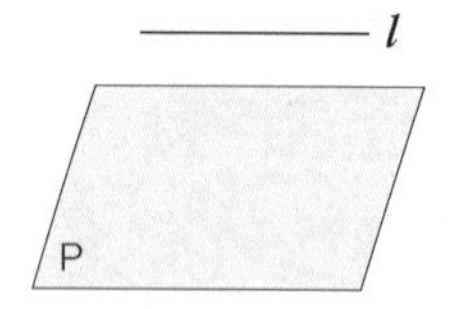

A4용지에 연필로 구멍을 뚫는 것처럼 한 점으로 만나는 경우도 있답니다. 바로 아래 그림처럼 말이지요.

이때 생기는 구멍, 즉 점을 교점이라고 하고요. 그리고 만나지 않는 경우는 직선과 평면이 나란하게 즉, 평행한 경우를 말해요.

직선과 직선이 평행한 것처럼 직선과 평면이 평행하다는 기호도 P∥l이라고 사선 2개를 넣어서 표시한답니다.

자, 벌써 마지막 관계예요. 평면과 평면의 위치 관계인데요, 두 평면의 공간에서의 위치 관계는 3가지가 있어요.

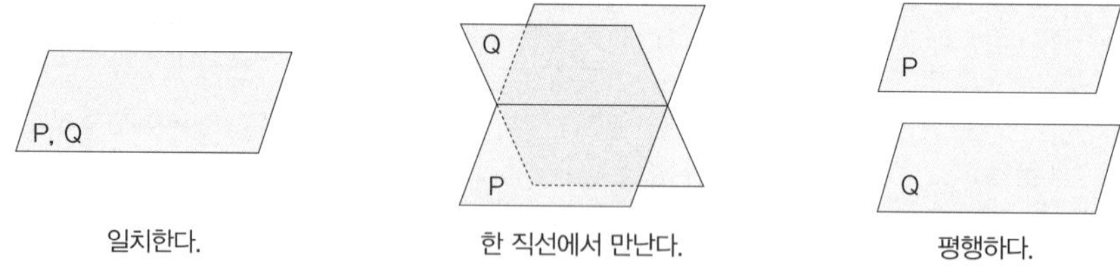

일치한다. 한 직선에서 만난다. 평행하다.

만나는 경우에는 첫 번째 일치하는 경우와 두 번째 한 직선에서 만나는 경우가 있어요. 일치한다고 하면 기호로는 P=Q로 표시를 하고 한 직선에서 만날 때 생기는 직선을 교선이라고 합니다. 만나지 않는 경우인 세 번째 그림은 평행하기 때문에 만나지 않는 것이고 기호로는 P∥Q로 표시해요.

자, 이렇게 임쌤과 공간에서의 기본 도형들의 위치 관계를 살펴보았습니다. 그림으로 이해하니 훨씬 편하지요? 앞서 살펴보았던 평면에서의 위치 관계와 공간에서의 위치 관계를 함께 잘 비교하면서 정리해 보도록 합시다.

공간에서의 위치 관계가 머릿속에 잘 안 떠오르는 친구들은 QR코드를 통해 임쌤을 만나러 오세요.

공간에서의 위치 관계

1 점과 평면의 위치 관계

❶ 평면 위에 있음. ❷ 평면 위에 있지 않음.

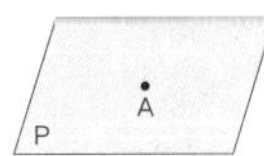

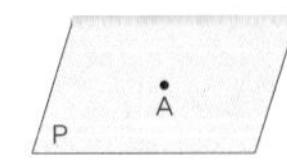

2 두 직선의 위치 관계

❶ 한 점에서 만남. ❷ 평행함($l /\!/ m$). ❸ 일치함($l=m$). ❹ 꼬인 위치에 있음.

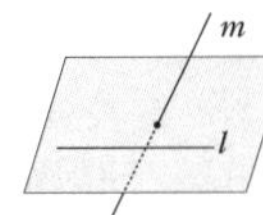

3 직선과 평면의 위치 관계

❶ 직선이 평면에 포함. ❷ 한 점에서 만남. ❸ 평행함.

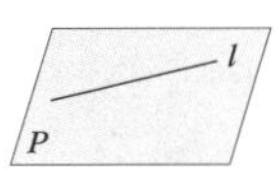

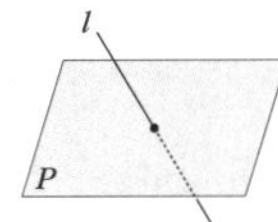

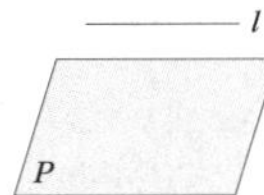

4 두 평면의 위치 관계

❶ 한 직선에서 만남. ❷ 평행함(P$/\!/$Q). ❸ 일치함(P=Q).

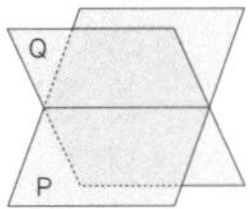

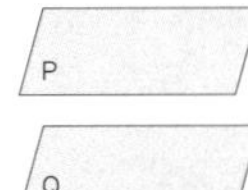

쪽지 시험

시험에 '반드시' 나오는 '위치 관계' 문제를 알아볼까요?

1. 오른쪽 그림에 대한 다음 설명 중 옳지 않은 것은?

① 직선l은 점E를 지나지 않는다.

② 직선m은 점C를 지난다.

③ 점B는 직선m 밖에 있다.

④ 점C는 직선l 위에 있지 않다.

⑤ 점D는 두 직선l, m 위에 있지 않다.

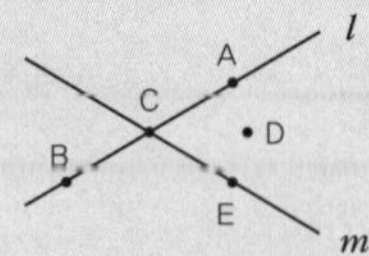

2. 다음 중 한 평면 위에 있는 두 직선의 위치 관계가 될 수 없는 것은?

① 한 점에서 만난다. ② 일치한다.

③ 수직이다. ④ 두 점에서 만난다.

⑤ 평행하다.

3. 오른쪽 정팔각형의 변의 연장선 중에서 $\overleftrightarrow{BC}$와 한 점에서 만나는 직선의 개수는?

① 2 ② 3 ③ 4

④ 5 ⑤ 6

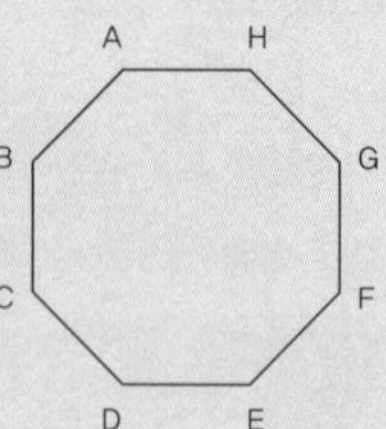

4. 다음 중 오른쪽 그림의 직육면체에서 모서리AB와의 위치 관계가 나머지 넷과 다른 하나는?

① $\overline{CG}$ ② $\overline{DH}$ ③ $\overline{EF}$

④ $\overline{EH}$ ⑤ $\overline{FG}$

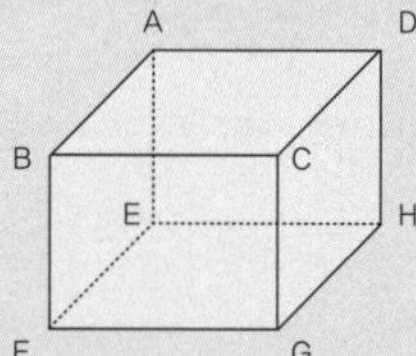

답 1. ④, 2. ④, 3. ⑤, 4. ③

위치 관계 관련 문제를 임쌤과 함께 풀어 볼까요? QR코드를 통해 임쌤을 만나러 오세요.

Math mind map

임쌤의 손 글씨 마인드맵으로 '위치 관계'를 정리해 볼까요?

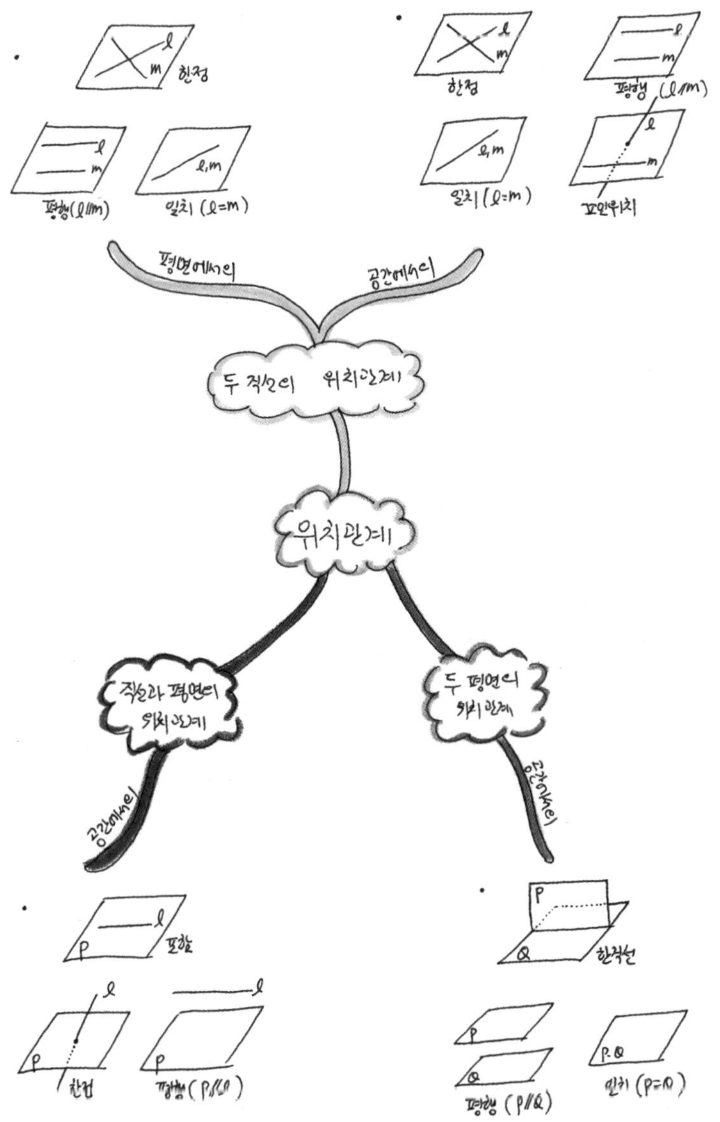

위치관계

- 두 직선의 위치관계
  - 평면에서의
    - 한점
    - 평행 ($l /\!/ m$)
    - 일치 ($l=m$)
  - 공간에서의
    - 한점
    - 평행 ($l /\!/ m$)
    - 일치 ($l=m$)
    - 꼬인위치
- 직선과 평면의 위치관계
  - 공간에서의
    - 포함
    - 한점
    - 평행 ($P /\!/ l$)
- 두 평면의 위치 관계
  - 공간에서의
    - 한직선
    - 평행 ($P /\!/ Q$)
    - 일치 ($P=Q$)

18 같게도, 다르게도 만든다고?

: 평행선의 성질

- 동위각과 엇각을 찾을 수 있어요.
- 동위각과 엇각의 크기가 같을 수도 있고 다를 수도 있음을 알 수 있어요.
- 동위각과 엇각의 크기로 두 직선이 평행인지 아닌지 알 수 있어요.

세상에는 각이 너무도 많아!

└동위각과 엇각

아빠! 각은 크기에 따라서 이름이 정해져 있잖아요.

그렇지. 각의 크기에 따라서, 예각·직각·둔각·평각 이렇게 나뉘지?

맞꼭지각도 있잖아요. 마주 보는 각! 또 다른 종류는 없어요?

또 있긴 해. 동위각과 엇각이라는 관계도 있어.

지율이가 각에 대해서 궁금한 것들이 더 생겼나 봐요. 지금 지율이가 궁금해 하는 것들을 임쌤과 다시 한 번 정리해 볼까요?

각은 크기에 따라서 예각과 직각, 둔각과 평각으로 나뉜다고 했었지요? 0도 보다 크고 90도 보다 작은 각을 예각, 90도인 각을 직각, 90도 보다 크고 180도 보다 작은 각을 둔각, 마지막으로 180도인 각을 평각이라고 했어요. 여기에서 0도는 예각이 아니고, 180도 보다 큰 각은 이름이 없다는 사실도 이미 우리는 알고 있어요.

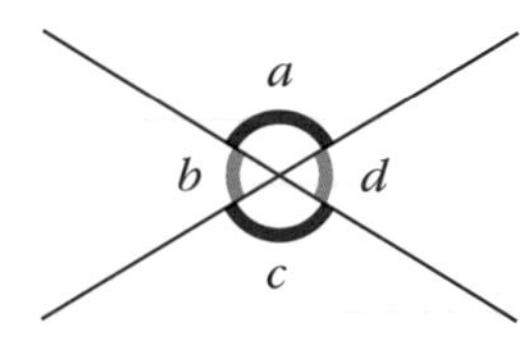

직선 두 개로 생기는 각들에 대해서도 살펴봤었어요. 마주 보고 있는 각, 맞꼭지각이었지요?

위의 그림처럼 a각과 c각이 서로 마주 보고 있으니 맞꼭지각 관계가 되는 것이고, b각과 d각 또한 서로 마주 보고 있으니 그 또한 맞꼭지각 관계가 되는 거예요. 여기서 맞꼭지각은 2쌍이 나오고 그 맞꼭지각끼리는 각의 크기가 동일하다는 사실도 우리는 이미 알고 있고요.

자, 그럼 지율이가 궁금해 하는 또 다른 각의 관계에 대해서 살펴보도록 할까요?

다음 그림과 같이 3개의 직선이 놓여 있습니다. 이 그림에서 3개의 직선이 그려져 있기 때문에 교각도 총 8개가 생기게 되지요? 8개의 교각 중에서 서로 같은 위치에 있는 두 각을 찾아보세요. 임쌤이 정답을 한 쌍 말해 볼까요? d각과 h각입니다. 그 두각이 왜 같은 위치에 있는가? 궁금하지요? 두 개의 직선, 직선l과 직선m의 입장에서 아래쪽에 위치하고, 직선n의 입장에서는 오른쪽에 위치한 각을 찾아보면 그 d각과 h각밖에 없어요. 그래서 이 두 각은 위치가 같은 각이 되고, 우리는 그 두 개의 각을 '동위각'이라고 해요. 한자로 같을 동(同), 위치 위(位)를 써서 위치가 같은 각이라는 뜻입니다. 그럼 위의 그림에서 동위각은 d각과 h각만 있을 까요? 아닙니다. 직접 찾아보세요. 총 4쌍의 동위각이 더 나옵니다. a각과 e각, b각과 f

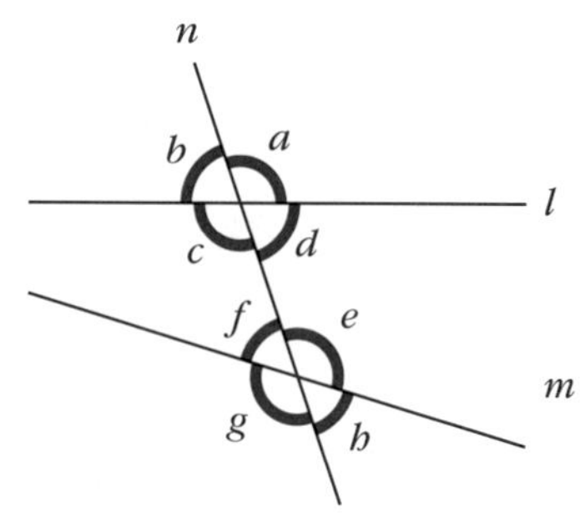

각, c각과 g각, d각과 h각이 동위각이 됩니다.

동위각 찾기가 쉽지 않지요? 헷갈리기도 쉬워요. 그래서 임쌤이 쉽게 찾는 방법을 소개할까 해요. 알파벳 F를 떠올려 보세요. 처음에 임쌤이 말했던 동위각 d각과 h각을 보면 알파벳 F가 그려지지요? 이처럼 나머지 동위각들도 알파벳 F를 그려 가면서 생각하면 쉽게 찾을 수 있답니다.

그럼 또 다른 각 사이의 관계도 있을까요? 바로 '엇각'이 있어요. 엇각이라는 관계는 서로 엇갈려 있는 각 사이의 관계라는 뜻이고 위의 그림에서 c각과 e각 사이의 관계를 말합니다. 이 엇각도 한 쌍만 있는 것이 아니라, d각과 f각 또한 엇각 사이의 관계입니다. 앞서 동위각은 총 4쌍이 나왔는데, 엇각은 2쌍만 나왔어요. 가로로 그려진 직선l과 직선m 사이에서만 엇각이 존재한다는 사실도 눈치 챘나요?

동위각을 F를 떠올리며 찾았던 것처럼 엇각도 쉽게 찾는 방법이 있어요. 바로 알파벳 Z를 떠올리는 거예요. c각과 e각을 본다면 알파벳 Z가 그려지지요? 알파벳 Z를 떠올리며 생각하면 엇각도 쉽게 찾을 수 있답니다.

교육과정에는 나오지 않지만 c각과 f각, d각과 e각처럼 우리 한글 ㄷ을 그렸을 때 생기는 각 사이의 관계를 '동측내각'이라고도 한답니다. 참고로 알아두면 좋겠습니다.

자, 동위각과 엇각 그리고 동측내각까지! 알파벳과 한글을 통해서 쉽게 찾는 방법을 임쌤과 배웠습니다. 각의 또 다른 관계 동위각과 엇각을 정리해 보도록 합시다.

동위각과 엇각이 계속 헷갈리는 친구들은 QR코드를 통해 임쌤을 만나러 오세요.

동위각과 엇각

1 동위각과 엇각

: 서로 다른 두 직선l, m이 다른 한 직선n과 만날 때 생기는 8개의 각 중에서

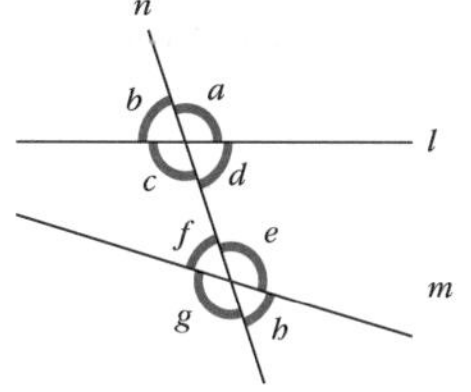

❶ 동위각 : 서로 같은 위치에 있는 두 각 ⇨ ($\angle a$, $\angle e$), ($\angle b$, $\angle f$), ($\angle c$, $\angle g$), ($\angle d$, $\angle h$)

❷ 엇각 : 서로 엇갈린 위치에 있는 두 각 ⇨ ($\angle d$, $\angle f$), ($\angle c$, $\angle e$)

※ 동위각과 엇각의 크기가 항상 같은 것은 아님.

동위각과 엇각의 크기가 같을 수도, 다를 수도 있다고?

ㄴ평행선의 성질

아빠! 동위각과 엇각 말이에요.

그래. 우리 지난번에 동위각과 엇각 이야기 했었지?

네. 그런데 궁금한 게 생겼어요. 문제를 푸는데, 동위각과 엇각은 크기가 같다고 알고 있는데, 이 문제는 아무리 봐도 크기가 다르거든요? 이상해요.

우리 지율이가 수학 공부를 하고 있었구나? 지금 지율이가 궁금해 하는 동위각과 엇각의 성질은 바로 평행선의 성질이란다. 아빠도 지율이 만할 때 굉장히 헷갈렸던 기억이 나는구나.

평행선의 성질이요? 그건 또 뭐지……. 아이고, 공부할 게 또 생겼네요!

지율이가 수학 문제를 풀다가 이상한 점을 발견했나 봐요. 동위각과 엇각의 크기가 같다고 알고 있는데 다른 것 같은 문제가 나왔다고요? 사실 동위각과 엇각은 크기가 같기도 하고 다르기도 하거든요. 무슨 소리냐고요? 임쌤과 함께 지율이 아빠께서 말씀하신 '평행선의 성질'에 대해서 살펴보면 알 수 있어요.

평행선이란, 두 직선이 서로 만나지 않는 상태라고 우리는 이미 알고 있어요. 서로 나란히 뻗어 나가는 직선입니다. 여기서 동위각과 엇각의 평행선의 성질이 나오게 돼요.

앞에서 살펴본 동위각과 엇각은 평행선이 아니더라도 나오는 개념이지요? 그래서, 우리 지율이가 문제집에서 문제를 푼 것처럼 반드시 동위각의 크기가 같을 수는 없는 거예요.

하지만 직선 두 개가 평행한 평행선이라고 하면, 말이 달라집니다. 그림을 그려서 확인해 볼까요?

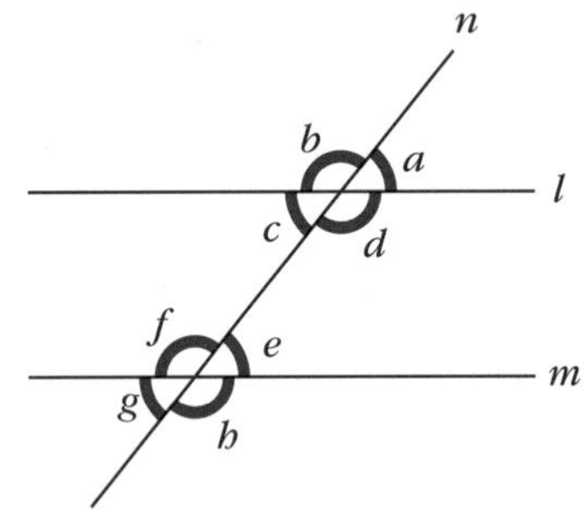

앞에서 동위각과 엇각을 알아볼 때 그렸던 직선들과 비슷하죠? 차이점이라면 직선l과 직선m이 서로 평행하다는 것인데, 여기서 동위각과 엇각들을 다시 찾아볼까요?

우선 동위각 사이의 관계인 각들을 찾아본다면 총 4쌍을 찾을 수 있어요. 알파벳 F 모양으로 찾아보니 (각a와 각e), (각b와 각f), (각c와 각g), (각d와 각h)를 찾을 수 있지요? 이 때 직선l과 직선m이 서로 평행하다면 방금 구한 동위각 관계인 각들의 크기는 서로 같아요. 아주 중요한 성질이지요? 이것이 바로 평행선의 성질이에요. 즉, (각a=각e), (각b=각f), (각c=각g), (각d=각h)가 된다는 것을 꼭 기억해 두세요. 여기서 주의할 점은 직선l과 직선m이 평행일 때에만 크기가 같고, 두 직선이 평행이 아니면 각의 크기가 서로 다르다는 사실입니다.

그림을 다시 봐도 직선l과 직선m이 평행일 때랑은 동위각들의 크기가 다르게 보이지요?

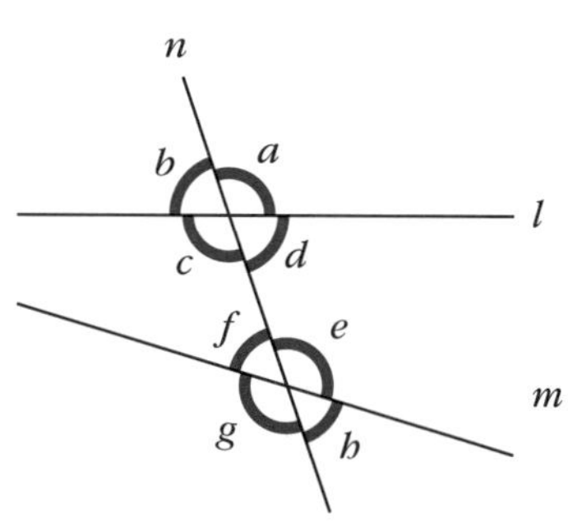

마찬가지로 엇각의 크기도 두 직선이 평행일 때는 서로 같습니다. 엇각을 알파벳 Z를 그려 봐서 찾으면 총 2쌍의 엇각을 찾을 수 있지요? (각c와 각e), (각d와 각f)가 서로 엇각인 관계인데, 이 또한 서로 각의 크기가 같습니다. 언제나 같을까요? 아니 직선l과 직선m이 평행선일 때만 (각c=각e), (각d=각f)이라는 사실 꼭 기억해 두세요.

자, 그러면 앞에서 교육과정 외의 내용이지만 알아두었던 '동측내각'은 어떨까요? 이때 동측내각의 크기의 합은 180도가 된답니다. 즉, (각d와 각e), (각c와 각f)는 서로 동측내각 관계인데, 이때 각 동측내각끼리의 합은 (각d+각e=각c+각f=180도)가 된다는 거예요.

지금까지 우리는 각끼리의 관계인 동위각과 엇각 그리고 동측내각에 대해 정리해 보았습니다. 이들은 일반적인 직선끼리 만났을 때 생기는 교각에서 생길 수 있지만, 그 직선들이 평행선이 된다면 동위각과 엇각끼리의 각의 크기는 동일하게 되고, 동측내각끼리의 합은 180도가 된다는 사실도 기억해 둡시다.

동위각과 엇각 그리고 그들의 평행선의 성질이 어려운 친구들은 QR코드를 통해 임쌤을 만나러 오세요.

평행선의 성질

1 평행선의 성질

: 평행한 두 직선이 다른 한 직선과 만날 때 생기는

❶ 동위각의 크기는 서로 같음. ❷ 엇각의 크기는 서로 같음.

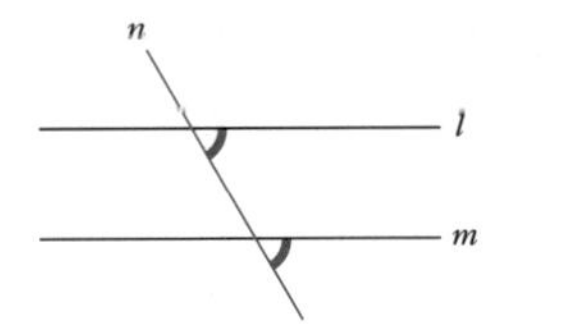

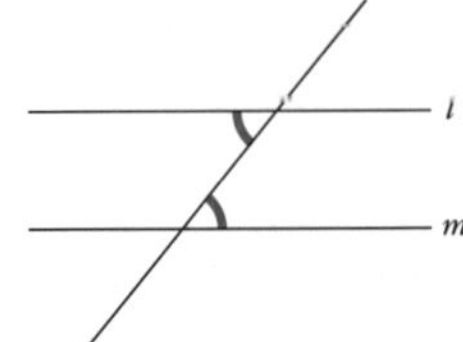

※ 동위각의 크기가 같고, 엇각의 크기가 같으면 두 직선은 평행함.

쪽지 시험

시험에 '반드시' 나오는 '평행선의 성질' 문제를 알아볼까요?

1. 오른쪽 그림에서 $l /\!/ m$일 때, $\angle a$의 크기는?

① 10° ② 20° ③ 30° ④ 45° ⑤ 65°

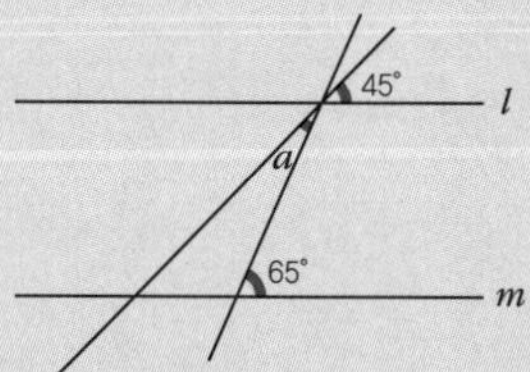

2. 오른쪽 그림에서 $l /\!/ m$일 때, $\angle x+\angle y$의 크기는?

① 120° ② 130° ③ 140° ④ 175° ⑤ 215°

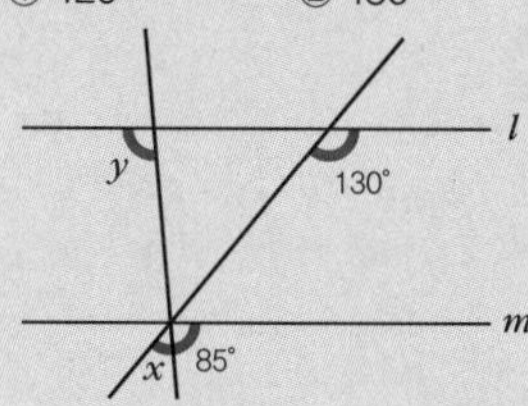

3. 오른쪽 그림에서 $l /\!/ m$일 때, $\angle x$의 크기는?

① 44° ② 64° ③ 84° ④ 94° ⑤ 104°

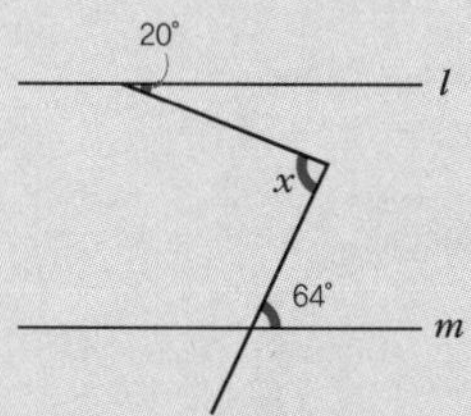

답 **1.** ②, **2.** ③, **3.** ③

평행선의 성질 관련 문제를 임쌤과 함께 풀어 볼까요? QR코드를 통해 임쌤을 만나러 오세요.

Math mind map

임쌤의 손 글씨 마인드맵으로 '평행선의 성질'을 정리해 볼까요?

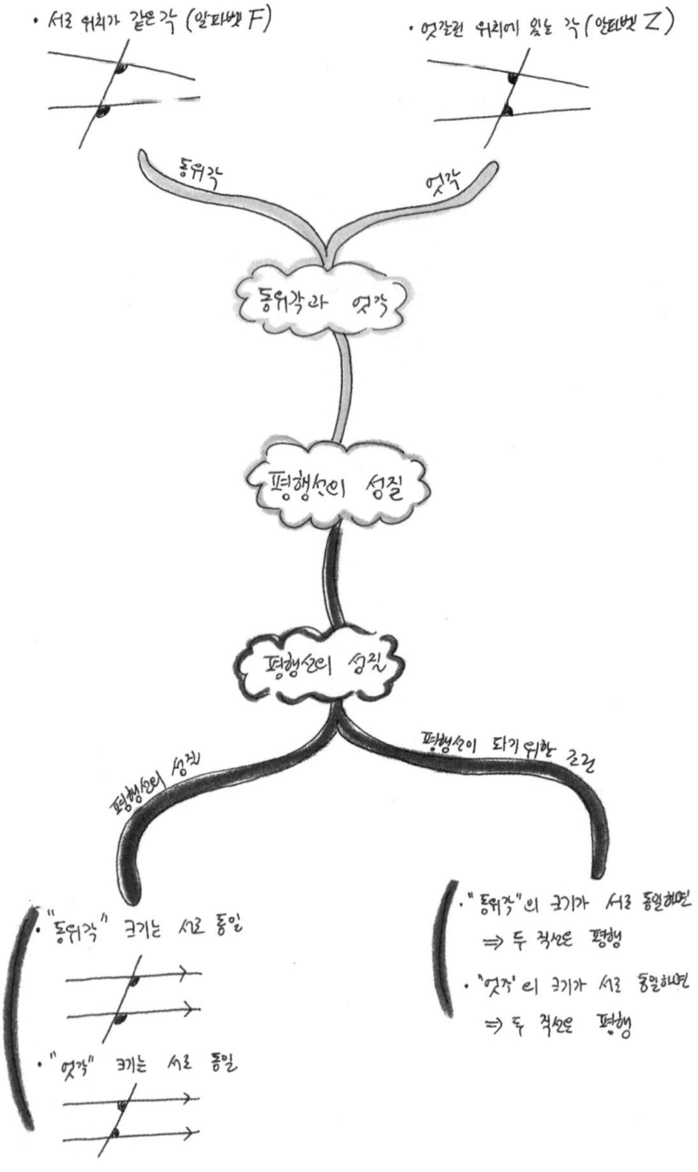

· 서로 위치가 같은 각 (알파벳 F)

· 엇갈린 위치에 있는 각 (알파벳 Z)

동위각

엇각

동위각과 엇각

평행선의 성질

평행선의 성질

평행선의 성질

평행선이 되기 위한 조건

· "동위각" 크기는 서로 동일

· "엇각" 크기는 서로 동일

· "동위각"의 크기가 서로 동일하면

⇒ 두 직선은 평행

· '엇각'의 크기가 서로 동일하면

⇒ 두 직선은 평행

19 각도기 없이 각을 그리라고?

: 간단한 도형의 작도

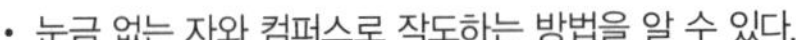

- 눈금 없는 자와 컴퍼스로 작도하는 방법을 알 수 있다.
- 눈금 없는 자와 컴퍼스로 작도하는 순서를 이해한다.
- 눈금 없는 자와 컴퍼스가 각각 어떻게 쓰이는지 알 수 있다.

눈금 없는 자와 컴퍼스로 각을 그려라!

ㄴ간단한 도형의 작도

지율아! 아빠랑 그림 그릴까?

아빠! 요즘 그림에 푹 빠지셨나 봐요?

그런가? 요즘 지율이도 도형에 대해서 배우니, 아빠가 도움이 될 만한 것들을 고민해 봤거든. 그래서 자꾸 그림 이야기를 했나 보다.

뭐……, 저한테 도움이 되는 거니까 또 그려 봐요. A4용지, 연필, 길이를 재려면 눈금이 있는 자 그리고 각도기. 도형을 그리려면 이 정도가 필요하겠지요?

맞아. 일반적으로 생각나는 준비물이지? 그런데 아빠랑은 최소의 준비물을 가지고 그림을 그려 보는건 어떨까?

최소의 준비물이요? 뭘 더 빼야 해요? 그럼 자랑 각도기, 음…….

아빠는 각도기도 필요가 없어. 자도 눈금은 없어도 되고!

지율이가 아빠랑 함께 어떤 그림을 그리려고 하고 있어요. 지금까지 우리는 기본 도형에 대해서 살펴봤어요. 점·선·면·각의 정의와 각각의 성질들을 이해했는데, 이제 임쌤과 함께 지율이가 아빠랑 그리려는 그 그림 그리는 방법을 함께 알아보도록 해요. 예를 들어볼까요?

A B

위의 그림처럼 선분AB가 있어요. 자, 이제 임쌤과 함께 저 선분AB의 길이와 같은 또 다른 선분을 그려 보는 거예요. 길이가 반드시 같아야 한다는 조건을 달면 우리 친구들은 어떻게 그릴까요? 당연히 눈금이 있는 자를 가지고 선분의 길이를 잰 뒤, 그 길이에 맞는 선분을 그리겠지요? 맞아요! 하지만 임쌤이 이 그림을 그릴 때 여러분들에게 제공하는 도구가 딱 2개뿐이랍니다. 바로 눈금이 없는 자와 컴퍼스. 이 2개의 도구인 눈금이 없는 자와 컴퍼스만을 가지고서 위와 똑같은 길이의 선분을 그려야 하는 거예요. 바로 이것을 우리는 '작도'라고 이야기 한답니다. 그럼 이제 문제가 다시 바뀌어 버렸네요. 눈금이 없는 자와 컴퍼스만을 가지고 선분AB와 길이가 같은 선분을 그려야 한다는 말이지요. 그럼 고민을 해야겠지요? 우선을 길이를 잴 수 없으니까 어떤 도구로 무엇을 먼저 해야 할까요? 너무 고민하고 걱정할 필요는 없어요. 그래서 임쌤과 함께 순서대로 살펴보는 거니까요.

우선은 새로운 점 하나를 찍으세요. 그 점을 지나는 반직선을 그려 보는 겁니다. 눈금이 없는 자를 가지고 말이에요. 그러면 먼저 길이를 재야하거든요. 눈금이 없기 때문에 자를 이용해서는 길이를 잴 수 없고, 컴퍼스를 가지고 길이를 잴 거예요. 컴퍼스는 원을 그릴 때 쓰는 도구인데 어떻게 길이를 잴까요? 바로, 선분AB의 길이만큼을 컴퍼스로 벌리는 거예요. 그 벌어진 만큼이 바로 선분의 길이가 되니까요. 벌린 컴퍼스를 그대로 새로 찍어 놓은 점 위에 놓고 반직선 위에 컴퍼스에 걸린 연필로 살짝 체크를 해 놓으면 반직선과 컴퍼스가 만나는 점까지의 길이가 예시에서 주어진 선분과 같게 되는 거겠지요? 그림으로 확인해볼까요?

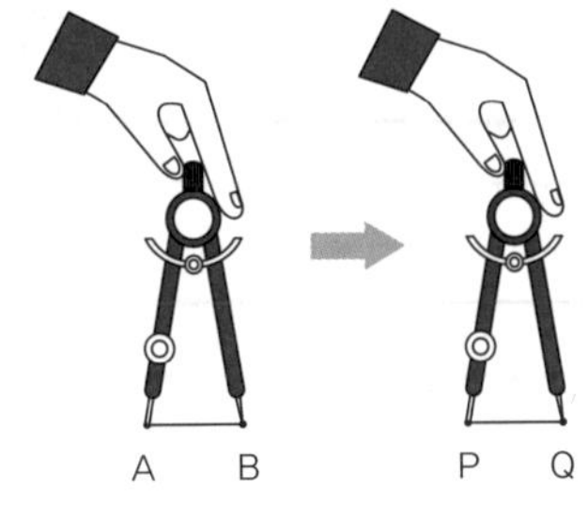

이렇게 우리는 최소의 도구인 눈금이 없는 자와 컴퍼스만을 가지고도 그림을 그릴 수 있어야 해요.

임쌤과 또 다른 예를 하나 살펴볼까요?

이번에는 크기가 같은 각을 작도해 보도록 합시다.

다음 그림과 같은 각AOB가 있습니다.

이 각의 크기와 같은 각을 작도를 해 볼까요? 가장 먼저 할 일은 반직선XY를 눈금이 없는 자로 그리는 거예요.

다음은 원래 있던 각AOB에 컴퍼스를 가지고 원의 일부분을 그릴 것인데, 반직선OA, 반직선OB와 만나서 교점이 생겨야 하는 게 포인트입니다. 오른쪽 그림에서는 교점이 P와 Q가 생긴 게 보이지요?

자, 이제 다음 단계가 중요합니다. 원의 일부분을 그린 컴퍼스를 그대로 들어서 반직선XY에 그려 보는 거예요. 그럼 반직선XY에 교점M이 그림처럼 생기겠지요?

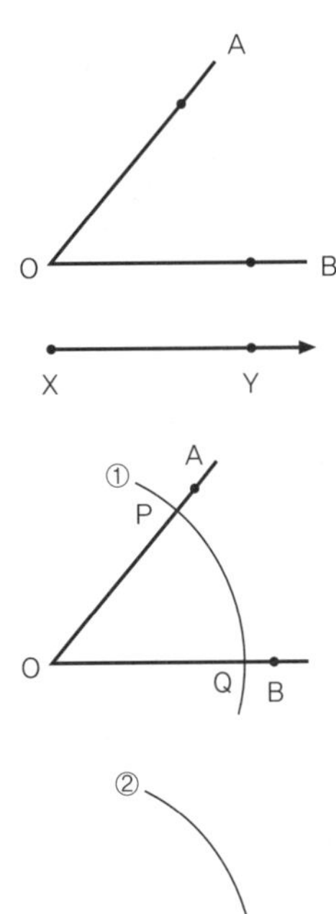

다시 컴퍼스를 들고, 원래 각으로 돌아가서 이제 각이 얼마만큼 벌어졌는지를 체크할 거예요. 점Q에 컴퍼스의 바늘 부분을 찍고 점P까지 컴퍼스를 벌리는 거지요. 이때 컴퍼스의 용도는 원을 그리는 용도가 아니라 얼마만큼 각이 벌어졌는지 확인하는 용도가 되겠지요? 그 컴퍼스를 그대로 반직선XY로 가지고 와서 컴퍼스의 바늘을 교점M에 찍고 처음에 그렸던 원의 일부분과 교점이 생기게 그려보는 겁니다. 왼쪽 그림처럼 말이에요.

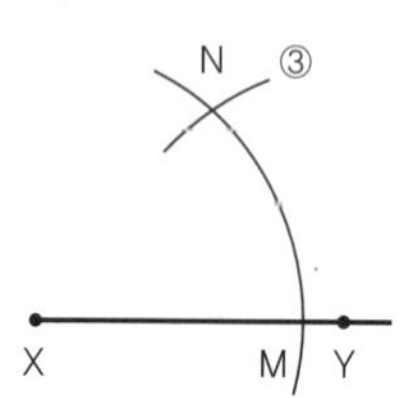

이때 만나는 교점을 N이라고 하면, 눈금이 없는 자로 점X와 점N을 연결해서 반직선XN을 그리면 왼쪽 그림과 같이 됩니다.

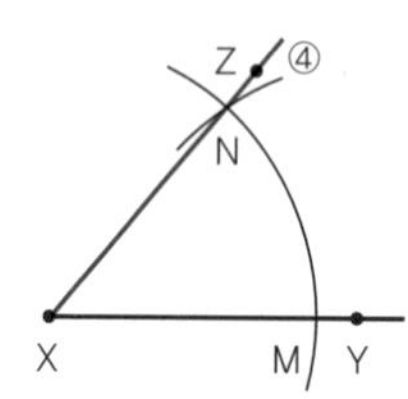

각이 완성되고, 이때 생긴 각YXZ의 크기는 각AOB의 크기와 같아집니다. 우리는 이렇게 크기가 같은 각을 눈금이 없는 자와 컴퍼스만으로 작도한 거예요.

지금까지 임쌤과 함께 길이가 같은 선분과 크기가 같은 각을 작도해 보았어요. 직접 작도를 해보면서 작도 '순서'를 익히는 것이 중요해요. 실제 학교 시험에서는 작도하는 문제보다 작도하는 순서를 물어보는 문제가 자주 나오거든요. 무작정 외우려고 하지 말고, 눈금 없는 자와 컴퍼스로 그림을 그리는 과정을 머릿속으로 생각하면서 직접 그려 보는 연습한다면 작도 순서를 충분히 이해할 수 있어요!

눈금 없는 자와 컴퍼스를 이용해 작도하는 과정이 아직 어려운 친구들은 QR코드를 통해 임쌤을 만나러 오세요.

임쌤의 tip

간단한 도형의 작도

1 작도

❶ 작도 : '눈금 없는 자'와 '컴퍼스'만을 가지고 도형을 그리는 것

(a) 눈금 없는 자 : 두 점을 지나는 직선 또는 선분을 그리거나 연장할 때 사용

(b) 컴퍼스 : 원을 그리거나 주어진 선분의 길이를 재어 다른 직선 위에 옮길 때 사용

2 크기가 같은 각의 작도

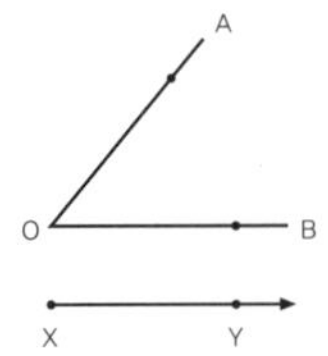

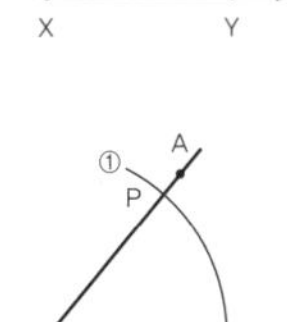

⇨

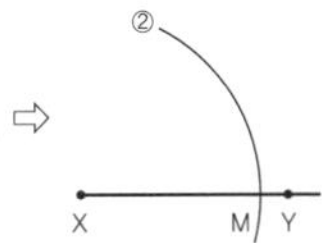

⇨

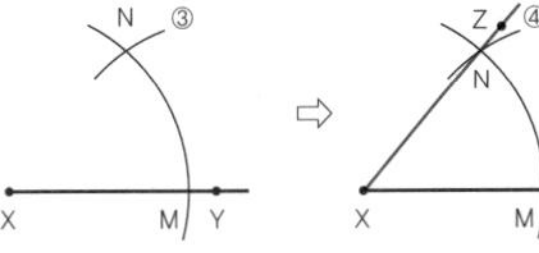

⇨

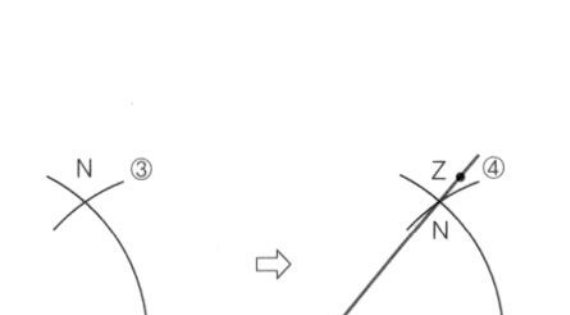

쪽지 시험

시험에 '반드시' 나오는 '간단한 도형의 작도' 문제를 알아볼까요?

1. 다음 중 작도에 대한 설명으로 옳지 않은 것은?

① 눈금 없는 자와 컴퍼스만을 사용한다.

② 선분을 연장할 때는 눈금 없는 자를 사용한다.

③ 주어진 각의 크기를 잴 때는 각도기를 사용한다.

④ 원을 그릴 때는 컴퍼스를 사용한다.

⑤ 주어진 선분의 길이를 옮길 때는 컴퍼스를 사용한다.

2. 오른쪽 그림의 반직선AB를 점B의 방향으로 연장하여 길이가 선분AB의 2배가 되는 선분AC를 작도할 때, 다음 중 옳지 않은 것은?

A B

① $\overline{AB}=\frac{1}{2}\overline{AC}$

② $\overline{AB}=\overline{BC}$

③ $\overline{AB}$의 길이는 컴퍼스를 이용하여 옮긴다.

④ 점A를 중심으로 반지름의 길이가 $\overline{AB}$의 길이의 2배인 원을 그린다.

⑤ 점B를 중심으로 반지름의 길이가 $\overline{AB}$와 같은 원을 그린다.

3. 다음 그림은 ∠XOY와 크기가 같은 각을 $\overrightarrow{AB}$를 한 변으로 하여 작도하는 과정입니다. 작도 순서를 바르게 나열하세요.

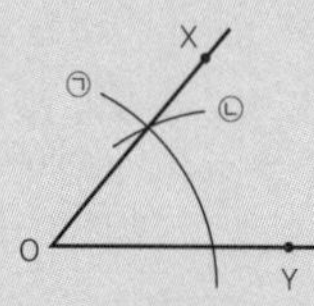

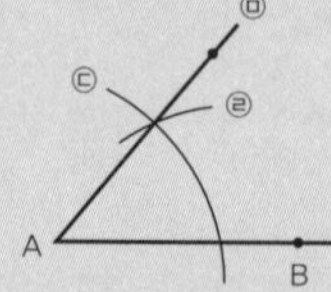

답 **1.** ③, **2.** ④, **3.** ㉠-㉢-㉡-㉣-㉤

간단한 도형의 작도 관련 문제를 임쌤과 함께 풀어 볼까요? QR코드를 통해 임쌤을 만나러 오세요.

Math mind map

임쌤의 손 글씨 마인드맵으로 '간단한 도형의 작도'를 정리해 볼까요?

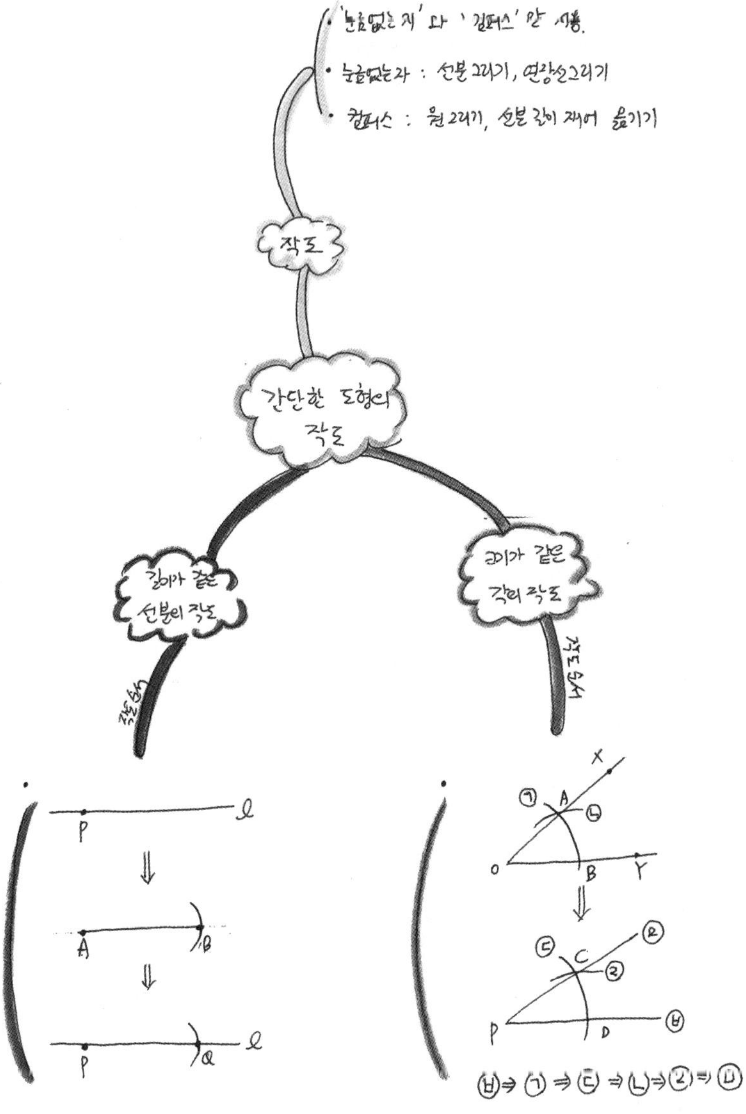

간단한 도형의 작도

작도

- '눈금없는 자'와 '컴퍼스'만 사용.
- 눈금없는 자 : 선분 그리기, 연장선 그리기
- 컴퍼스 : 원 그리기, 선분 길이 재어 옮기기

길이가 같은 선분의 작도

작도 순서

P, l
⇓
A, B
⇓
P, Q, l

크기가 같은 각의 작도

작도 순서

X, ㉠, A, ㉡, O, B, Y
⇓
㉢, C, ㉣, ㉤, P, D, ㉥

㉥ ⇒ ㉠ ⇒ ㉢ ⇒ ㉡ ⇒ ㉣ ⇒ ㉤

20

삼각형을 그릴 수 없었던 이유!

: 삼각형의 작도

- 삼각형의 6요소와 삼각형의 결정 조건을 이해해요.
- 삼각형을 작도할 수 있는 세 가지 방법을 알 수 있어요.
- 삼각형의 작도 순서를 알 수 있어요.

삼각형을 그릴 수 있는 조건이 있다고?

└삼각형의 작도

아빠! 저랑 삼각형 한번 그려 봐요.

삼각형 만드는 게 뭐가 어렵다고……. 막대 세 개만 있으면 되는 거잖니?

저도 그런 줄 알았는데, 여기 막대 세 개가 있거든요? 아무리 해도 삼각형이 안 만들어져서 그래요.

어디 한번 볼까? 아……, 안 되는 이유가 있었네.

왜요? 뭐가 문제예요?

봐! 세 개의 막대 중 하나를 기준으로 두고 나머지 두 막대를 양쪽 끝에 붙여서 삼각형을 만들면 되는데, 나머지 두 막대가 서로 안 만나서 삼각형이 만들어지지 않는 거야.

그럼 어떻게 해야 삼각형이 만들어지는 거예요?

나머지 두 막대가 서로 만나야 삼각형이 만들어지겠지? 산 모양으로 올라가면서 만나려면, 나머지 두 막대의 합이 처음에 둔 막대보다 무조건 커야할 것 같아.

아! 막대가 세 개면 무조건 삼각형이 만들어지는 것이 아니라니…….

지율이가 아빠와의 대화를 통해 아주 중요한 사실을 발견했네요. 세 개의 선분이 있다고 해서 반드시 삼각형을 만들 수 있는 것은 아니라는 사실이에요. 삼각형이 만들어지려면 조건이 필요해요. 그 조건을 '삼각형의 결정 조건'이라고 하고요.

삼각형은 세 개의 선분과 세 개의 각으로 구성이 되어 있어요. 이를 '삼각형의 6요소'라고 하는데, 아래 그림처럼 마주 보는 변을 대변, 마주 보는 각을 대각이라고 표현하기도 해요.

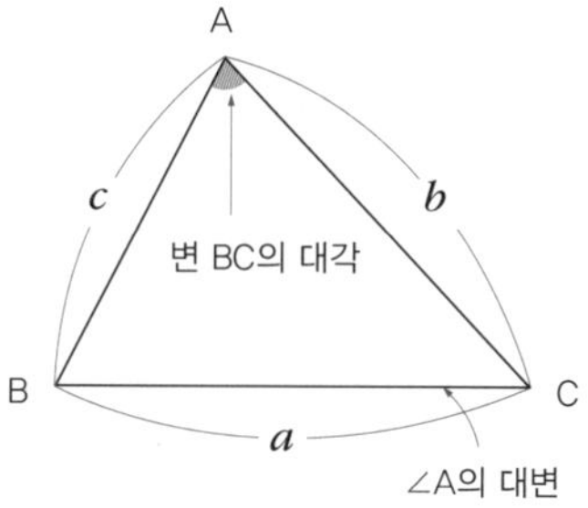

이때 삼각형이 될 수 있는 길이 조건인 삼각형의 결정 조건이 나오게 되는데, 이는 삼각형에서 한 변의 길이는 다른 두 변의 길이의 합보다 작아야 한다는 거예요.

그려진 삼각형으로 살펴보면, 삼각형이 만들어 지려면 $a<b+c$, $b<a+c$, $c<a+b$가 되어야 삼각형이 만들어진다는 겁니다. 예를 들어, 세변의 길이가 4cm, 5cm, 10cm 길이의 막대가 있다고 할 때 이 막대 세 개를 이용해서 삼각형을 만들 수 있을까요? 그렇지요. 만들지 못해요. 가장 긴 막대의 길이 10cm와 작은 두 막대의 길이 4cm, 5cm의 합을 비교하면 10cm 길이가 더 길어 버리거든요. 즉, $10>4+5$가 되므로 삼각형이 만들어지지 않는 겁니다.

삼각형의 결정 조건을 살펴봤으니, 이번에는 본격적으로 삼각형을 만들어 볼까요? 바로 '삼각형을 작도하자'는 말입니다. 삼각형도 작도를 할 수 있는지 궁금해 할 수 있겠는데요, 앞서 삼각형의 결정 조건처럼 주어진 조건을 통해서 삼각형을 만들 수 있고 또는 그릴 수 있는지를 확인해 보고 그릴 수 있다면 직접 그려 보는 거예요.

삼각형을 작도할 수 있는 방법은 크게 세 가지가 있어요.

첫 번째, 세 변의 길이가 주어질 때 삼각형을 작도할 수 있어요.

두 번째, 두 변의 길이와 그 끼인각의 크기가 주어지면 삼각형을 작도할 수 있어요.

세 번째, 한 변의 길이와 그 양 끝 각의 크기가 주어질 때 삼각형을 작도할 수 있어요.

임쌤과 함께 하나하나 확인해 봅시다.

첫 번째, 세 변의 길이가 주어진다면 우리는 삼각형을 작도할 수 있어요. 세 변이 힌트로 나와 있다면, 눈금 없는 자와 컴퍼스만을 가지고 삼각형을 그릴 수 있다는 말이에요. 아래 선분 세 개가 보이지요? a, b, c 세 개의 선분이 있습니다. 이 선분의 길이로 우리는 삼각형을 작도해 볼 거예요.

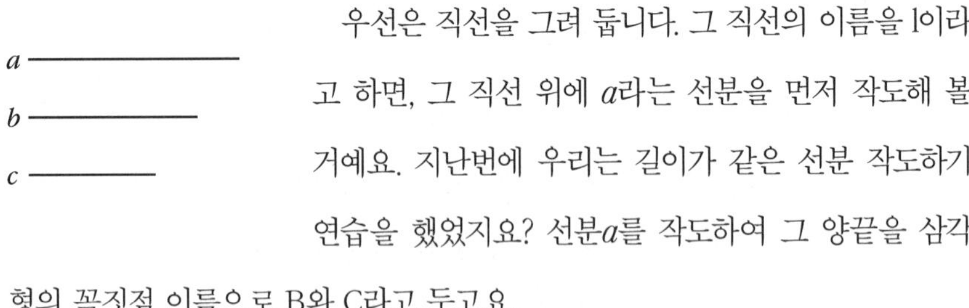

우선은 직선을 그려 둡니다. 그 직선의 이름을 l이라고 하면, 그 직선 위에 a라는 선분을 먼저 작도해 볼 거예요. 지난번에 우리는 길이가 같은 선분 작도하기 연습을 했었지요? 선분a를 작도하여 그 양끝을 삼각형의 꼭짓점 이름으로 B와 C라고 두고요.

이제는 나머지 b직선과 c직선을 옮겨야 하는데, 길이를 먼저 체크해야겠지요? 물론 컴퍼스로! 선분c의 길이를 컴퍼스로 체크한 다음 그 컴퍼스를 그대로 옮겨서 직선l 위에 있는 점B에 놓고 그 컴퍼스가 벌어진 만큼 선분c의 길이가 되므로 체크를 하고, 똑같이 선분b의 길이를 컴퍼스로 체크를 한 다음 그 컴퍼스를 그대로 옮겨서 직선l 위에 있는 점C에 놓고 그 컴퍼스가 벌어진 만큼 선분b의 길이를 체크하게 되면 앞서 선분c의 길이를 체크한 곳과 만나는 점이 생기게 돼요. 그 점을 삼각형의 마지막 꼭짓점인 A라고 두면 삼각형의 세 꼭짓점이 완성이 되는 것이고, 그 세 꼭짓점을 눈금이 없는 자로 잇기만 하면 삼각형이 완성이 되는 거예요. 이렇게 세 변의 길이가 a, b, c인 삼각형을 작도한 겁니다. 그 작도의 순서를 아래 그림으로 정리해 놓았으니, 다시 한 번 확인해 보고 머릿속으로 작도 순서를 그려 보도록 합시다.

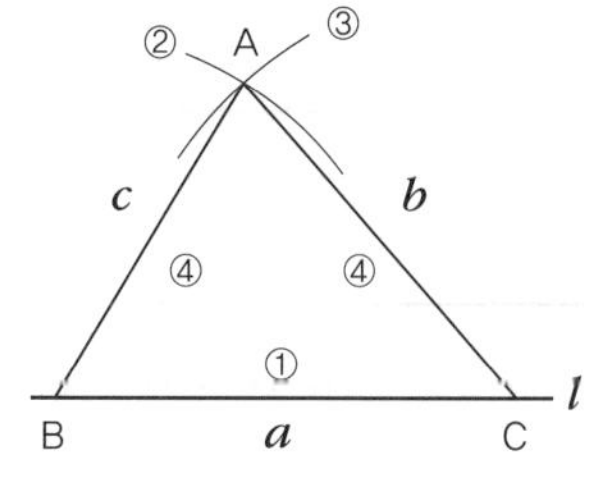

이번에는 두 번째 작도하는 유형이에요. 두 개의 선분이 주어지고, 그 두 선분 사이의 끼인 각의 크기가 주어진 유형이에요.

먼저 크기가 같은 각을 작도해 보는 거예요. 이미 우리는 알고 있지요? 위에 그림에서 A라는 각이 나와 있다면, 우리가 삼각형을 그리고자 하는 곳에 A라는 각과 크기가 같은 각을 작도하는 겁니다. 작도를 했다면, 이제는 나머지 선분b와 선분c를 작도하면 됩니다. 선분b와 선분c를 작도하는 것은 컴퍼스로 길이가 같은 선분을 작도하는 방법으로 똑같이 하면 되니, 이미 우리가 알고 있는 순서대로 충분히 할 수 있어요. 자, 그 선분b와 선분c를 처음에 작도한 각의 연장선에 그린다면, 두 선분 끝이 바로 삼각형의 나머지 두 꼭짓점이 되는거예요. 이렇게 삼

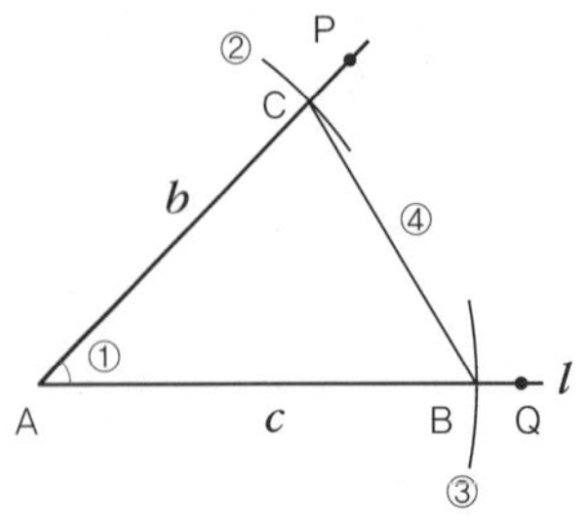

각형의 세 꼭짓점이 결정됐습니다. 눈금 없는 자를 통해서 선분을 그리기만 한다면 두 번째 유형인, 두 개의 선분이 주어지고 그 두 선분 사이의 끼인각의 크기가 주어진 유형도 작도할 수 있습니다. 옆 그림의 작도 순서를 보고 머릿속으로 쭉 한 번 그려 보면 정리가 잘되겠지요?

자, 마지막 유형도 살펴봅시다. 마지막 유형은 한 변의 길이와 그 양 끝 각의 크기가 주어질 때예요.

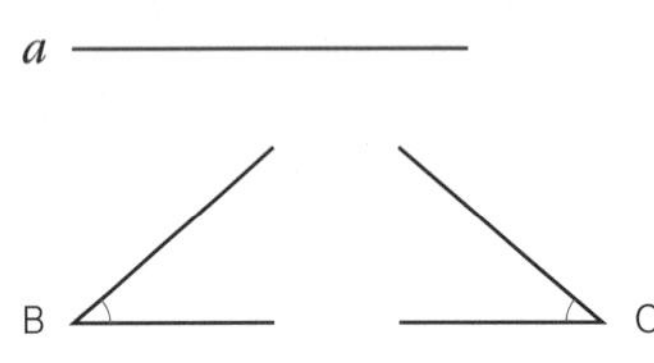

*a*라는 선분이 있고, B각과 C각이 있지요? 그럼 무엇을 먼저 작도해야 할까요? 그렇지요! 이번에는 선분*a*를 먼저 작도하는 거예요. 그 이유는 단순해요. 선분*a*의 양 끝에 두 개의 각을 각각 작도할 거니까요. 선분*a* 왼쪽에는 B각을 작도를 하고, 오른쪽에는 C각을 작도해서 그 두각이 만나는 점을 나머지 꼭짓점인 A로 두면, 이번에도 삼각형의 세 꼭짓점이 완성이 되는 겁니다. 물론 각을 작도할 때에는 어느 각을 먼저 작도해도 상관은 없어요.

이 작도 순서도 그림으로 정리해 놓았으니, 눈으로 보고 머리로 다시 한 번 그려 봐야겠지요?

작도 순서가 헷갈린다면 연습이 더 필요하니 QR코드를 통해 임쌤을 만나러 오세요.

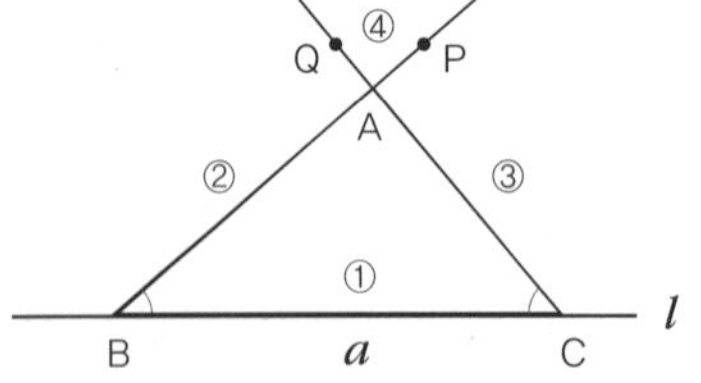

자, 어때요? 이제 머릿속으로 그려 보면 작도 순서가 그려지지 않나요? 삼각형의 작도는 이것으로 끝이 아니라, 작도를 통해서 '삼각형의 합동'이라는 아주 중요한 내용이 연결이 돼요. 그래서 꼭 이 유형들을 알아 둬야 하고, 작도 순서를 기억해 주어야 하는 거예요.

삼각형의 작도

1 삼각형 ABC

❶ 대변 : 한 각과 마주 보는 변

❷ 대각 : 한 변과 마주 보는 각

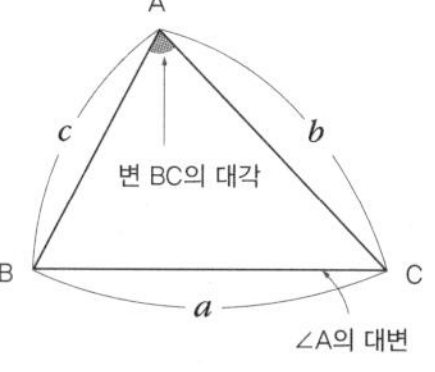

2 삼각형의 세 변의 길이 사이의 관계

삼각형에서 한 변의 길이는 다른 두 변의 길이의 합보다 작음.

⇨ (두 변의 길이의 합)>(나머지 한 변의 길이)

3 삼각형의 작도

: 다음의 각 경우에 주어진 삼각형과 합동인 삼각형을 하나로 작도할 수 있음.

❶ 세 변의 길이가 주어질 때

❷ 두 변의 길이와 그 끼인 각의 크기가 주어질 때

❸ 한 변의 길이와 그 양 끝 각의 크기가 주어질 때

쪽지 시험

시험에 '반드시' 나오는 '삼각형의 작도' 문제를 알아볼까요?

1. 삼각형의 세 변의 길이가 4, 10, a일 때, 다음 중 a의 값이 될 수 <u>없는</u> 것은?

① 7 ② 9 ③ 11 ④ 13 ⑤ 14

2. 오른쪽 그림과 같이 $\overline{AB}$와 ∠A, ∠B가 주어졌을 때, 다음 보기 중 △ABC의 작도 순서로 옳은 것을 모두 고르세요.

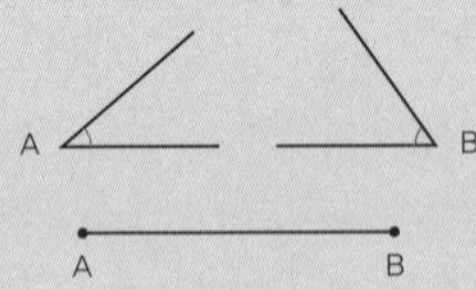

㉠ ∠A → ∠B → $\overline{AB}$
㉡ ∠A → $\overline{AB}$ → ∠B
㉢ ∠B → ∠A → $\overline{AB}$
㉣ $\overline{AB}$ → ∠A → ∠B

3. 다음 중 △ABC가 하나로 결정되는 것을 모두 고르면? (정답 2개)

① $\overline{AB}$=7cm, $\overline{BC}$=7cm, $\overline{CA}$=12cm

② $\overline{AB}$=8cm, $\overline{BC}$=7cm, ∠A=60°

③ $\overline{BC}$=7cm, $\overline{CA}$=5cm, ∠B=45°

④ $\overline{BC}$=5cm, ∠A=30°, ∠B=40°

⑤ ∠A=50°, ∠B=60°, ∠C=70°

답 **1.** ⑤, **2.** ㉡, ㉣, **3.** ①, ④

삼각형의 작도 관련 문제를 임쌤과 함께 풀어 볼까요? QR코드를 통해 임쌤을 만나러 오세요.

Math mind map

임쌤의 손 글씨 마인드맵으로 '삼각형의 작도'를 정리해 볼까요?

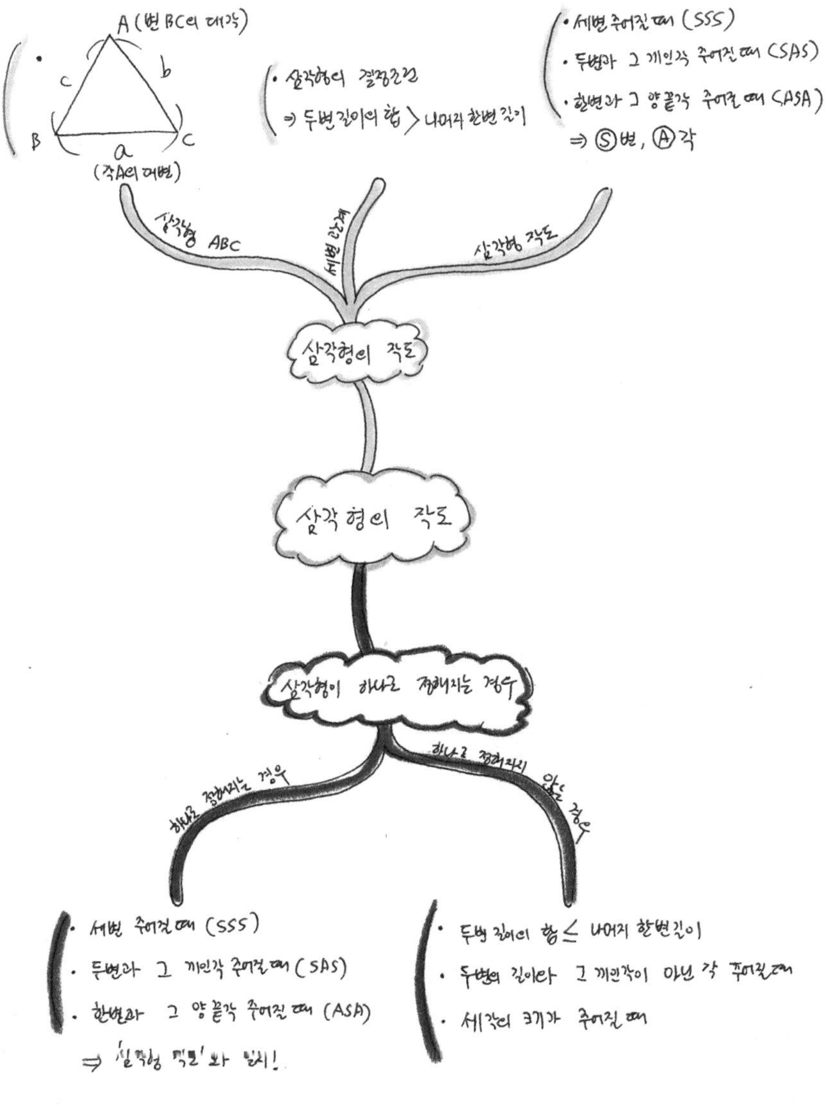

A (변 BC의 대각)

c, b, a

B, C

a (각A의 대변)

삼각형 ABC

- 삼각형의 결정조건
- ⇒ 두변길이의 합 > 나머지 한변길이

세변 관계

- 세변 주어질 때 (SSS)
- 두변과 그 끼인각 주어질 때 (SAS)
- 한변과 그 양끝각 주어질 때 (ASA)

⇒ Ⓢ변, Ⓐ각

삼각형 작도

삼각형의 작도

삼각형의 작도

삼각형이 하나로 정해지는 경우

하나로 정해지는 경우

- 세변 주어질 때 (SSS)
- 두변과 그 끼인각 주어질 때 (SAS)
- 한변과 그 양끝각 주어질 때 (ASA)

⇒ '삼각형 작도'와 일치!

하나로 정해지지 않는 경우

- 두변 길이의 합 ≤ 나머지 한변길이
- 두변의 길이와 그 끼인각이 아닌 각 주어질 때
- 세각의 크기가 주어질 때

21 모양과 크기가 똑같은 쌍둥이

: 삼각형의 합동

- 도형의 합동에 대한 개념을 이해해요.
- 합동인 도형의 성질을 알 수 있어요.
- 삼각형의 합동 조건을 이해해요.

넓이가 같더라도 합동이 아닐 수 있다고?

ㄴ삼각형의 합동

아빠! 우리 전에 삼각형이 그려지지 않는 이유를 찾아봤었잖아요?

맞아! 삼각형이 만들어지는 조건들도 있었지. 세 가지 유형이 있었고.

세 변의 길이가 주어질 때, 두 변과 그 끼인 각이 주어질 때, 한 변과 양 끝 각이 주어질 때, 이렇게 세 가지 유형이 있었어요.

이야, 지율이가 복습을 잘 했구나? 그러면 삼각형의 합동에 대해서도 배웠니?

초등학교 때 합동에 대해 배우긴 했는데 중학교에서도 더 배우는 거지요?

지율이가 복잡한 '삼각형의 작도'에 대해 복습을 아주 잘한 것 같아요. 우리 친구들도 연습을 통해 작도 순서들을 머릿속으로 그릴 수 있어야 한다는 거 알고 있지요? 지율이 말처럼 초등학교 때 합동에 대한 개념을 배우지만, 중학교에서도 조금 더 깊게 배워요. 수학에서 합동의 뜻은 '완벽하게 똑같다'라는 의미예요. 어느 두 도형이 있을 때, 어떤 한 도형을 모양이나 크기를 바꾸지 않고 다른 도형에 완전히 포갤 수 있다면 그 두 도형을 서로 합동이라고 한답니다.

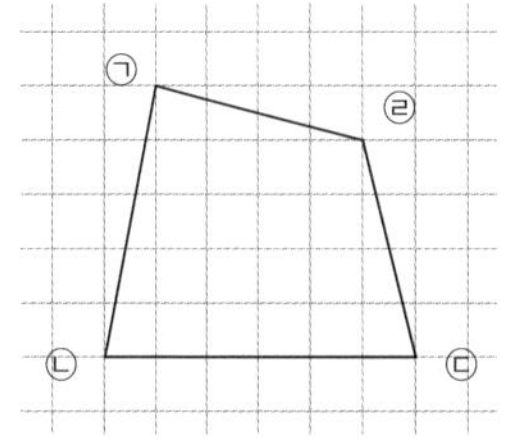

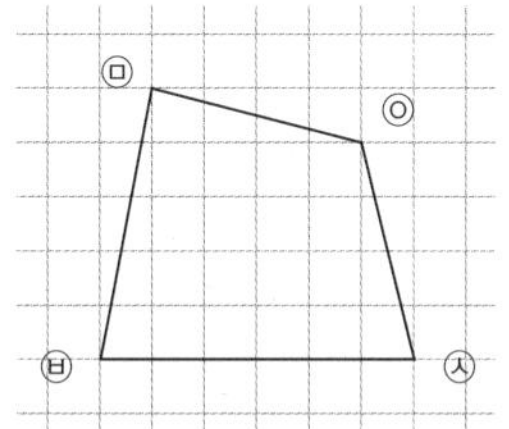

그림에서 보이는 두 사각형을 포개었을 때, 포개진다면 합동이 돼요. 이 때 서로 만나는 점을 '대응점', 만나는 변을 '대응변', 만나는 각을 '대응각'이라고 하고, 합동임을 표현하는 기호로는 '≡'를 쓴답니다. 앞에 도형의 이름을 붙여서 '□ㄱㄴㄷㄹ≡□ㅁㅂㅅㅇ'라고 기호로 나타낼 수 있는 거예요.

당연히 합동인 도형들의 대응하는 변의 길이는 서로 같고, 대응하는 각의 크기도 같겠지요? 물론 넓이도 동일하겠고요.

자, 그럼 삼각형의 합동에 대해서 조금 더 자세히 알아볼까요? 합동이라는 내용은 삼각형뿐 아니라 모든 도형에서 성립이 가능해요. 모양과 크기가 같으면 합동인 관계거든요. 그 중 삼각형의 합동을 우리 교육과정에서 배우는 거예요.

두 삼각형이 있을 때, 다음 세 조건을 만족하면 서로 합동이 됨을 확인해 보도록 합시다.

첫 번째 조건, 대응하는 세 변의 길이가 각각 같다면 두 삼각형은 서로 합동이 됩니다.

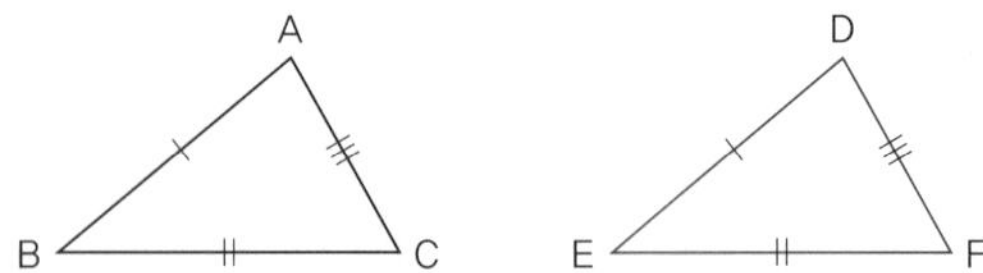

위의 그림처럼 △ABC와 △DEF의 각 변의 길이가 같으면 두 삼각형은 완벽하게 포개지는 합동이 되는 거예요. 이때 우리는 이 삼각형의 합동 조건이라고 해서 'SSS합동'이라는 표현을 쓴답니다. 여기서 S는 Side, 변을 뜻하는 영어 단어에서 가져왔어요. 즉, SSS는 변 3개의 길이가 모두 동일하다는 뜻이 되는 거지요. △ABC≡△DEF(SSS합동), 이렇게 표현해요.

두 번째 조건, 대응하는 두 변의 길이가 각각 같고, 그 끼인 각의 크기가 같은 두 삼각형 또한 합동인 삼각형이 돼요.

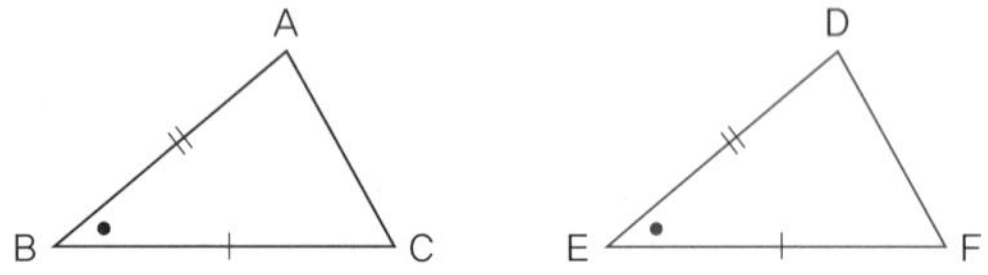

위의 그림처럼 $\overline{AB}=\overline{DE}$, $\overline{BC}=\overline{EF}$ 이고, ∠B=∠E이지요? 물론 ∠B와 ∠E는 두 변의 끼인 각이 되고요. 그래서 두 삼각형은 합동이 되는 거예요. 이때 합동 조건은 'SAS합동'이 됩니다. △ABC≡△DEF(SAS합동)이라고 표현하고요. S는 위에서 말했듯이 Side, 변이라는 뜻이고, A는 Angle, 각을 의미하는 영어 단어에서 가져온 거예요. 즉, SAS는 변각변이 서로 같기 때문에 두 삼각형은 합동이 된다는 뜻이에요. 합동 조건에서 이미 해석이 되지요?

마지막으로 세 번째 조건, 대응하는 한 변의 길이가 같고, 그 양 끝 각의 크기가 각각 같다면 두 삼각형은 합동이 될 수 있어요. 다음 그림처럼 말이지요.

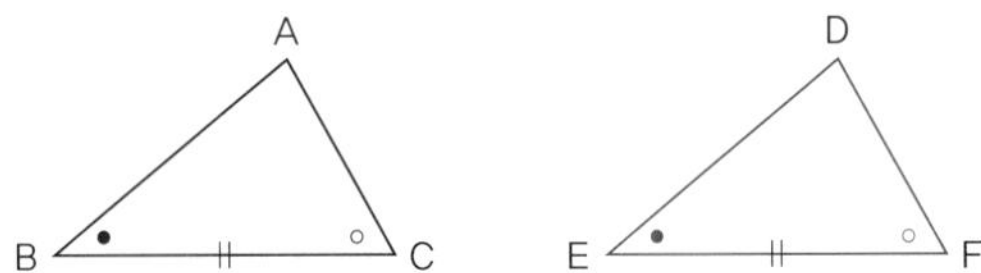

변 $\overline{BC}=\overline{EF}$ 가 성립이 되고, 그 양 끝 각인 ∠B=∠E, ∠C=∠F가 성립이 되므로 이 두 삼각형은 합동이 되면서, 'ASA합동'이 된다고 표현할 수 있어요. △ABC≡△DEF(ASA합동)이라고 표현하면 되는 거고요.

이처럼 두 삼각형이 정확하게 일치하는 관계를 합동이라고 하는데, 그 합동이 되는 조건에는 크게 세 가지가 존재한다는 사실을 알게 됐어요. 여기서 주의할 것이 몇 가지 있답니다. 우선 첫 번째는 합동 조건을 쓸 때에는 대응되는 각 이름 순서대로 써 주어야 한다는 사실이에요.

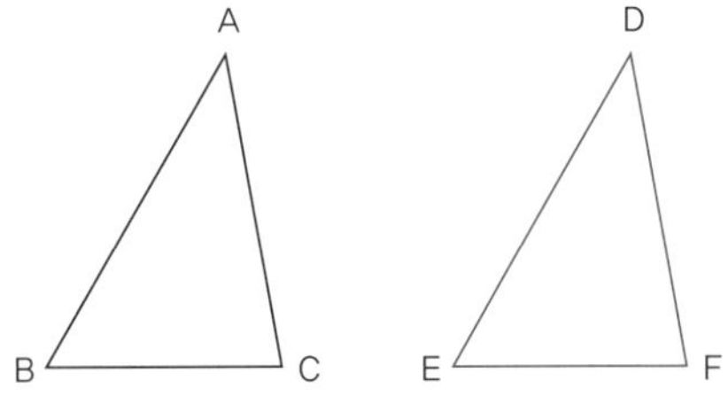

위의 두 삼각형이 합동이라고 할 때, 서로 포개지면 만나는 각들이 있지요? 대응각이라고 배웠고요. 그 대응각의 순서대로 합동 기호를 써 주어야 한다는

삼각형의 합동이 어려운 친구들은 QR코드를 통해 임쌤을 만나러 오세요.

거예요. ABC와 DEF 순서대로 △ABC≡△DEF라고 써야합니다. 우리 마음대로 △ABC≡△EDF처럼 순서를 맞추지 않고 쓰면 틀리게 된다는 것을 꼭 기억해 둡시다.

두 번째 주의할 점은 합동 조건의 각의 위치입니다. SAS합동에서의 각은 반드시 끼인 각이어야 하고, ASA합동에서의 각은 양 끝 각이어야 한다는 사실도 잊지 마세요.

우리는 지금까지 삼각형의 합동과 합동인 도형의 성질에 대해서 살펴봤어요. 또 삼각형의 합동 조건에 대해서도 살펴보았고요. 우리 친구들은 아직 삼각형의 합동이 어려운가요? 하지만 두 도형의 대응점이나 대응변 그리고 대응각을 찾아 하나씩 순서를 맞춰 기호를 쓰는 연습만 조금 더 한다면 절대 어려운 내용은 아니랍니다. 삼각형의 합동이 아직 어려운 친구들은 임쌤과 함께 다시 한 번 정리해 봅시다.

삼각형의 합동

1 도형의 합동

: 어떤 한 도형을 모양이나 크기를 바꾸지 않고 다른 도형에 완전히 포갤 수 있을 때, 이 두 도형을 서로 '합동'이라고 함

❶ △ABC와 △DEF가 합동일 때, 이것을 기호로 △ABC≡△DEF와 같이 나타냄.

❷ 대응하는 꼭짓점을 대응점, 대응하는 변을 대응변, 대응하는 각을 대응각이라고 함.

2 합동인 도형의 성질

❶ 대응하는 변의 길이는 서로 같음.

❷ 대응하는 각의 크기는 서로 같음.

※ 두 삼각형의 넓이가 같다고 해서 항상 합동은 아님.

3 삼각형의 합동 조건

: 두 삼각형은 다음의 각 경우에 서로 합동임.

❶ 대응하는 세 변의 길이가 각각 같을 때(SSS합동)

❷ 대응하는 두 변의 길이가 각각 같고, 그 끼인 각의 크기가 같을 때(SAS합동)

❸ 대응하는 한 변의 길이가 같고, 그 양 끝 각의 크기가 각각 같을 때(ASA합동)

※ S : Side(변), A : Angle(각)

쪽지 시험

시험에 '반드시' 나오는 '삼각형의 합동' 문제를 알아볼까요?

1. 다음 그림에서 △ABC≡△DEF일 때, ∠D의 크기는?

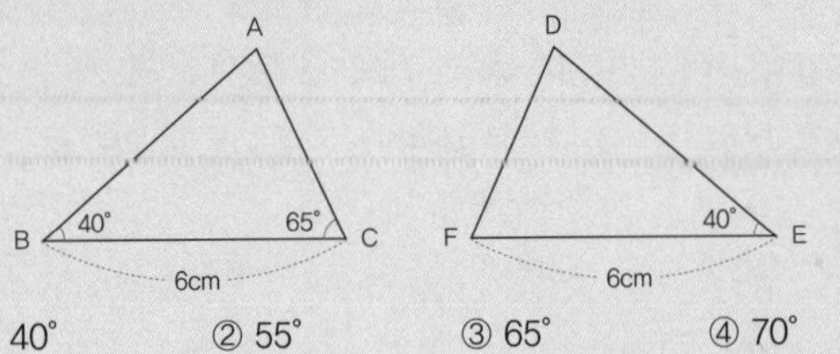

① 40° ② 55° ③ 65° ④ 70° ⑤ 75°

2. 아래 그림에서 △ABC≡△DEF일 때, 다음 중 $\overline{AC}$의 길이와 ∠B의 크기가 바르게 짝지어진 것은?

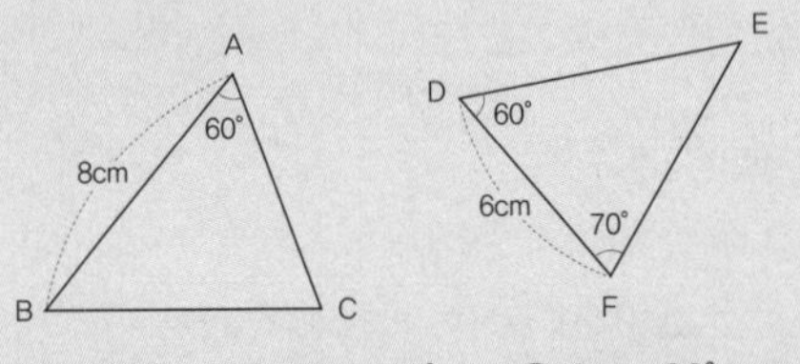

① 6cm, 40° ② 6cm, 50° ③ 6cm, 60° ④ 8cm, 50° ⑤ 8cm, 70°

3. 오른쪽 그림의 정사각형 ABCD에서 $\overline{DE}=\overline{CF}$일 때, 다음 중 옳지 않은 것은?

① $\overline{AB}=\overline{BC}$

② $\overline{AE}=\overline{BF}$

③ ∠AEB=∠BFC

④ ∠AEC=∠AGF

⑤ ∠BAE=∠CBF

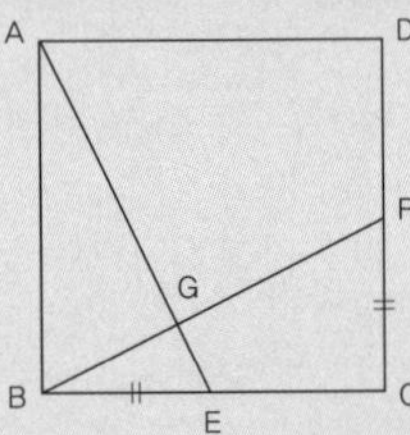

답 **1.** ⑤, **2.** ②, **3.** ④

삼각형의 합동 관련 문제를 임쌤과 함께 풀어 볼까요? QR코드를 통해 임쌤을 만나러 오세요.

Math mind map

임쌤의 손 글씨 마인드맵으로 '삼각형의 합동'을 정리해 볼까요?

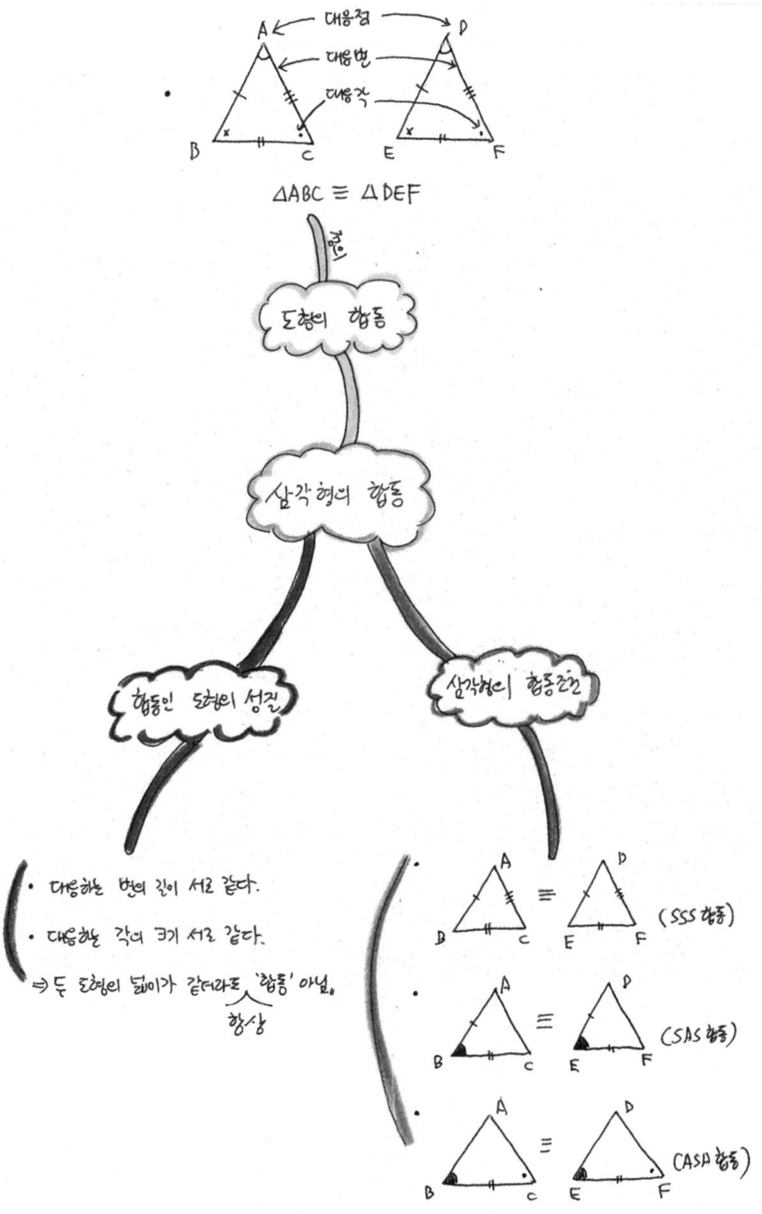

- 대응점, 대응변, 대응각

A, B, C / D, E, F

$\triangle ABC \equiv \triangle DEF$

정의

도형의 합동

삼각형의 합동

합동인 도형의 성질

- 대응하는 변의 길이 서로 같다.
- 대응하는 각의 크기 서로 같다.

⇒ 두 도형의 넓이가 같더라도 항상 '합동' 아님.

삼각형의 합동조건

- $\triangle ABC \equiv \triangle DEF$ (SSS 합동)
- $\triangle ABC \equiv \triangle DEF$ (SAS 합동)
- $\triangle ABC \equiv \triangle DEF$ (ASA 합동)

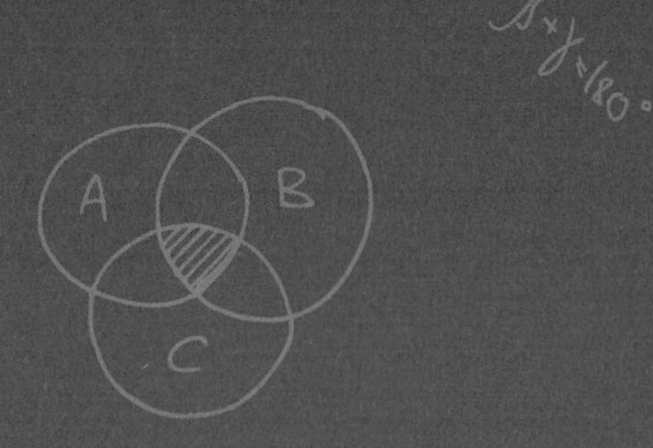

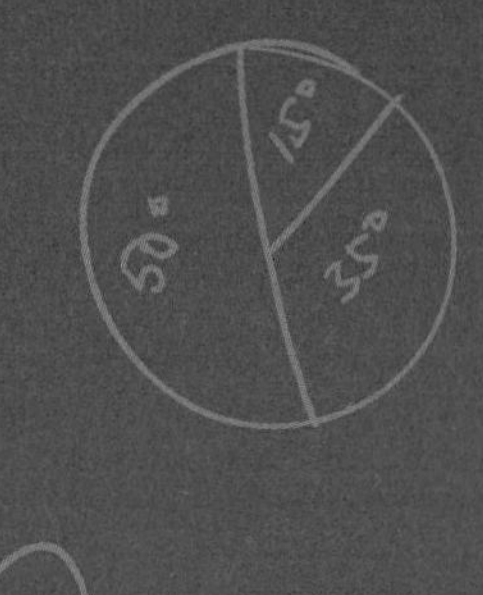

V

평면 도형과 입체 도형

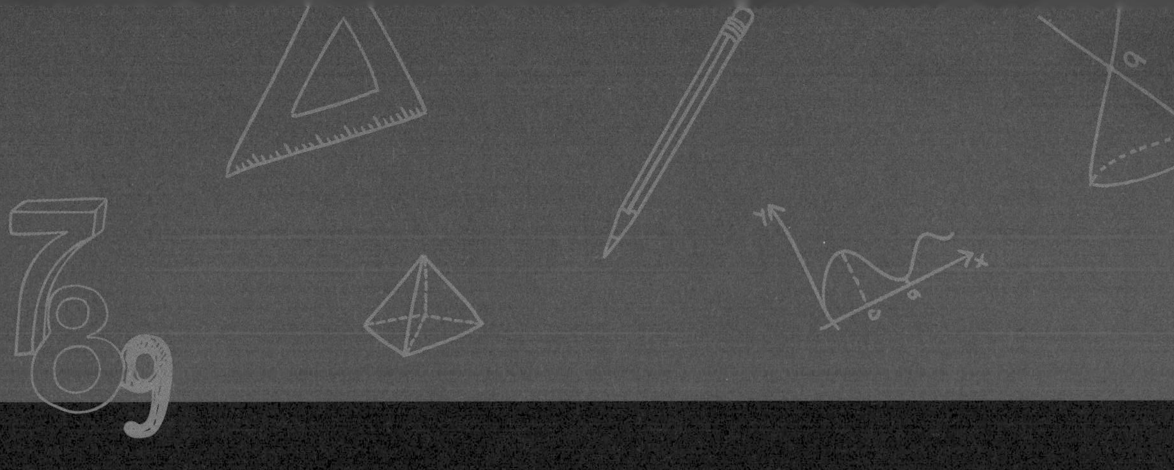

우리는 '원주율'을 초등학교에서 이미 배워 알고 있습니다. 원의 둘레와 지름의 비를 원주율이라고 했어요. 여기에서 중요한 것은 원의 크기와 상관없이 원주율의 값은 항상 일정하다는 사실이에요. 이 중요한 사실은 기원전 2000년경에 고대 바빌로니아에서 계산되었답니다. 약 3.125로 계산을 하였는데, 요즘 우리가 알고 있는 실제의 원주율과 비교하면 오차는 1% 미만입니다. 그 옛날에 거의 정확한 원주율을 계산해 냈다니 대단하지 않나요? 실제로 이집트의 '린드 파피루스'에는 '원의 넓이는 원의 지름의 $\frac{1}{9}$을 잘라 낸 나머지를 한 변으로 하는 정사각형의 넓이와 같다.'라고 기록되어 있답니다. 그 이후에도 반지름의 길이가 주어졌을 때, 원의 둘레와 원주율을 구하려는 노력은 계속 되었대요. 약 480년경 중국의 조충지(429~500)는 현재 밝혀진 원주율과 소수점 아래 여섯째 자리까지 정확한 값을 찾았고, 1596년 독일의 루돌프(1540~1610)는 소수점 35자리까지 정확하게 계산을 했답니다. 루돌프는 생애 대부분의 시간을 원주율을 계산하면서 보냈기 때문에 사후 묘비에 원주율의 값을 새겨 넣었다고 해요. 참, 재미있고 많은 사연을 가진 '원주율'이에요. 이렇게 많은 수학자들이 노력해서 찾으려고 했던 원주율은 평면 도형인 원에서 구할 수 있습니다. 재미있고, 사연 많은 원주율을 한 번 만나 볼까요?

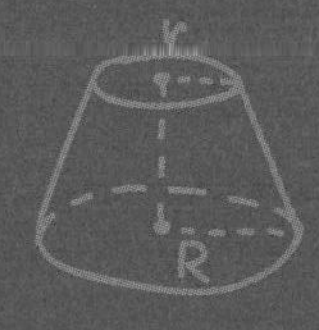

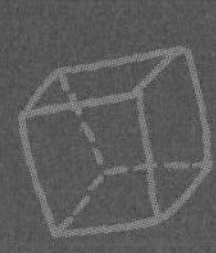

22

모두가 악수를 한 횟수는?

: 다각형의 성질

- 평면 도형이 무엇인지 알 수 있어요.
- 다각형이 무엇인지 알고 다각형의 성질을 이해할 수 있어요.
- 다각형의 대각선의 개수를 구할 수 있어요.

각이 있는 도형을 어떻게 부를까?

ㄴ다각형

지울아! 학교에서 평면 도형에 대해서 배웠니?

아직 안 배웠어요. 그런데 우리 얼마 전에 평면에 그림을 그렸잖아요. 그 평면에 그린 도형을 말하는 거 아니에요?

그래, 맞아. 평면에 그려지는 도형을 평면 도형이라고 하는데, 도형의 종류들이 여럿이지.

뭐, 삼각형 같은 거 말하는 거예요?

삼각형도 있고, 사각형도 있고, 원도 있고…….

아! 그럼 이번 평면 도형은 그리 어렵지 않겠네요?

지금까지 도형에 대해 알아보기 전에 기본 도형에 대해서 배웠어요. 그렇다면 이제는 본격적으로 도형에 대해서 알아봐야겠지요? 도형의 종류에는 크게 두 가지가 있어요. 평면에서 그려질 수 있는 평면 도형과 입체적으로 그려지는 입체 도형입니다. 먼저 평면 도형에 대해서 알아보려고 해요. 평면에서 그려지는 도형은 또 크게 두 가지로 나뉩니다. 각이 존재하는 다각형과 각이 없는 곡선으로 이루어진 원이 그 주인공들이지요. 이 내용들은 앞으로 차근차근 정리해 보도록 하고, 먼저 각이 있는 평면 도형인 다각형에 대해서 알아봅시다.

린드 파피루스(Rhind papyrus)
세계에서 가장 오래 된 수학책이라고도 불리는 린드 파피루스는 고대 이집트의 수학지식을 적어 놓은 길이 5.5m, 폭 0.33m의 두루마리 형태의 문서로 분수를 나열한 표와 87가지의 수학 문제가 담겨있다. 기원전 1700년 경 작성된 린드 파피루스는 이집트의 고대 테베 유적에서 발견됐고, 1858년 스코틀랜드 출신의 고미술품 수집가 헨리 린드(Henry Rhind)에 의해 사들여져 현재는 대영박물관에 소장되어 있다. 고대 이집트인들은 종이 대신 파피루스를 사용했는데, 파피루스는 종이(paper)라는 낱말의 어원이기도 하다. 파피루스는 나일 강 주변에 많이 자라던 풀의 이름인데, 이 풀로 만든 고대 이집트의 종이를 파피루스라고 했다. 지금의 종이처럼 질이 좋지는 않고 뻣뻣했다.

다각형은 선분으로 둘러싸인 평면 도형이에요. 한 개와 두 개의 선분으로 도형을 만들 수는 없지요? 그래서 세 개 이상의 선분으로 둘러싸여 있어야 한다는 사실은 우리가 이미 알고 있어요. 이때, 다각형의 선분을 '변'이라고 하고, 다각형의 변과 변이 만나는 점을 '꼭짓점'이라고 합니다.

이 때, 선분의 개수에 따라서 다각형의 이름이 결정이 되는데, 선분의 개수가 3개이면 삼각형, 선분의 개수가 4개이면 사각형이라고 부릅니다.

꼭짓점

변

또 선분과 선분이 만나서 생기는 부분이 있지요? 우리가 이미 알고 있는 각이에요. 각 중에서 내부의 각을 '내각'이라고 부르고 다각형의 한 꼭짓점에서 한 변과 그 변에 이웃한 변의 연장선이 이루는 각을 '외각'이라고 합니다. 이 때, 외각과 내각의 합은 항상 180°가 됩니다.

다각형 중에서 모든 변의 길이가 같고 모든 내각의 크기가 같은 다각형이 있어요. 예로 정삼각형, 정사각형 같은 다각형이지요. 이런 다각형을 '정다각형'이라고 한답니다.

정삼각형

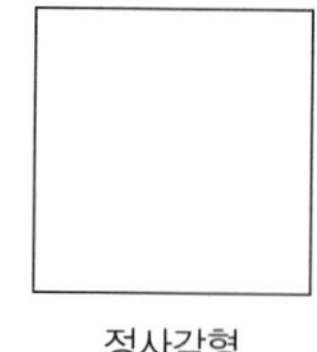

정사각형

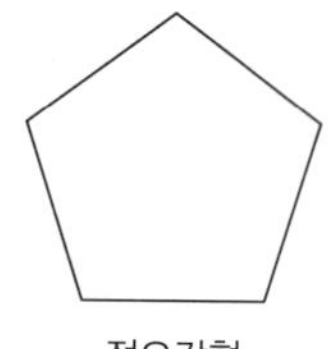

정오각형

이렇게 평면 도형의 가장 기본이 되는 '다각형'이 무엇인지 알아보고, 용어들을 살펴봤어요. 잘 기억해 둬야 해요. 다음엔 외워야 할 공식들도 나오니까 기본부터 차분하게 복습하는 것도 잊지 말고요.

다각형

1 다각형의 내각과 외각

❶ 다각형 : 3개 이상의 선분으로 둘러싸인 평면 도형

(a) 변 : 다각형의 선분

(b) 꼭짓점 : 다각형의 변과 변이 만나는 점

❷ 다각형의 내각과 외각

(a) 내각 : 다각형에서 이웃하는 두 변으로 이루어진 내부의 각

(b) 외각 : 다각형의 한 꼭짓점에서 한 변과 그 변에 이웃한 변의 연장선이 이루는 각

※ 한 내각에 대한 외각은 2개인데 두 외각은 서로 맞꼭지각으로 그 크기가 같으므로, 외각은 둘 중 하나만 생각하면 됨.

2 정다각형

❶ 모든 변의 길이가 같고, 모든 내각의 크기가 같은 다각형을 정다각형이라고 함.

❷ 변의 개수에 따라서 정삼각형, 정사각형, 정오각형이라고 함.

세미나에 참석한 사람들이 악수한 횟수는?

ㄴ다각형의 대각선의 개수

지율아! 아빠 잘 다녀왔어.

아빠! 세미나 잘 마치고 오셨어요?

그래. 오늘의 미션은 '악수'였네. 오늘 세미나는 새로 온 분들이 많아서 평소보다 인사하느라 더 바빴어.

와, 그럼 아빠 악수를 정말 많이 하셨겠네요. 몇 분이나 오셨는데요?

오늘은 아빠 포함해서 8명이었어.

그러면 8명이 모두 악수를 몇 번이나 한 거죠? 잠시만요, 계산해 봐야겠어요.

지율이가 아빠가 참여한 세미나에서 8명이 몇 번이나 악수를 한 것인지 정말 궁금한가 봐요. 우리가 계산해 볼까요? 마침 우리가 배우려고 했던 다각형으로 이 질문에 대한 답을 알아낼 수 있거든요.

다각형에서 이웃하지 않는 두 꼭짓점을 이은 선분을 '대각선'이라고 해요.

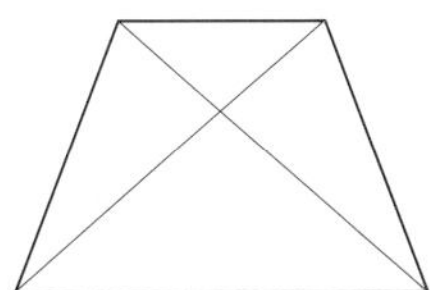

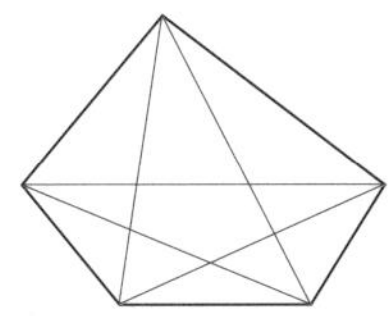

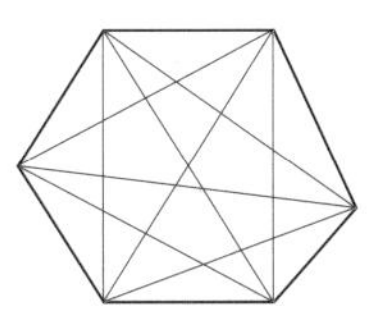

위의 그림은 다각형의 대각선을 직접 그린 그림이에요. 사각형과 오각형, 육각형의 대각선을 그려 보았는데, 그 대각선의 개수를 직접 세어 보면 사각형에서는 2개, 오각형에서는 5개, 육각형에서는 9개의 대각선이 나오네요. 그런데,

이 다각형의 각이 더 많아진다면 어떨까요? 지금까지처럼 직접 대각선의 개수를 세는 방법밖에 없을까요? 직접 센다면 각이 많아서 너무 복잡해지지 않을까요? 그래서 임쌤이 다각형의 대각선의 개수를 세는 공식을 살짝 얘기하려고 해요.

우선은 육각형을 예로 들어 봅시다. 대각선을 직접 그려 볼 텐데, 가장 번서 하나의 꼭짓점에서 대각선을 그려 볼게요. 다음 그림처럼 되겠지요?

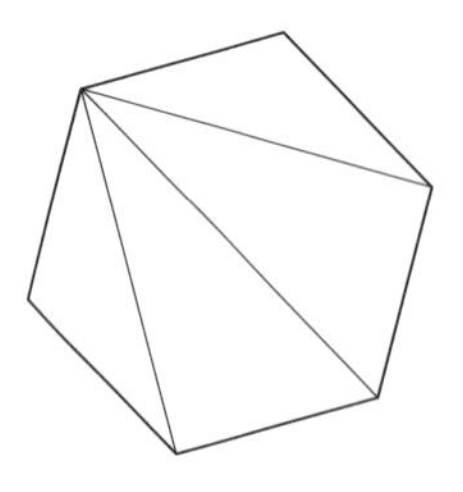

자, 몇 개의 대각선이 그려지나요? 바로 3개의 대각선이 그려집니다. 여기에서 잘 생각해 보는 거예요. 왜 세 개의 대각선이 그려질까요? 육각형은 6개의 꼭직점이 있어요. 그 6개의 꼭짓점 중에서 자기 자신의 꼭짓점과 이미 연결되어 있는 왼쪽, 오른쪽의 꼭짓점까지 총 3개의 꼭짓점에서는 대각선을 연결할 수 없겠지요? 그래서 하나의 꼭짓점에서 그을 수 있는 대각선의 수는 나와 왼쪽, 오른쪽 3개의 꼭짓점의 개수를 뺀 6-3=3개의 대각선을 그을 수 있게 되는 거예요.

그러면 그런 꼭짓점이 총 몇 개가 있죠? 그렇지요. 육각형이니까 6개가 있습니다. 즉, 6개의 꼭짓점에서 모두 3개의 대각선을 그을 수 있으므로, 대각선의 개수가 6×3=18개가 되나요? 아닙니다. 바로 겹치는 대각선이 생기기 때문에 주의해야 해요. 대각선은 선분이지요? 즉, 하나의 대각선을 본다면 대각선의 왼쪽 꼭짓점과 오른쪽 꼭짓점 두 곳에서 시작된 대각선이므로 두 번이 계산된 것이랍니다. 18개의 모든 대각선은 이처럼 두 번씩 계산이 된 거예요. 그래서 앞서 계산한 6×3=18개에서 2를 나눈 값인 9개가 육각형의 대각선의 총 개수가 된답니다.

이를 일반화시켜서 공식화해 보도록 할게요.

여기 n각형이 있습니다. 꼭짓점의 개수도 n개, 변의 개수도 n개가 되겠지요? 그 n각형의 한 꼭짓점에서 그을 수 있는 대각선의 개수가 몇 개일까요? 앞서 이야기했듯이, 그으려고 하는 자기 자신의 꼭짓점과 그의 왼쪽, 오른쪽 꼭짓점으로는 대각선을 그릴 수 없어요. 총 3개의 꼭짓점에서는 대각선을 그리지 못하므로, n-3개의 대각선을 그릴 수 있는 거예요.

n각형의 n개 꼭짓점 모두 n-3개의 대각선을 그릴 수 있으므로, 대각선의 총 개수는 n×(n-3)개 일 것 같지만, 대각선 하나는 두 번이 겹쳐져서 계산이 되므로, 총 n각형의 대각선의 개수는 $\frac{n \times (n-3)}{2}$개가 되는 것이랍니다.

이제 지율이가 궁금해 했던 문제를 해결해 볼까요? 지율이 아빠가 참석한 세미나에서 나눈 악수의 총 개수를 세어 본다면 세미나 참석한 분들이 아빠를 포함해서 모두 8명이므로 팔각형으로 생각해 보면 돼요. 이 팔각형에서 선분을 연결한다면 그 연결한 것이 바로 두 사람을 연결한 것이 되고, 연결된 사람끼리 악수를 했다고 생각하면 되겠지요. 결국 악수하는 모습이 바로 그 팔각형의 꼭짓점을 연결한 선분의 수와 같게 되는 거예요. 그래서 팔각형의 대각선의 수를 알게 되면 아빠가 악수한 횟수를 알게 되는데, 여기에서 조심해야 할 것이 있어요. 악수는 대각선에 서 있는 사람들끼리만 할 수 있는 것이 아니라, 바로 옆에 있는 사람들끼리도 악수가 가능하기 때문에, 팔각형의 선분의 수인 8도 더해 주어야 해요.

그래서 결국 팔각형의 대각선의 수인 $\frac{8 \times (8-3)}{2}$개와 팔각형의 선분의 수인 8개를 합해서 28번의 악수를 한 것이 되겠네요. 지율이 아빠를 포함해 세미나에 참석한 총 8명이 인사하느라 28번이나 악수를 했다니, 참 재미있는

'공식은 무조건 외워야 해'라고 생각하는 친구들은 QR코드를 통해 임쌤을 만나러 오세요. 이런 공식이 나오는 이유를 이해할 수 있도록 함께 복습해 봅시다.

계산이지요?

자, 우리가 평면 도형에서 암기해야 하는 첫 공식이 나왔어요. 다각형의 대각선의 개수에서 왜 n-3을 해야 하는지 그 이유를 생각한다면 공식이 어렵진 않을 거예요. 수학 공식은 무조건 암기만 하지 말고, 이해하면 더 쉽게 외워진다는 사실을 꼭 기억했으면 좋겠습니다.

다각형의 대각선의 개수

1 다각형의 대각선

❶ 대각선 : 다각형에서 이웃하지 않는 두 꼭짓점을 이은 선분

❷ 다각형의 대각선의 개수

(a) n각형의 한 꼭짓점에서 그을 수 있는 대각선의 개수 : $(n-3)$개

(b) n각형의 대각선의 총 개수 : $\frac{n(n-3)}{2}$개

쪽지 시험

시험에 '반드시' 나오는 '다각형의 성질' 문제를 알아볼까요?

1. 어떤 다각형의 대각선의 총 개수가 77일 때, 이 다각형의 꼭짓점의 개수는?

① 15　　② 14　　③ 13　　④ 12　　⑤ 11

2. 대각선의 총 개수가 44인 다각형의 꼭짓점의 개수를 구하세요.

3. 십각형의 한 꼭짓점에서 그을 수 있는 대각선의 개수를 x, 내부의 한 점에서 각 꼭짓점에 선분을 그었을 때 생기는 삼각형의 개수를 y라 할 때, x+y의 값을 구하세요.

답 **1.** ②, **2.** 11개, **3.** 15

다각형의 성질 관련 문제를 임쌤과 함께 풀어 볼까요? QR코드를 통해 임쌤을 만나러 오세요.

Math mind map

임쌤의 손 글씨 마인드맵으로 '다각형의 성질'을 정리해 볼까요?

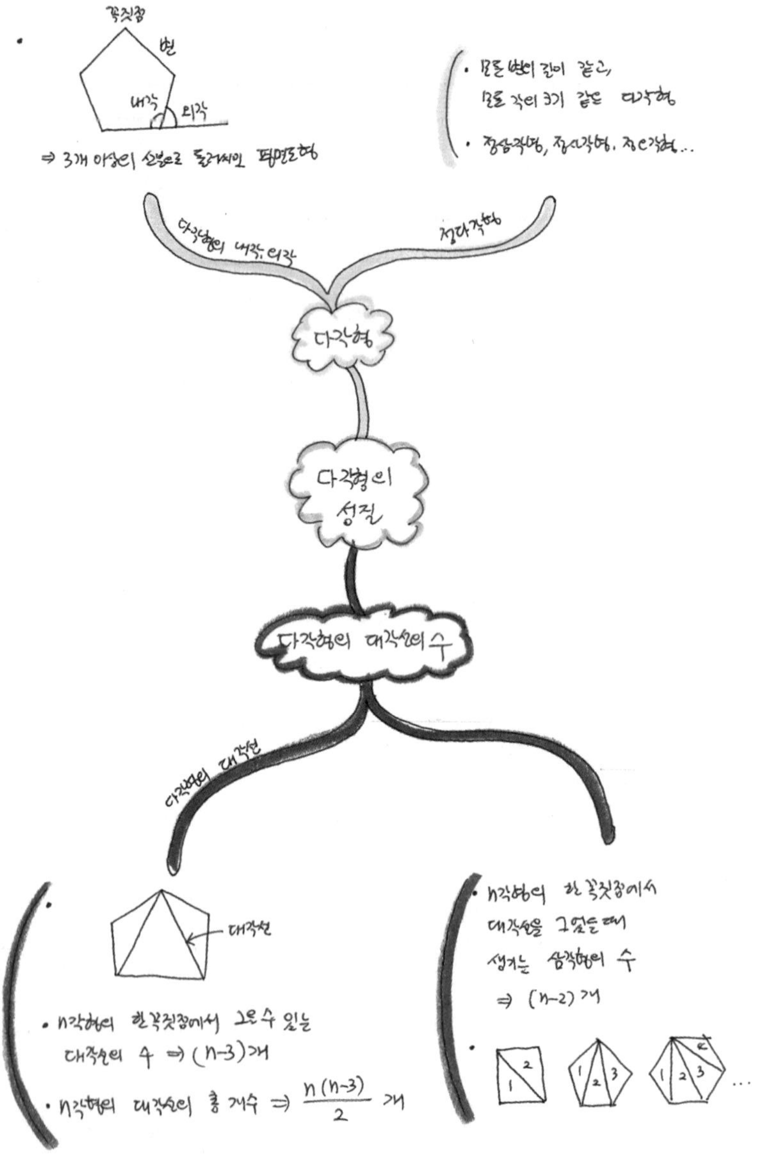

다각형의 성질

다각형

다각형의 내각, 외각

- 꼭짓점, 변, 내각, 외각

⇒ 3개 이상의 선분으로 둘러싸인 평면도형

정다각형

- 모든 변의 길이 같고, 모든 각의 크기 같은 다각형
- 정삼각형, 정사각형, 정오각형...

다각형의 대각선의 수

다각형의 대각선

- 대각선
- n각형의 한 꼭짓점에서 그을 수 있는 대각선의 수 ⇒ $(n-3)$개
- n각형의 대각선의 총 개수 ⇒ $\frac{n(n-3)}{2}$개

###

- n각형의 한 꼭짓점에서 대각선을 그었을 때 생기는 삼각형의 수 ⇒ $(n-2)$개
- 1, 2 / 1, 2, 3 / 1, 2, 3, 4 ...

삼각형의 내각과 외각의 비밀!

: 삼각형의 내각과 외각

23

- 삼각형의 내각의 크기의 합을 알 수 있어요.
- 삼각형의 내각과 외각 사이의 관계를 이해할 수 있어요.

삼각형의 세 각의 총합은 몇 도일까?

ㄴ삼각형의 내각과 외각

지울아! 평면 도형에서 가장 기본이 되는 도형은 무엇일 것 같니?

음……, 아무래도 삼각형이 아닐까요? 최소의 선분으로 만들 수 있는 도형이니까요.

맞아. 선분 한 개와 선분 두 개로는 각이 있는 도형을 만들 수가 없으니까.

원 같은 곡선 말고 다각형에서는 삼각형부터 시작인 것 같아요.

그러면 삼각형은 내각의 수도 세 개가 되잖니? 그 내각의 총합은 얼마인지 아니?

평면 도형에는 두 가지 종류가 있다고 배웠어요. 각이 있는 도형인 다각형과 각이 없는 도형인 원과 부채꼴이지요. 우리는 그 중에서 다각형에 대해서 살펴보고 있어요. 그 다각형의 대각선의 총 개수를 구하는 공식도 살펴봤고요. 자, 정리를 한 번 해 볼까요? 대각선의 총 개수를 구하는 공식이 무엇인지 떠올려 보세요. $\frac{n \times (n-3)}{2}$이었어요. 여기에서 n-3이 의미하는 것은 한 꼭짓점에서 그을 수 있는 대각선의 수이고, 그런 꼭짓점이 총 n개가 있기 때문에 n을 곱하였지만, 모든 대각선은 두 번이 겹쳐져서 그려지기 때문에 마지막으로 2로 나눈 거였지요. 공식이라고 무조건 외우려 하지 말고 왜 그런 공식이 나오게 되었는지 이해해 가면서 정리하다 보면 지절로 외워진다고 우리는 이미 알고 있어요.

다각형의 대각선의 총 개수를 알고 있다면 이제는 다각형의 내각과 외각에 대해서 살펴볼 차례입니다. 그 각의 크기를 배우기 위해서 우리는 준비 운동을 조금 하고 지나갈 거예요.

지율이와 아빠의 대화처럼 다각형에서 가장 기본적인 도형인 삼각형의 각에 대해서 먼저 정리를 해 봅시다.

삼각형은 세 개의 선분으로 이루어진 평면 도형으로 내각과 외각의 개수도 3개씩입니다. 그 세 개의 내각의 총합을 알아보고 넘어갈 거예요. 사실 우리는 초등학교 때 이미 배워 알고 있고 문제도 척척 풀어요. 하지만 다시 정리하는 이유를 순서대로 따라오다 보면 알게 될 거예요.

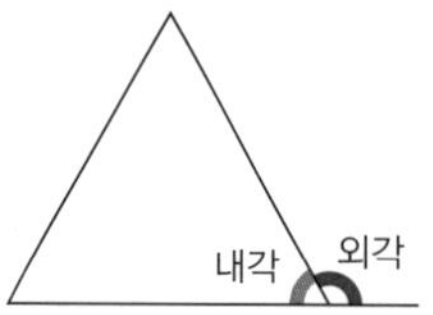

왼쪽 그림처럼 삼각형에는 내각과 외각이 존재하고, 당연히 내각과 외각의 크기의 합은 180°가 되겠지요?

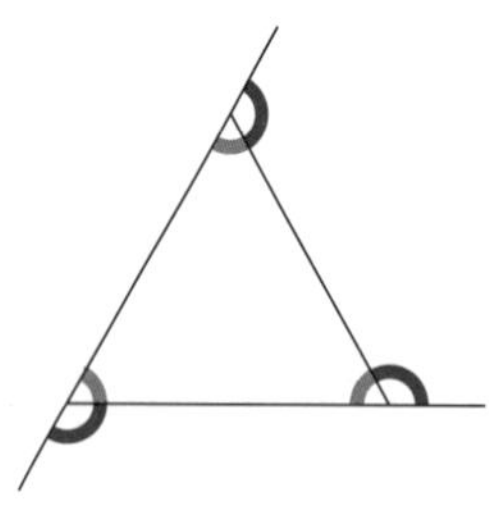

안쪽 세 개의 각이 내각들이고, 내각의 바깥쪽 각이 외각이에요. 각각 세 개씩 존재합니다.

삼각형 안쪽에 있는 세 개의 내각들을 모두 더해 볼까요?

오른쪽 그림에 삼각형 ABC가 존재합니다. 여기에 점C를 지나고 선분 AB에 평행한 보조선 CE를 그려보는 거에요. 반드시 평행하게요. 그래야 평행신의 성질에서 배운 동위각과 엇각의 크기가 같다는 성질을 쓸 수 있거든요.

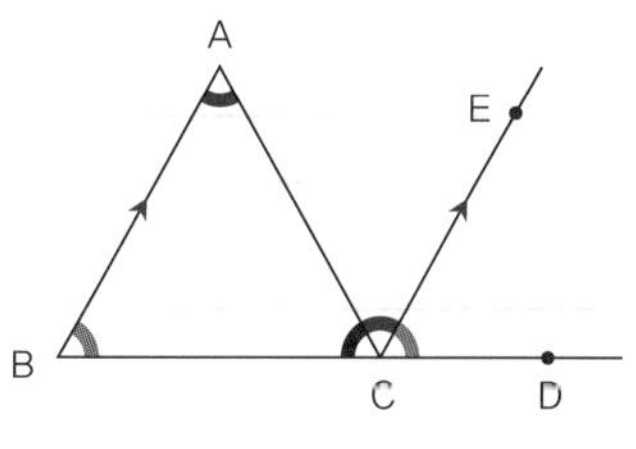

자, 우리는 삼각형의 세 각의 크기의 합을 구해야 하는데, 위의 그림에서 보면 ∠ABC와 ∠ECD의 크기가 같게 되고, ∠BAC와 ∠ACE의 크기가 같게 됩니다. 그 이유가 평행선의 성질 때문이에요. ∠ABC와 ∠ECD는 동위각으로 크기가 같고, ∠BAC와 ∠ACE는 엇각의 크기로 동일하게 됩니다. 삼각형의 세 각의 크기를 비교하려고 동위각과 엇각에 평행선의 성질까지 이용해 놓고 보니, 세 각의 크기의 합은 평각의 크기가 되어 버려요. 즉, 세 각의 합이 180°가 된다는 거예요. 어때요? 초등학교 때 '삼각형의 세 각의 크기는 180°이다.'라고 배워서 알고 있지만, 이렇게 우리가 알고 있던 평행선의 성질에 동위각과 엇각까지 가져다 놓고 보니 왜 내각의 총합이 180°이 되는지 외우지 않아도 이해할 수 있게 됐어요.

삼각형의 세 내각의 크기의 총합이 180°가 된다는 사실을 평행선의 성질을 통해서 증명해 보았는데, 증명하는 방법은 여러 가지가 있기 때문에 우리 친구들도 다른 방법을 한번 생각해 보면 좋을 것 같아요.

자, 지금까지 살펴본 것들 중에 아주 중요한 삼각형의 각의 성질 하나가 숨어 있습니다. '삼각형의 외각 성질'이라고도 불리는 것인데요, 이 성질은 앞으로 각을 구하는데 많이 사용되므로 꼭 정리해 알고 있어야 합니다.

자, 먼저 삼각형의 세 각의 총합에 대해 살펴볼 때 그렸던 그림과 지금 이 그

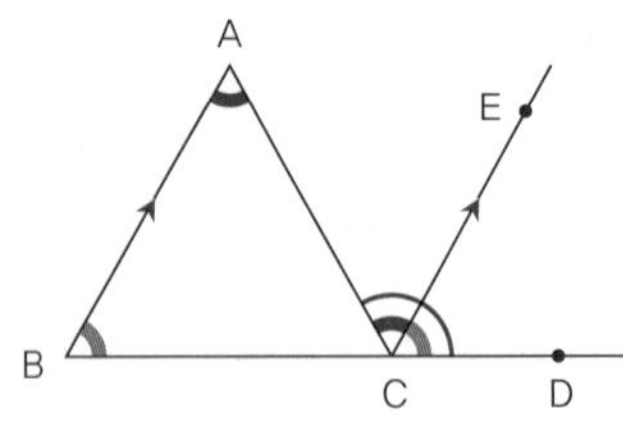

림이 비슷하지요? 여기에서 '삼각형의 외각 성질'이라고 하는 것은, '삼각형의 한 외각의 크기는 그와 이웃하지 않는 두 내각의 크기의 합과 동일하다.'라는 겁니다. 삼각형의 한 외각인 ∠ACD의 크기는 그와 옆에 있지 않는 두 내각인 ∠A와 ∠B의 합, ∠A+∠B와 같다는 말이에요. 왜 그렇게 되는지는 이미 우리가 알고 있어요. 바로 평행선의 성질 때문이었지요. 위의 그림에서 선분AB와 선분EC가 서로 평행이어서 ∠BAC와 ∠ACE는 엇각으로 크기가 같고, ∠ABC와 ∠ECD도 동위각으로 크기가 같기 때문에 삼각형의 한 외각은 그와 이웃하지 않는 두 내각의 합과 동일하게 되는 겁니다. 여기까지 어렵지 않게 이해가 됐지요? 예를 하나 들어 볼까요?

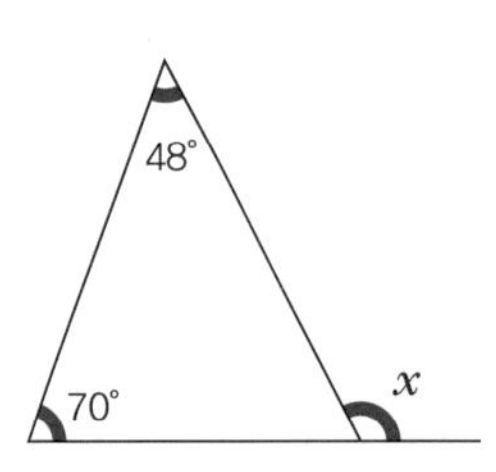

이 삼각형에서 각 x의 크기를 구할 수 있나요? 그렇지요. 각 x는 삼각형의 외각이기 때문에 x각과 이웃하지 않는 나머지 두 내각인 48°와 70°의 합인 118°가 됩니다.

우리는 지금까지 다각형에서 가장 기본이 되는 도형인 삼각형의 각에 대해서 알아보았습니다. 내용은 어렵지 않지만, 앞으로 중학교 2학년, 3학년이 되었을 때, 각을 구하는 문제에서 유용하게 쓰이게 되므로 꼭 다시 한 번 정리해 두세요.

삼각형의 내각과 외각

1 삼각형의 내각의 크기의 합

⇨ 삼각형의 세 내각의 크기의 합은 180°임.

2 삼각형의 내각과 외각 사이의 관계

⇨ 삼각형의 한 외각의 크기는 그와 이웃하지 않는 두 내각의 크기의 합과 같음.

시험에 '반드시' 나오는 '삼각형의 내각과 외각' 문제를 알아볼까요?

1. 오른쪽 그림의 △abc에서 x의 크기를 구하세요.

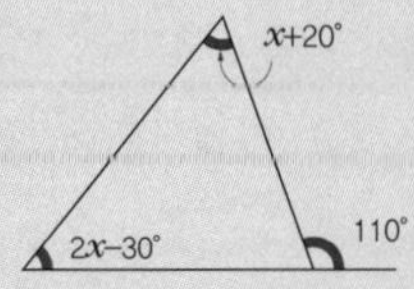

2. 오른쪽 그림에서 $\overline{AB}=\overline{AC}=\overline{CD}$일 때, $\angle x$의 크기는?

① 37° ② 42° ③ 45° ④ 48° ⑤ 55°

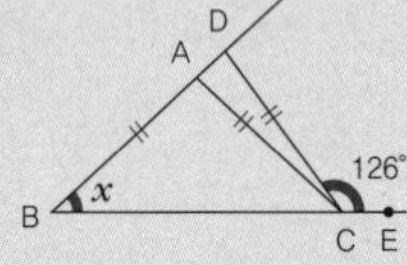

답 **1.** 40°, **2.** ②

삼각형의 내각과 외각 관련 문제를 임쌤과 함께 풀어 볼까요? QR코드를 통해 임쌤을 만나러 오세요.

Math mind map

임쌤의 손 글씨 마인드맵으로 '삼각형의 내각과 외각'을 정리해 볼까요?

삼각형의 내각과 외각

- 삼각형의 내각과 외각
  - 내각 크기 합: $\Rightarrow \angle A + \angle B + \angle C = 180^\circ$
  - 외각 성질: $\Rightarrow \angle x = \angle a + \angle b$
- 삼각형의 내각과 외각의 성질 활용
  - $\Rightarrow \angle x = 90^\circ + \frac{1}{2}\angle A$
  - $\Rightarrow \angle x = 3 \cdot \angle a$
  - $\Rightarrow \angle x = \frac{1}{2}\angle A.$

24 모든 것은 삼각형에서 시작된다!

: 다각형의 내각과 외각

- 다각형의 내각의 크기의 합과 외각의 크기의 합을 알 수 있어요.
- 정다각형의 한 내각과 한 외각의 크기를 구할 수 있어요.

n각형은 내각의 크기를 더하면 몇 도가 될까?

└다각형의 내각의 크기의 합

아빠! 전에 아빠 회사 회의실에 있던 큰 테이블 있잖아요?

응. 보통은 원형이나 타원형 테이블을 두는데 우리 회의실엔 각이 있는 테이블이 있지.

맞아요! 육각형 모양이었지요?

그래. 그런데 그건 왜 묻는 거니?

삼각형의 내각의 총합이 180°라는 걸 배우면서 아빠 회사의 그 테이블이 생각났거든요. 육각형의 내각의 총합은 몇도가 될까 궁금해졌어요.

삼각형의 내각의 총합은 180°였지요? 지율이도 이 내용을 배우면서 육각형의 내각의 총합에 대해서도 궁금해졌나 봅니다.

삼각형보다 각이 더 많은 다각형들을 이제 차례대로 살펴보도록 합시다. 사각형부터 살펴볼까요? 자, 사각형의 내각의 크기의 합을 구하기 위해서 사각형의 한 꼭짓점에서 대각선을 하나 그려 볼 거예요.

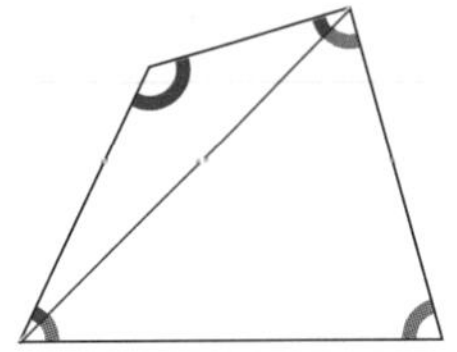

한 꼭짓점에서는 대각선이 한 개밖에 안 그려지지요? 그 대각선에 의해서 사각형이 삼각형 두 개로 나누어졌어요. 자, 이제 사각형의 내각의 크기의 합을 구하기 위해서 방금 두 개로 나뉜 삼각형의 내각의 크기의 합을 더할 거예요. 그러면 사각형의 내각의 크기의 합이 나오게 되니까요. 즉, 삼각형의 내각의 크기의 합은 180°이기 때문에 그 180°가 두 개가 나오므로 180°×2=360°가 사각형의 내각의 크기의 합이 되는 거예요.

그럼 오각형도 확인해 볼까요? 오각형에서도 한 꼭짓점에서 대각선을 그려서 여러 개의 삼각형으로 나눠 볼게요.

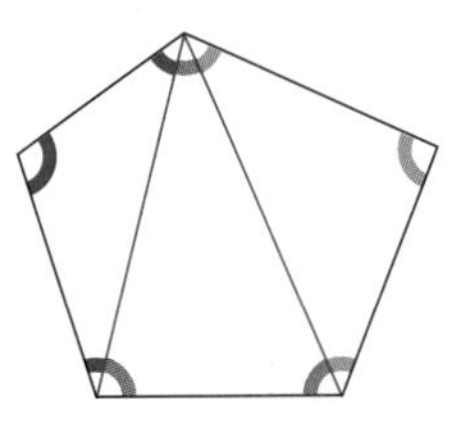

오각형은 세 개의 삼각형으로 나뉘어요. 이 말은 삼각형의 내각의 크기의 합인 180°가 세 개가 있으면 오각형의 내각의 크기의 합이 된다는 뜻이에요. 즉, 오각형의 내각의 크기의 합은 180°×3=540°가 됩니다.

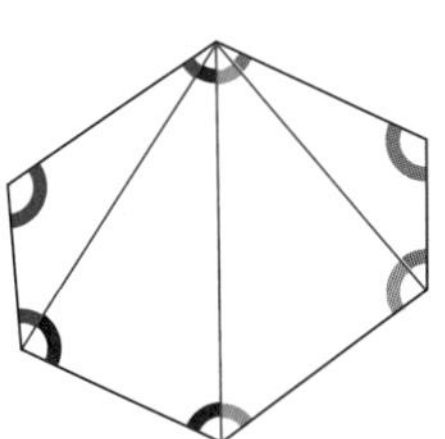

지율이가 아빠의 회사 회의실에 있는 육각형 책상의 내각의 크기의 합을 궁금해 했어요. 자, 이제 우리가 그 궁금증을 해결해 줘야 하니까 육각형의 내각의 크기의 합을 구해 봅시다. 마찬가지로 한 꼭짓점에서 대각선을 그려 보는 거예요.

그림에서 몇 개의 삼각형이 보이나요? 네 개의 삼각형이 있네요. 즉, 삼각형의 내각의 크기의 합인 180°가 총 네 개 모이면 육각형의 내각의 크기의 합이 되므로, 그 값은 180°×4=720°가 됩니다.

지금까지 차례로 살펴본 삼각형, 사각형, 오각형 그리고 육각형과 같은 다각형들의 내각의 크기의 합에서 규칙을 찾아볼 수 있는데, 결국은 몇 개의 삼각형으로 나뉘느냐가 중요한 것 같지요? 사각형에서는 두 개의 삼각형으로, 오각형에서는 세 개의 삼각형으로, 육각형에서는 네 개의 삼각형으로 나뉘었어요. 다시 말하면, n각형에서는 n-2개의 삼각형으로 나뉜다는 규칙을 찾을 수 있는 거예요. 그러면 삼각형의 내각의 크기의 합은 180°가 되므로, 우리가 생각해야 하는 n각형의 내각의 크기의 합은 n-2개의 삼각형의 내각의 크기의 합이 되므로, 180°×(n-2)라는 공식으로 나타낼 수 있어요.

그러면 구각형이라는 다각형의 내각의 크기의 합은 얼마가 될까요? 위에 나타낸 공식에서 n대신에 구각형의 9를 대입을 시키면 180°×(9-2)=180°×7=1260°가 됩니다. 어때요? 다각형의 내각의 크기의 합을 나타내는 공식도 충분히 이해하고 그 식을 통해서 다른 각을 구할 수 있겠지요?

그러면 '정'다각형의 한 내각의 크기는 어떻게 될까요? 정다각형은 모든 선분의 길이가 같고, 모든 내각의 크기가 같은 도형을 말했지요? 모든 내각의 크기가 같기 때문에 정n각형의 한 내각의 크기는 내각의 크기의 합을 n으로 나눈 것과 같아요. 즉, $\frac{180° \times (n-2)}{n}$가 된답니다. 그러면 정육각형의 한 내각의 크기는 $\frac{180° \times (6-2)}{6}$가 되는 거예요.

다각형의 내각의 크기의 합을 구하는 것이 아직 어려운 친구들은 QR코드를 통해 임쌤을 만나러 오세요.

이처럼 다각형의 내각의 크기의 합과 함께 정다각형의 한 내각의 크기에 대해서 살펴보았어요. 다각형의 내각과 내각의 크기의 합에 대해 충분히 이해해야 다음에 배울 외각과 외각의 크기의 합에 대해서도 쉽게 이해할 수 있으니 꼼꼼하게 복습해 두도록 합시다.

다각형의 내각의 크기의 합

1 다각형의 내각의 크기의 합

⇨ n각형의 내각의 크기의 합은 $180° \times (n-2)$임.

※ n각형의 한 꼭짓점에서 대각선을 그으면 $(n-2)$개의 삼각형이 생기고, 삼각형의 내각의 크기의 합은 180°이므로, n각형의 내각의 크기의 합은 $180° \times (n-2)$임.

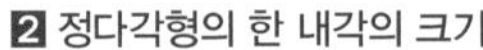

2 정다각형의 한 내각의 크기

⇨ 정n각형은 n개의 내각이 있고 그 내각의 크기가 모두 같으므로 정n각형의 한 내각의 크기는 내각의 크기의 합을 n으로 나눈 것과 같음. 즉, 정n각형의 한 내각의 크기는 $\frac{180° \times (n-2)}{n}$임.

다각형의 외각들을 모두 더하면 몇 도가 될까?

└다각형의 외각의 크기의 합

아빠! 다각형에서는 내각과 외각이 있잖아요?

그렇지. 외각은 선분의 연장선을 그려서 생기는 것인데, 내각 바로 옆에 외각이 생기지.

그런데요! 연장선을 그려서 외각을 만들면, 외각이 두 개가 생기는 것 같아요. 육각형이면 내각은 6개가 나오고, 외각은 12개가 나오는 거 아닌가요?

지율이가 연장선을 잘 그려서 생각을 했어. 연장선을 그리면 반드시 외각은 두 개가 나오게 되는데, 그 외각 두 개는 잘 보면 맞꼭지각이지? 이 두 개의 외각은 맞꼭지각으로 각의 크기가 같기 때문에 일반적으로 하나의 외각으로 보면 되는 거야.

아하! 그러면 아빠, 내각의 크기를 구하는 것처럼 외각의 크기도 구할 수 있겠네요?

우리 지율이가 외각에 대해 좋은 질문을 했네요. 외각은 선분의 연장선을 그렸을 때 생기는 각을 말해요.

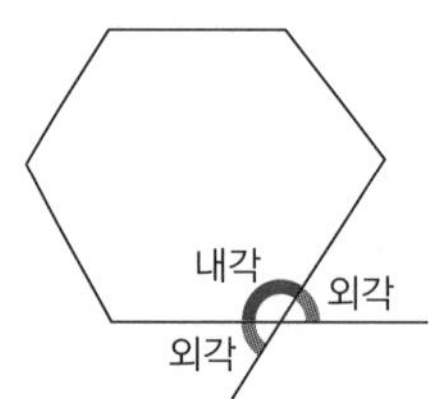

지율이가 말한 것처럼 그림으로 그려 보면 외각은 두 개가 나와요. 그러면 외각의 개수는 내각 개수의 두 배가 되느냐? 그것은 또 아니에요. 두 외각은 서로 맞꼭지각 관계이기 때문에 각의 크기가 똑같아요. 그래서 두 외각을 하나로 생각합니다. 즉, 내각의 개수와 외각의 개수가 같은 거예요.

자, 그럼 우리가 이미 살펴본 내각의 크기의 합을 구하는 방법을 떠올려 봅시다. 내각의 크기의 합이 있다면 외각의 크기의 합도 있겠지요? 삼각형의 외각의 크기의 합, 사각형의 외각의 크기의 합, 오각형의 외각의 크기의 합 등도 모두 구할 수 있어요.

이 모든 다각형의 외각의 크기의 합을 구해 보면 신기하게도 그 값은 모두 360°로 같은 값이 나오게 돼요. 다각형의 외각의 크기의 합은 내각의 크기의 합과 같이 공식이 따로 필요가 없습니다. 그러면 왜 모든 다각형의 외각의 크기의 합이 360°가 되는지 한번 살펴볼까요? 다음 그림을 보면서 더 이야기해 볼까요?

(가)에 어떤 도형이 보이나요? 맞아요. 오각형이에요. 자, 이 오각형의 외각

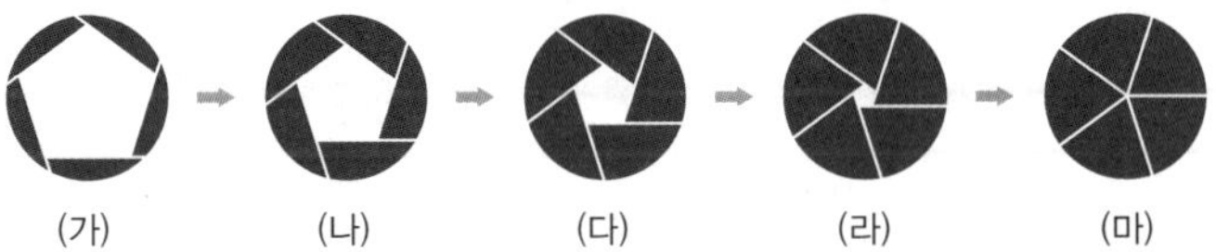

의 크기의 합을 구하려고 해요. (가)에서 (라)까지 점점 오각형이 사라지게 모아 보는 거예요. 이 말은 오각형에서의 다섯 개의 외각이 서로 점점 가까워진다는 뜻이 되는 것이지요. 그렇게 모이다가 결국 (마)의 도형처럼 오각형이 완전히 사라진다면? 오각형의 다섯 개의 외각이 한 점에서 모이게 되는 거예요. 자, 한 점에서 모인다는 뜻은 다섯 개의 외각의 크기의 합이 360°가 된다는 뜻이에요.

위의 오각형 뿐 아니라, 삼각형, 사각형, 육각형 등도 (가)처럼 시작을 해서 (마)로 한 점으로 모이게 한다면 모든 외각들은 360°라는 값이 나오게 됩니다. 어때요? 그림으로 확인해 보니 더 쉽게 이해가 됐나요?

그렇다면 정다각형의 한 외각의 크기는 어떨까요? 정다각형의 모든 외각의 크기 또한 내각처럼 같으므로 정n각형의 한 외각의 크기는 외각의 크기의 합을 n으로 나눈 것과 같아요. 즉, $\frac{360^\circ}{n}$가 된답니다. 다시 정리해 볼까요?

다각형의 내각의 크기의 합은 180°×(n-2), 다각형의 외각의 크기의 합은 360°, 정n각형의 한 내각의 크기는 $\frac{180^\circ \times (n-2)}{n}$, 정n각형의 한 외각의 크기는 $\frac{360^\circ}{n}$가 됩니다.

다각형의 내각의 크기의 합, 다각형의 외각의 크기의 합이 아직 어려운 친구들은 QR코드를 통해 임쌤을 만나러 오세요.

다각형의 외각의 크기의 합

1 다각형의 외각의 크기의 합

⇨ n각형의 외각의 크기의 합은 항상 360°임.

※ n각형의 모든 꼭짓점에서 내각과 외각의 크기의 합은 180°이므로

(내각의 크기의 합)+(외각의 크기의 합)=180°×n

(외각의 크기의 합)=180°×n−(내각의 크기의 합)

=180°×n−180°×(n−2)=360°

2 정다각형의 한 외각의 크기

⇨ 정다각형의 모든 외각의 크기는 같으므로 정n각형의 한 외각의 크기는 외각의 크기의 합을 n으로 나눈 것과 같음.

즉, 정n각형의 한 외각의 크기는 $\frac{360°}{n}$임.

쪽지 시험

시험에 '반드시' 나오는 '다각형의 내각과 외각' 문제를 알아볼까요?

1. 오른쪽 그림에서 $\angle x$의 크기는?

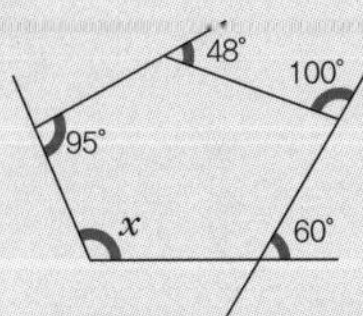

① 105° ② 110° ③ 113° ④ 123° ⑤ 128°

2. 한 내각의 크기와 한 외각의 크기의 비가 3:2인 정다각형은?

① 정사각형 ② 정오각형 ③ 정육각형 ④ 정칠각형 ⑤ 정팔각형

3. 대각선의 총 개수가 65인 다각형의 내각의 크기의 합은?

① 1260° ② 1440° ③ 1620° ④ 1800° ⑤ 1980°

답 1. ③, 2. ②, 3. ⑤

다각형의 내각과 외각 관련 문제를 임쌤과 함께 풀어 볼까요? QR코드를 통해 임쌤을 만나러 오세요.

Math mind map

임쌤의 손 글씨 마인드맵으로 '다각형의 내각과 외각'을 정리해 볼까요?

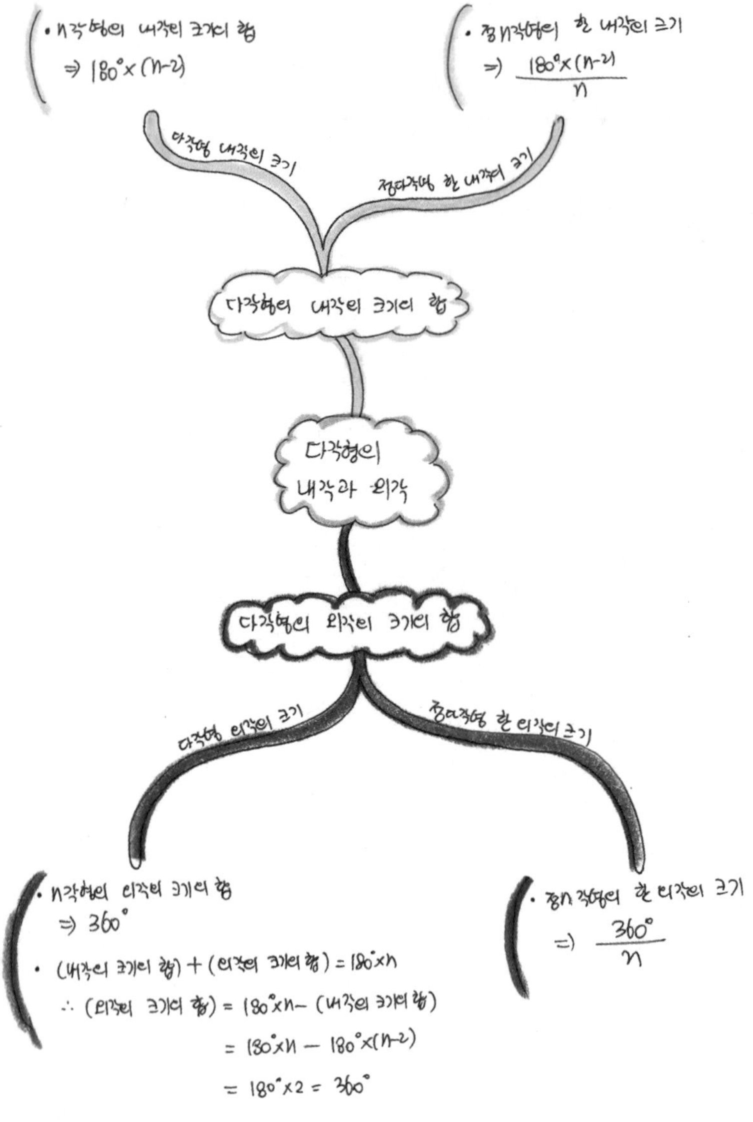

25 각이 없는 도형 이야기!

: 부채꼴의 중심각과 호의 관계

- 원·부채꼴·현·호·활꼴 등의 용어를 알 수 있어요.
- 부채꼴의 중심각과 호의 관계를 이해해요.
- 부채꼴의 중심각과 현의 관계를 이해해요.

원과 친구들의 이름 그리고 관계!

ㄴ부채꼴의 중심각과 호의 관계

아빠! 오늘 원을 배웠거든요? 초등학교 다닐 때도 원을 배웠는데, 그때 배웠던 거랑은 많이 달랐어요.

그래. 초등학교 때 가장 많이 연습했던 것이 바로 원의 둘레를 구하는 것과 넓이를 구하는 것이었지?

네. 그런데 이번에 수업을 할 때 자꾸 원과 관련된 용어들만 설명을 하시더라고요.

그랬구나. 초등학교 때 삼각형의 세 각의 합이 180°라는 것을 알고는 있었지만, 왜 그렇게 되는지 정확하게 설명하지 못했다가 이번에 평행선의 성질을 이용해 보니 삼각형의 세 내각의 합은 평각과 같아져 180°가 된다는 것을 이해했잖니?

네. 초등학교 때 알았던 것을 증명해 보이는 과정이랄까? 원과 관련해서도 용어들에 대해 정확하게 알아 둬야 더 복잡한 문제들을 해결할 수 있게 되는 건가요?

지금까지 우리는 평면 도형에서 각이 있는 다각형에 대해서 살펴봤어요. 지금부터는 각이 없는 평면 도형에 대해서 이야기해 봅시다. 각이 없는 평면 도형에는 원과 부채꼴이 있는데, 먼저 원에 대해서 살펴봅시다. 원은 지율이가 말했듯이 초등학교 때 이미 배웠어요. 원의 둘레의 길이를 구하는 연습을 했고, 원의 넓이를 구하는 것 또한 많은 연습을 했을 거예요. 중학교 교육과정에서도 물론 똑같은 내용을 배웁니다. 원의 둘레의 길이와 넓이 구하는 연습은 나중에 살펴보도록 하고, 먼저 원의 정확한 뜻과 용어를 정리해 봅시다. 천천히 용어들이 가진 정확한 뜻을 이해해 두어야 원의 둘레의 길이와 넓이를 구하는 것이 더 쉬워질 거예요. 지율이가 궁금해 하던 것들을 다음 그림을 보며 하나씩 알아봅시다.

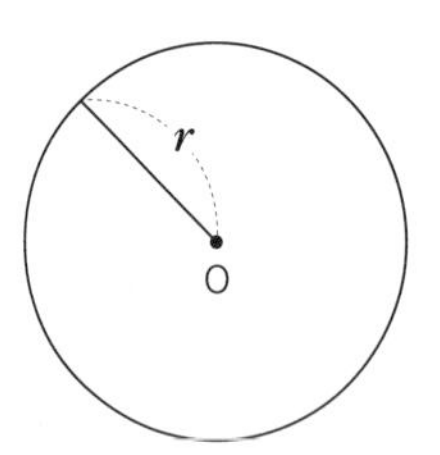

원은 무엇일까요? 임쌤이 학원에서 친구들에게 질문을 하면, "동그란 것이요."라는 대답이 거의 제일 먼저 나오더라고요. 틀린 대답은 아니에요. 그 동그랗게 만들기 위해서 우리는 어떻게 그려야 하는지를 생각해 보는 거예요. 원을 그릴 때는 컴퍼스를 사용하지요? 컴퍼스를 사용할 때 뾰족한 바늘 부분을 먼저 한 점에 찍고 원하는 크기만큼 컴퍼스를 늘린 다음 연필 부분으로 그림을 그려 가며 돌리면 원이 그려져요. 자, 이때 컴퍼스의 바늘 부분이 바로 기준이 되는 부분인 '원의 중심'이라고 하고, 우리가 원하는 크기만큼 컴퍼스를 늘렸을 때, 그 늘린 정도를 '원의 반지름'이라고 해요. 원의 중심을 일반적으로 O로 표현하고, 반지름을 r로 표현한답니다. 원을 그릴 때, 컴퍼스의 바늘 부분과 연필 부분의 거리는 항상 같지요? 그 거리가 반지름이니까요. 여기에서 원의 뜻이 나옵니다. 원이란, 평면 위의 한 점 O로부터 일정한 거리에 있는 모든 점으로 이루어진 도형이 됩니다. 여기에서 점O는 원의 중심이 되고, 중심으로부터 일정한 거리가 바로 반지름이랍니다.

원을 그리는 컴퍼스를 통해서 이해하면 좋아요. 자 이때, 원 위에 두 점을 둘 거예요. 그림에서 점A와 점B를 두고, 그 두 점을 선분으로 연결해 볼까요? 이때 그려지는 선분AB를 '현'이라고 부르고 기호로는 $\overline{AB}$ 라고 나타냅니다. 또 다른 두 점 점C와 점D를 두어 볼게요. 이번에는 두 점 C, D를 양 끝 점으로 하는 원의 일부분인 곡선 부분이 보이지요? 그 곡선을 우리는 '호'라고 부르고 기호로는 $\overset{\frown}{CD}$ 라고 표현한답니다.

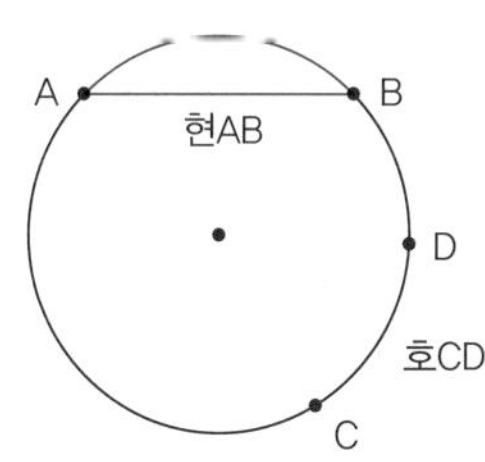

또 다른 그림을 하나 더 볼까요?

오른쪽의 그림처럼 두 점 C, D를 양 끝점으로 하는 호와 현으로 둘러싸인 부분 보이나요? 활모양 부분입니다. 그래서 호와 현으로 둘러싸인 부분을 활모양의 형태라고 해서 '활꼴'이라고 해요.

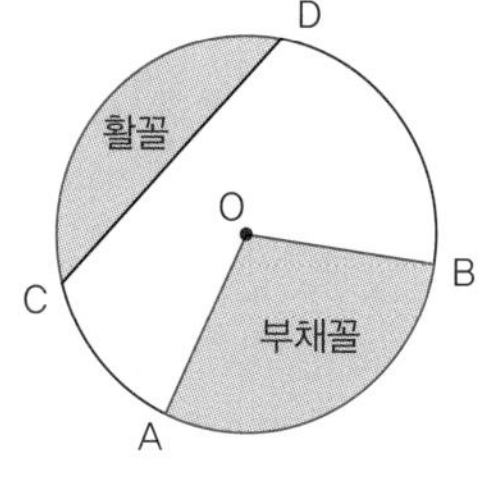

원의 중심O와 두 반지름 OA, OB 그리고 호AB로 이루어진 도형이 보이나요? 부채 모양이죠? 그래서 그 도형을 부채 모양이라 해서 '부채꼴'이라고 하고, 그때 생기는 각AOB를 중심각이라고 합니다. 이 중심각은 다음에 살펴 볼 부채꼴의 호의 길이와 넓이를 구할 때 중요한 값이므로 눈여겨보아야 합니다.

질문 하나 할까요? 위의 그림에서 활꼴과 부채꼴이 같아지는 경우가 있을까요? 정답은 '있다'입니다. 바로 반원일 때예요. 반원은 활꼴이면서 중심각의 크기가 180°가 되는 부채꼴이 된답니다.

이제 '호'와 '현'의 성질을 살펴볼까요?

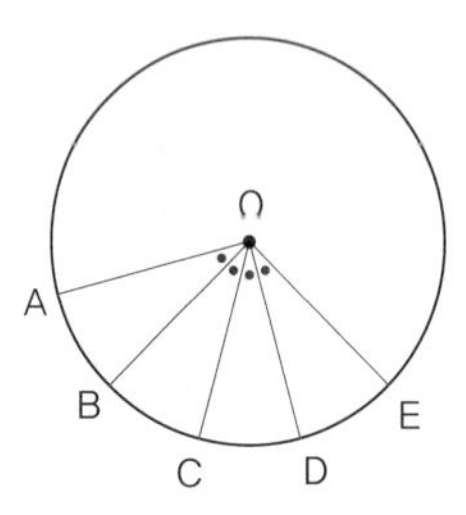

그림처럼 중심각이 점으로 표시된 부채꼴을 그려 보았어요. 중심각의 크기가 같은 부채꼴에서는 각각 호와 현의 길이는 같습니다. 물론 부채꼴의 넓이도 똑같고요. 피자 조각을 떠올리면 좋겠어요. 완벽한 원형 모형의 피자를 똑같은 크기로 잘랐다면 각 조각의 빵 부분의 길이는 모두 같겠지요?

하지만 피자 조각을 2개 붙이면 상황이 달라집니다. 중심각이 2배가 된다면 곡선인 호의 길이와 부채꼴의 넓이는 똑같이 2배가 되지만, 선분인 현의 길이는 2배가 되지 않아요.

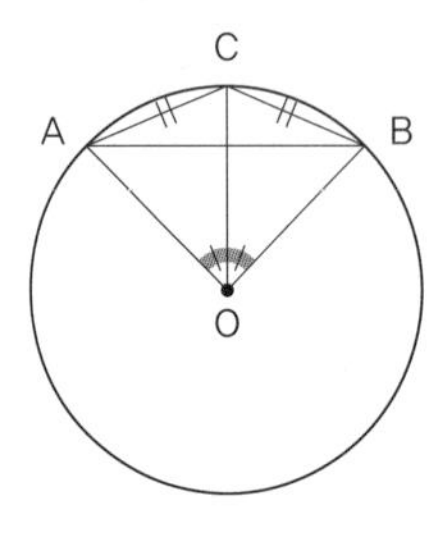

왼쪽 그림에서 중심각이 두 배가 된 부채꼴OAB의 현은 선분AB가 되지요? 어때요? 그림으로 보니 정확하게 확인이 됩니다. 정리해 볼까요? 중심각의 크기가 2배, 3배, 4배가 된다면 호의 길이와 부채꼴의 넓이는 똑같이 2배, 3배, 4배가 되지만, 현의 길이는 그렇지 않다는 사실을 기억해 주세요.

지금까지 우리는 원의 뜻과 성질에 대해서 정리해 보았어요. 다음에는 본격적으로 원의 둘레의 길이와 넓이를 구해 보도록 합시다. 초등학교 때 배웠던 것과 어떤 차이가 있는지 비교해 보는 재미도 있답니다.

부채꼴의 중심각과 호의 관계

1 원과 부채꼴

❶ 원 : 평면 위의 한 점으로부터 일정한 거리에 있는 모든 점으로 이루어진 도형

❷ 호AB : 원 위의 두 점 A, B를 양 끝 점으로 하는 원의 일부분 ⇨ 기호 : $\overset{\frown}{AB}$

❸ 현AB : 원 위의 두 점 A, B를 이은 선분 ⇨ 기호 : $\overline{AB}$

❹ 부채꼴AOB : 원O에서 두 반지름 OA, OB와 호AB로 이루어진 도형

❺ 중심각 : 부채꼴AOB에서 두 반지름 OA, OB가 이루는 각. 즉, ∠AOB

❻ 활꼴 : 원O에서 호CD와 현CD로 이루어진 도형

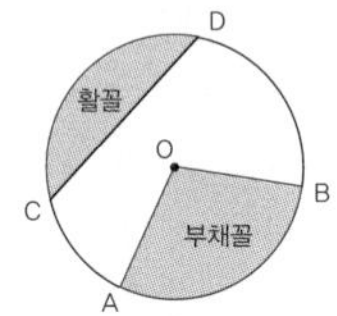

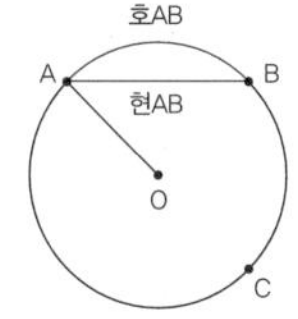

2 중심각의 크기와 호의 길이, 넓이 : 한 원에서

❶ 크기가 같은 중심각에 대한 호의 길이는 같음.

❷ 크기가 같은 중심각에 대한 현의 길이는 같음.

❸ 호의 길이는 중심각의 크기에 정비례함.

❹ 부채꼴의 넓이는 중심각의 크기에 정비례함.

3 중심각의 크기와 현의 길이 : 한 원에서

❶ 크기가 같은 중심각에 대한 현의 길이는 같음.

❷ 현의 길이는 중심각의 크기에 정비례하지 않음.

※ 중심각의 크기가 2배가 될 때, 현의 길이는 2배가 되지 않음.

쪽지 시험

시험에 '반드시' 나오는 '부채꼴의 중심각과 호의 관계' 문제를 알아볼까요?

1. 오른쪽 그림과 같은 원에 대한 다음 설명 중 옳지 <u>않은</u> 것은?

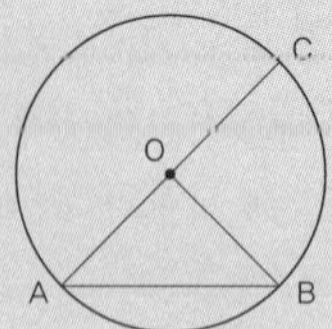

① $\overline{AB}$는 현이다.

② $\overset{\frown}{AB}$에 대한 중심각은 $\angle AOB$이다.

③ 원 위의 두 점A, B를 양 끝 점으로 하는 호는 1개이다.

④ $\overline{AB}$와 $\overset{\frown}{AB}$로 둘러싸인 도형은 활꼴이다.

⑤ $\overset{\frown}{AB}$와 반지름OA, OB로 둘러싸인 도형은 부채꼴이다.

2. 오른쪽 그림과 같은 원에서 $\overline{AB} /\!/ \overline{CD}$이고 $\angle AOB=100°$일 때, $\overset{\frown}{AC}$의 길이는 $\overset{\frown}{AB}$의 길이의 몇 배인가?

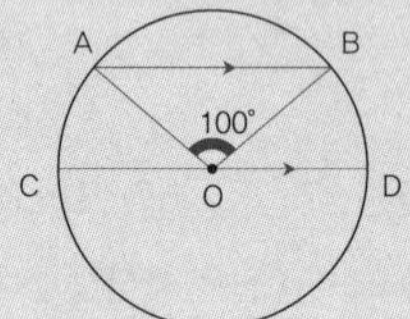

① $\frac{1}{5}$배 ② $\frac{1}{3}$배 ③ $\frac{2}{5}$배 ④ $\frac{3}{5}$배 ⑤ $\frac{2}{3}$배

3. 오른쪽 그림과 같은 원에서 $\overline{AE} /\!/ \overline{CD}$이고 $\angle DOB=30°$, $\overset{\frown}{AC}=\overset{\frown}{ED}=6cm$일 때, $\overset{\frown}{AE}$의 길이는?

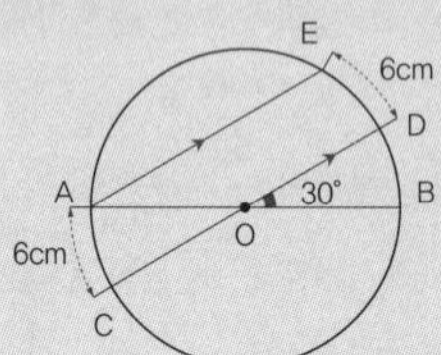

① 30cm ② 28cm ③ 24cm ④ 18cm ⑤ 16cm

답 **1.** ③, **2.** ③, **3.** ③

부채꼴의 중심각과 호의 관계 관련 문제를 임쌤과 함께 풀어 볼까요? QR코드를 통해 임쌤을 만나러 오세요.

Math mind map

임쌤의 손 글씨 마인드맵으로 '부채꼴의 중심각과 호의 관계'를 정리해 볼까요?

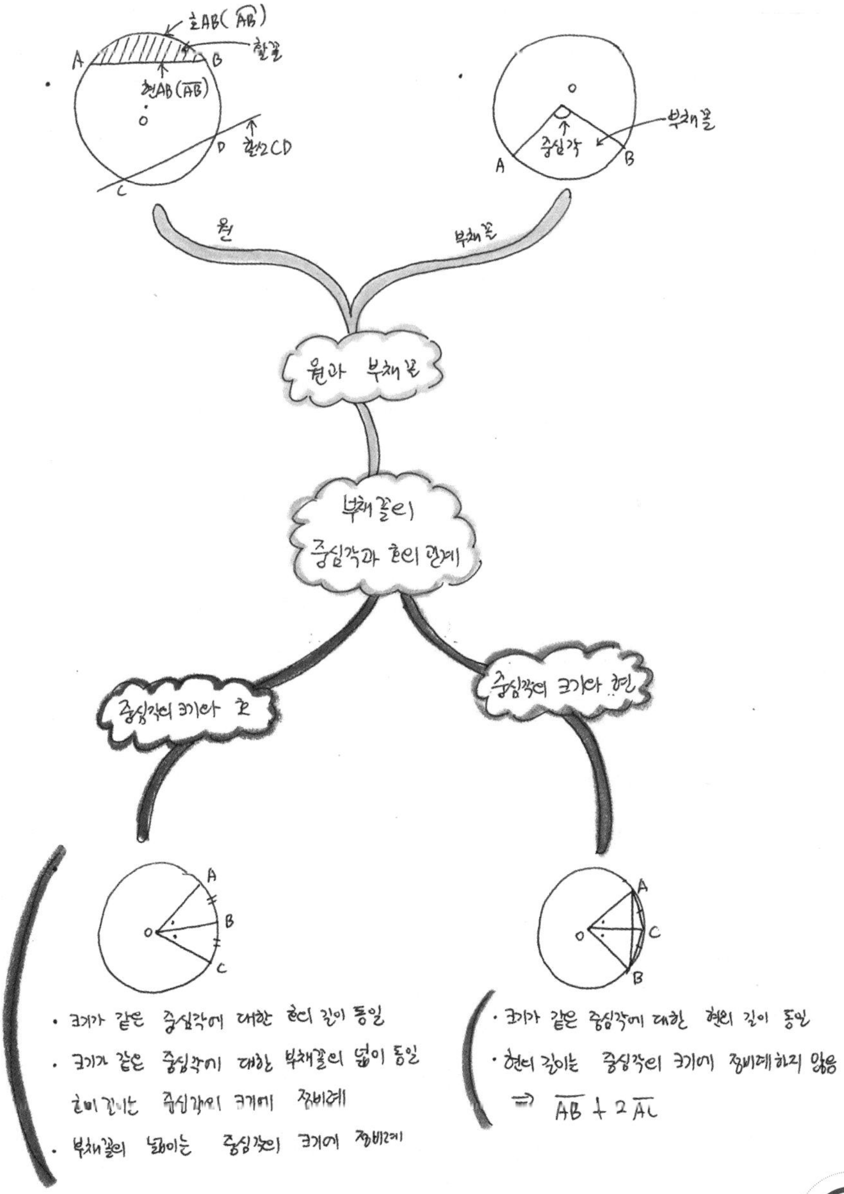

- 원
  - 호AB($\overset{\frown}{AB}$)
  - 활꼴
  - 현AB($\overline{AB}$)
  - 할선CD
- 부채꼴
  - 부채꼴
  - 중심각

원과 부채꼴

부채꼴의 중심각과 호의 관계

중심각의 크기와 호

- 크기가 같은 중심각에 대한 호의 길이 동일
- 크기가 같은 중심각에 대한 부채꼴의 넓이 동일
- 호의 길이는 중심각의 크기에 정비례
- 부채꼴의 넓이는 중심각의 크기에 정비례

중심각의 크기와 현

- 크기가 같은 중심각에 대한 현의 길이 동일
- 현의 길이는 중심각의 크기에 정비례하지 않음

$\Rightarrow \overline{AB} \neq 2\overline{AC}$

26

피자 한 조각의 넓이는?

: 부채꼴의 호의 길이와 넓이

- 원주율 π를 알 수 있어요.
- 원의 둘레의 길이와 원의 넓이를 구하는 식을 이해해요.
- 부채꼴의 호의 길이와 넓이를 구할 수 있어요.

원의 넓이를 구하는 식이 달라졌다고?

ㄴ원의 둘레의 길이와 넓이

지율아! 오늘 원의 둘레의 길이와 넓이 구하는 것을 배웠니?

아빠, 대박이에요! 공식은 똑같았거든요? 그런데…….

그런데, 왜? 혹시 3.14를 안 곱해도 되고, 이상한 문자만 옆에 쓰면 끝나서 계산이 편해졌다. 뭐 이런 것 아닌가?

앗! 아빠가 그걸 어떻게…….

우리는 원의 둘레의 길이와 넓이를 구하는 것을 초등학교 때 배워서 이미 알고 있어요. 그래도 복습 한 번 해 볼까요? 원의 둘레는 지름 곱하기 3.14, 원의 넓이는 반지름 곱하기 반지름 곱하기 3.14라고 배웠어요. 그러면 여기에서 생각해 볼까요? 왜 3.14를 곱했을까요? 3.14의 뜻은 뭘까요? 이것이 바로 중학생이 된 우리 친구들이 알아야 할 내용이에요.

그림으로 확인해 볼까요?

그림과 같이 지름이 10cm인 원과 반지름이 6cm인 두 개의 원이 있어요. 이 두 원의 둘레의 길이를 눈으로만 살펴도 당연히 지름이 더 긴 원의 둘레의 길이가 더 길겠지요? 지름이 더 크면 원이 더 커지는 것을 당연하기 때문이지요. 이 때, 지름의 길이가 더 길면 원의 둘레의 길이가 더 길어지는 '상관 관계'가 존재합니다. 바로 다음과 같은 식으로도 표현할 수 있어요.

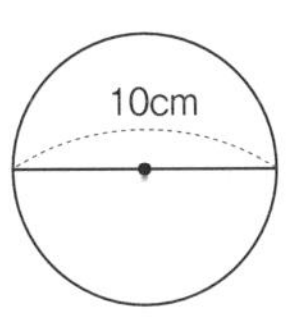

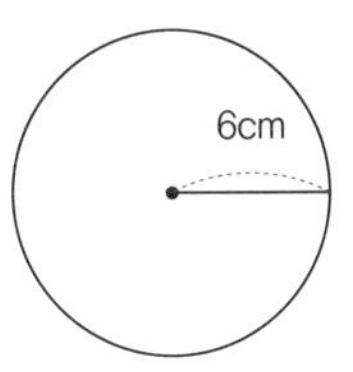

$\frac{(\text{원의 둘레의 길이})}{(\text{원의 지름의 길이})}$의 값은 항상 똑같은 값이 나온다는 사실이 밝혀졌어요.

원의 지름의 길이가 클수록 원의 둘레의 길이가 커진다는 사실은 당연히 알고 있었는데, 그 둘의 비의 값이 항상 똑같은 값이 나온다는 사실도 기억해야 해요. 이 값은 3.1415926…처럼 규칙 없이 끝도 없이 뻗어 나가는 수가 됩니다. 어디서 많이 봤던 수이지요? 그래요. 초등학생 때 배웠던 3.14가 여기에서 나오는 거예요. 우리는 이 값을 '원주율'이라고 부르고 끝이 없는 수이기 때문에 초등학생 때처럼 3.14로 줄여서 쓰는 것이 아니라 문자로 바꿔서 쓸 거예요. 바로 π로 나타내며 '파이'라고 읽습니다.

그러면 이 원주율 파이를 사용하면, 원의 둘레와 넓이를 구하는 방법도 아주 간단해져요. 구하는 연습을 해 볼까요? 원의 둘레를 구하는 식은 지름 곱하기 3.14라고 알고 있었지요? 이때 나오는 3.14 대신에 원주율 파이를 넣어서 식을 만들면 지름$\times\pi$가 돼요. 이때 지름은 반지름$\times$2라고도 바꿔 말할 수 있으니까, 반지름을 r로 둔다면 원의 둘레를 구하는 공식은 $2\pi r$이라는 식이 나오게

파이의 날(Pi Day)
3월 14일을 당연히 사탕을 주고받는 '화이트데이'라고 알고 있는 이들이 많지만, 원주율 π를 배운 우리는 '파이의 날(파이데이)'라고 기억해 두면 좋겠다. 미국의 한 수학 동아리에서 3월 14일 1시 59분에 '파이의 날' 행사를 가진 것을 계기로 만들어진 날이다. 3월 14일 1시 59분에 행사를 가졌던 이유는 원주율 π 값을 소수 다섯째 자리까지 나타내면 3.14159이기 때문이었다. 파이의 날 행사에서는 파이를 나눠 먹고, 영화 「파이」를 함께 보기도 한다.

원의 둘레와 원의 넓이를 구하는 공식을 정리해 보고 싶은 친구들은 QR코드를 통해 임쌤을 만나러 오세요.

됩니다.

똑같은 방법으로 원의 넓이를 구하는 식도 정리를 해 볼까요? 원의 넓이는 반지름 곱하기 반지름 곱하기 3.14로 알고 있잖아요? 이 반지름 자리에 r을 넣는다면 πr^2이 되는 거예요. 원의 둘레를 구하는 공식과 원의 넓이를 구하는 공식에 파이라는 문자가 먼저 나오는 이유는 파이라는 문자는 3.1415926…이라는 수를 대신해서 썼기 때문에 숫자라고 생각을 하여 문자인 r앞에 쓰는 거랍니다. 이제 앞에서 그린 두 원의 둘레의 길이와 원의 넓이를 구하는 연습을 해 볼까요?

먼저 그려졌던 지름이 10cm인 원의 둘레의 길이를 구해 볼까요? 이 원은 반지름이 5cm인 원의 둘레의 길이를 구하면 되니까 $2\pi\times5=10\pi$cm가 되고, 원의 넓이는 $\pi\times5^2=25\pi$cm^{2}가 된답니다. 나중에 나온 반지름이 6cm인 원의 둘레의 길이는 $2\pi\times6=12\pi$cm가 되고, 원의 넓이는 $\pi\times6^2=36\pi$cm^{2}가 된답니다. 초등학교 때처럼 3.14를 곱하지 않아도 된다는 것은 아주 반가운 소식이지요? 하지만 3.14 대신에 파이라는 문자를 쓰는 것이므로 정답에서 파이를 빼먹지 않아야 한다는 사실도 잊지 말도록 합시다.

원의 둘레의 길이와 넓이

1 원주율

: 원의 지름의 길이에 대한 원의 둘레의 길이 (원주)의 비의 값은

⇨ $(\text{원주율})=\dfrac{(\text{원의 둘레의 길이})}{(\text{원의 지름의 길이})}$ 로 기호로는 'π'로 나타내며 '파이'라고 읽음.

2 원의 둘레의 길이와 넓이

: 반지름의 길이가 r인 원의 둘레의 길이를 l, 넓이를 S라고 하면

❶ $l=2\pi r$

❷ $S=\pi r^2$

누구의 피자 조각이 더 클까?

ㄴ부채꼴의 호의 길이와 넓이

지율아, 피자 왔어! 얼른 먹자!

와우, 엄청 배고팠는데! 무슨 피자 시키셨어요?

하와이안 피자!

아……, 아빠는 아직도 내 입맛을 잘 모르시는구나. 파인애플이라니요!

앗, 미안! 엄마랑 아빠는 하와이안 피자를 좋아해서 그만…….

헤헤, 그럼 저는 한 조각만 먹고 나중에 저녁 또 먹을래요.

그러고 보니, 피자 조각이 바로 원의 일부분인 부채꼴이네. 그럼 아빠랑 피자먹으면서 부채꼴의 넓이를 구해 볼까?

헉……. 먹던 파인애플이 튀어 나올라고 그래요!

피자 조각을 보고 부채꼴을 떠올리고 부채꼴의 넓이를 구해 볼까 생각하는 지율이의 아빠는 수학을 가르치는 저만큼이나 수학의 매력에 푹 빠져 계신 분인 것 같네요. 피자는 대표적인 원 모양의 음식이지요. 더구나 피자를 조각으로 자르면 한 조각 한 조각은 부채꼴이 되는 것도 맞고요. 앞서 우리는 원의 둘레의 길이와 넓이에 대해서 살펴봤는데, 그럼 부채꼴에서도 길이와 넓이를 구할 수 있지 않을까요? 맞아요! 구할 수 있답니다.

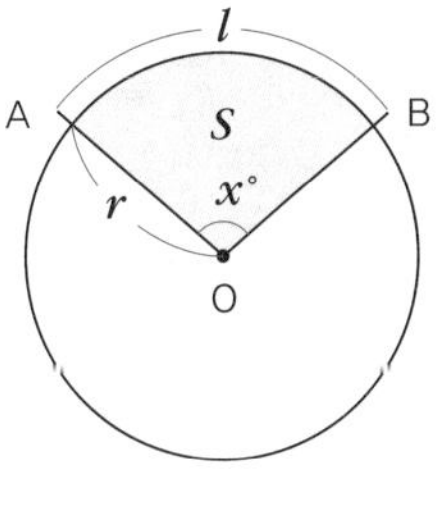

자, 그림을 보고 부채꼴의 길이와 넓이를 구하는 방법을 익혀 보도록 합시다.

그림처럼 부채꼴 OAB가 있어요. 그 부채꼴의 중심각의 크기가 $x°$라 할 때, 이 부채꼴의 길이 즉, 호AB의 길이와 부채꼴의 넓이를 구해 보려고 합니다. 이때, 호의 길이를 l로 표현하고, 넓이를 S로 표현한답니다. 자, 먼저 호의 길이를 구하려면, 호는 원의 둘레의 일부잖아요. 그래서 전체 원의 둘레의 길이를 구하는 원주 공식에서 시작을 합니다. 부채꼴 호의 길이$l=2\pi r\times\frac{x}{360}$라는 공식이 나오게 돼요. 임쌤은 이렇게 설명해요. 원래 원의 둘레의 길이인 $2\pi r$중에서 원의 전체 중심각의 크기를 360°라고 하면 부채꼴의 중심각 $x°$만 생각하기 때문에 $2\pi r$에 $\frac{x}{360}$를 곱해서 값을 구하자! 이제 뒤에 $\frac{x}{360}$를 곱하는 이유가 이해됐나요? 이 개념을 이해하면 부채꼴의 넓이도 똑같이 구할 수 있답니다. 기존 원의 넓이는 πr^2인데, 그 중에서 $x°$의 중심각만큼만 생각하면 되므로 $S=\pi r^2\times\frac{x}{360}$라는 부채꼴의 넓이 구하는 공식이 나오게 되는 거예요. 이때 부채꼴의 넓이를 구하는 공식이 하나가 더 나오게 돼요. 앞서 구한 호의 길이를 통해서 부채꼴의 넓이를 구할 수도 있는데, $S=\frac{1}{2}rl$이라는 아주 간단한 공식으로 나타낼 수 있어요. 이때 r은 반지름이고, l은 호의 길이가 되겠지요?

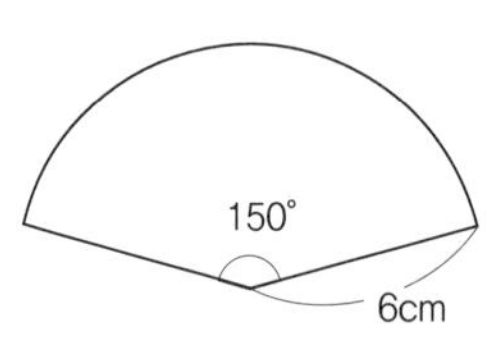

예를 하나 살펴보며 정리해 볼까요?

반지름이 6cm이고, 중심각의 크기가 150°인 부채꼴이 있어요. 이 부채꼴의 호의 길이는 $l=2\pi\times6\times\frac{150}{360}=5\pi$cm가 되고, 부채꼴의 넓이는 $S=\pi\times6^2\times\frac{150}{360}=15\pi\text{cm}^2$가 됩니다. 이때 호의 길이와 반지름만 안다면 부채꼴의 넓이를 구하는 또 다른 공식을 통해서 넓이를 구할 수도 있어요. $S=\frac{1}{2}\times6\times5\pi=15\pi\text{cm}^2$가 되는 것이지요. 어때요? 두 가지 다른 공식으로 구한 부채꼴의 넓이 값이 똑같이 나오지요?

지금까지 정리한 원의 둘레의 길이와 넓이 그리고 부채꼴의 호의 길이와 넓이를 구하는 방법에서 파이라는 문자가 굉장히 중요한 역할을 했어요. 원주율 파이, 정답을 쓸 때도 꼭 빼먹지 않도록 잊지 마세요.

두 개의 다른 공식을 이용해도 똑같은 넓이 값이 나오는 이유가 궁금한 친구들은 QR코드를 통해 임쌤을 만나러 오세요.

부채꼴의 호의 길이와 넓이

1 부채꼴의 호의 길이와 넓이

: 반지름의 길이가 r, 중심각의 크기가 $x°$인 부채꼴의 호의 길이를 l, 넓이를 S라고 하면

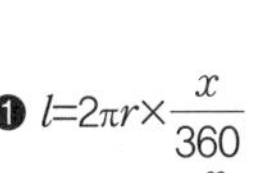

❶ $l=2\pi r\times\frac{x}{360}$

❷ $S=\pi r^2\times\frac{x}{360}$

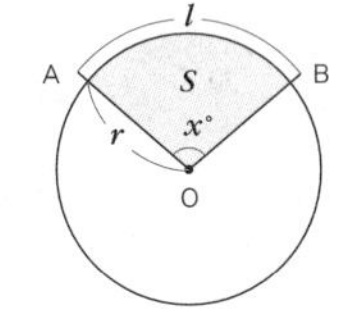

2 부채꼴의 호의 길이와 넓이 사이의 관계

: 반지름의 길이가 r, 호의 길이가 l인 부채꼴의 넓이를 S라고 하면

$S=\frac{1}{2}rl$

쪽지 시험

시험에 '반드시' 나오는 '부채꼴의 호의 길이와 넓이' 문제를 알아볼까요?

1. 오른쪽 그림의 부채꼴에서 색칠한 부분의 둘레의 길이를 구하세요.

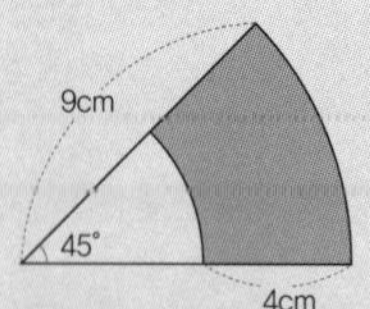

2. 오른쪽 그림은 반지름의 길이가 2cm인 반원을 점 A를 중심으로 30°만큼 회전시킨 것이다. 색칠한 부분의 넓이를 구하여라.

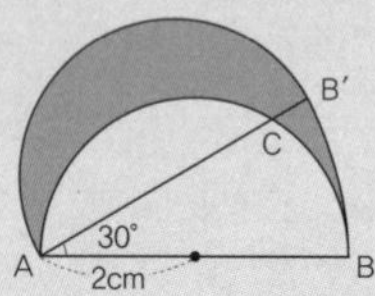

3. 오른쪽 그림의 사각형 ABCD는 한 변의 길이가 6cm인 정사각형일 때, 색칠한 부분의 넓이는?

① $24\pi cm^2$　② $30\pi cm^2$

③ $(36-\pi)cm^2$　④ $(36-3\pi)cm^2$

⑤ $(36-6\pi)cm^2$

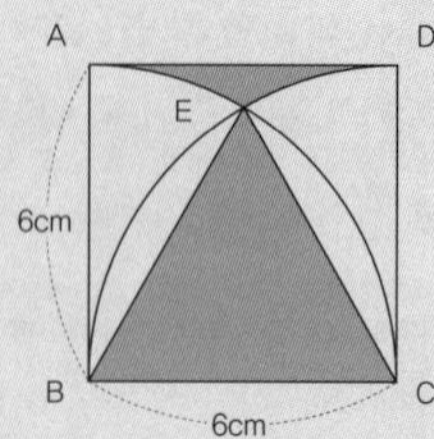

답 **1.** $(\frac{7}{2}\pi+8)$cm, **2.** $\frac{4}{3}\pi cm^2$, **3.** ⑤

부채꼴의 호의 길이와 넓이 관련 문제를 임쌤과 함께 풀어 볼까요? QR코드를 통해 임쌤을 만나러 오세요.

Math mind map

임쌤의 손 글씨 마인드맵으로 '부채꼴의 호의 길이와 넓이'를 정리해 볼까요?

27 주사위와 함께 떠나는 세계 여행!
: 다면체

- 주사위가 정육면체임을 알 수 있어요.
- 다면체의 종류와 겨냥도를 살펴봐요.
- 다면체의 꼭짓점, 모서리 그리고 면의 개수를 구할 수 있어요.

주사위로 여행할 나라를 결정해 볼까요?

└다면체

지율아, 무슨 휴대폰 게임하는 거야?

아빠! 이거 같이 하실래요? 정말 재미있어요. 주사위를 던져서 세계 여행을 하는 게임인데…….

아, 아빠가 어렸을 때 했던 부루마블이라는 게임과 똑같네? 여럿이 둘러앉아서 직접 주사위를 던지면서 해야 재미있지! 휴대폰으로 하는 게임이 더 재미있을라고?

아니에요. 여러 사람들이 함께 할 수 있으니까 재미있기도 하고 휴대폰이 자동으로 주사위도 던져 줘서 편하기도 하고 나름 재미있어요.

어? 그런데 사람들마다 주사위의 모양이 다 다르네? 이것도 혹시 돈 주고 사는 거야?

게임에서 얻을 수도 있고, 돈 주고 살 수도 있어요. 전 아카로 샀습니다요!

아카? 아카가 뭐야?

앗! 아빠 카드요. 전에 게임 아이템 산다고 했을 때 결제해 주셨잖아요!

지율이가 재밌는 게임을 하고 있군요. 예전엔 친구들과 둘러 앉아 주사위를 던지며 부루마블을 하다가 나를 파산도 해보고 그랬던 전통놀이 같은 게임이지요.

자, 이 게임에서 가장 중요한 것은 무엇일까요? 물론 주사위지요. 두 개의 주사위를 던져서 나온 눈의 합만큼 캐릭터를 움직여서 건물을 짓는 게임이기에 주사위가 없으면 게임 진행이 되지 않겠지요. 이때 사용하는 주사위가 지금 살펴보려고 하는 입체 도형 중 하나랍니다.

지금까지는 '평면 도형'에 대해서만 이야기했어요. 평면 도형 중에 '각이 있는 도형인 다각형'과 '각이 없는 도형인 원과 부채꼴' 그리고 다각형에서는 '대각선의 수', '내각의 크기의 총 합', '외각의 크기의 총 합'을 살펴봤어요. 또 원과 부채꼴에서는 '원의 둘레의 길이와 넓이', '부채꼴의 호의 길이와 넓이'를 구하는 방법을 연습했고요. 지금쯤 필요한 공식들이 머리에 막 떠오르겠지요? 그만큼 충분히 연습을 해 두어야 한다는 말을 하고 싶었던 거예요.

지금부터는 도형 중에서 입체적으로 그려지는 도형, 바로 '입체 도형'을 살펴볼 거예요. 이 입체 도형에도 두 가지 유형의 입체 도형이 있어요. 여러 개의 다각형으로 둘러싸인 입체 도형인 '다면체'와 다각형이 회전돼 곡선 모양의 도형이 생기는 '회전체'가 있답니다. 재미있겠지요? 벌써부터 머리가 아프다고 하는 친구들도 있겠네요. 하지만 미리부터 겁먹지 말고 그림을 그린다 생각하고 순서대로 따라오면 절대 어렵지 않답니다.

여러 개의 다각형이 모여서 생긴 '다면체'는 우리 친구들이 초등학교 때 이

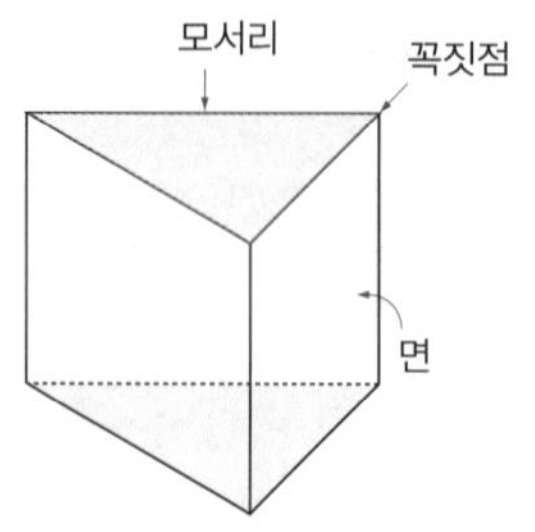

미 배웠던 도형들이에요. 그림을 통해서 복습해 볼까요?

왼쪽 도형의 이름이 뭘까요? 밑면의 모양이 삼각형인 기둥이므로 삼각기둥이에요. 다각형 모양의 면으로 둘러싸여 있기에 다면체가 되는 것이지요. 이 삼각기둥을 이루고 있는 다각형의 모양을 '면'이라고 하고, 그 다각형들이 서로 만나는 변을 '모서리'라고 합니다. 또 그 다각형의 꼭짓점을 다면체의 '꼭짓점'이라고 해요. 이런 다면체의 종류는 크게 세 가지가 있는데, 그림으로 비교해 봅시다.

각기둥, 각뿔 그리고 각뿔대가 있습니다. 이 그림은 각 다면체 중에서 밑면이 삼각형인 다면체여서 삼각기둥, 삼각뿔 그리고 삼각뿔대라고 부릅니다. 즉, 밑면의 다각형 이름을 따라 다면체의 이름이 결정되는 것이지요. 그러면 임쌤과 하나씩 정리해 볼까요?

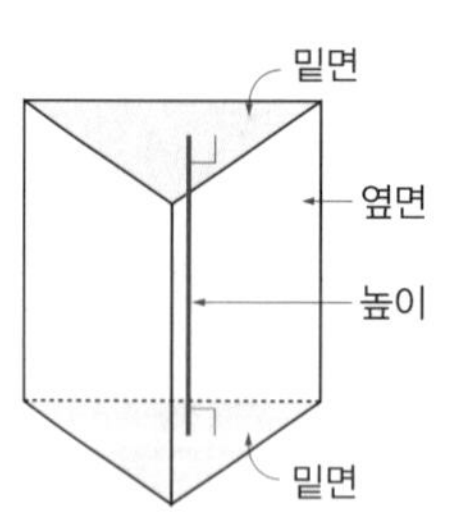

먼저 '기둥'입니다.

기둥의 뜻처럼 위아래가 반듯하게 쭉 뻗은 모양으로, 두 밑면이 서로 평행하면서 합동인 다각형이에요. 옆면은 반드시 직사각형이 된답니다. 자, 여기에서 왜 밑면과 윗면이라고 하지 않고, 두 밑면이라고 할까요? 기둥을 위아래로 바꾸어서 세운다면 밑면과 윗면이 바뀌겠지요? 그래서 어느 면이든 모두 밑면이 될 수 있기 때문에 밑면이라고 통일해 부르는 거예요.

이 기둥의 꼭짓점과 모서리와 면의 수를 각각 구해 보도록 합시다. 그림에서 직접 찾아보세요. 삼각기둥의 꼭짓점의 수는 6개, 모서리의 수는 12개, 꼭짓점의 수는 6개가 되지요?

그런데 그림을 그리기 힘들면 어떻게 할까요? 그럴 때엔 머릿속으로 그림을 그려서 생각해 보는 거예요. 자, 임쌤과 함께 머릿속으로 그림을 그려서 생각해 볼까요?

n각기둥이 있어요. 밑면이 n각형이 되겠지요? 그럼 꼭짓점은 두 밑면의 꼭짓점에서 나오므로 n이 두 번이 나오게 돼요. 즉, 꼭짓점의 수는 2n개가 됩니다. 모서리는 어디서 나올까요? 두 밑면과 함께 두 밑면을 받치고 있는 기둥에서도 모서리가 나오지요? 즉, n이 세 번 계산이 되므로 3n개가 나오네요. 마지막으로 면의 수는 어떨까요? 밑면은 2개, 옆면은 밑면의 모서리에서 모두 면이 연결돼 옆면의 수는 n개가 나오므로 총 면의 수는 두 밑면을 포함해서 n+2개가 나오게 됩니다. 어때요? 머릿속으로 그림을 그리면서 생각하니 그렇게 어렵지만은 않지요?

자, 각뿔도 함께 생각해 봅시다. 밑면이 n각형인 n각뿔을 머릿속에 그려보세요. 꼭짓점의 수는 밑면에서 n개, 각 모서리가 모이는 위의 부분에서 1개가 추가돼 총 n+1개가 나오네요. 모서리의 수도 밑면에서 n개, 옆면에서도 n개의 모서리가 추가가 되어 총 2n개가 됩니다. 각뿔의 면의 수는 밑면이 1개뿐이고, 옆면의 수는 밑면의 모서리의 수와 같으므로 n개가 나와 총 면의 수는 n+1개가 됩니다.

자, 여기까지는 우리 친구들이 초등학교 때 배웠던 도형들이에요. 마지막으로 배우는 각뿔대는 처음 보는 내용이니 임쌤과 그림으로 다시 한 번 확인해 볼까요?

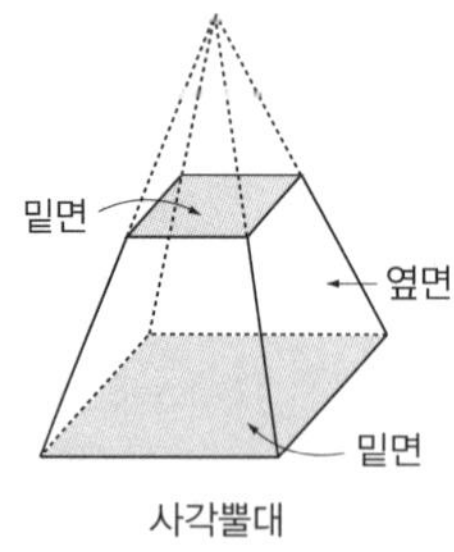

사각뿔대

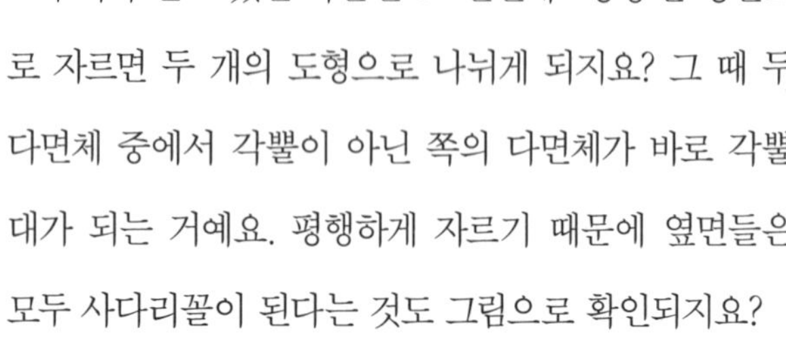

밑면의 모양이 사각형인 사각뿔대를 그려 봤어요. 각뿔대는 각뿔에서 나오는 도형이에요.

우리가 알고 있던 각뿔을 그 밑면에 '평행'한 평면으로 자르면 두 개의 도형으로 나눠게 되지요? 그 때 두 다면체 중에서 각뿔이 아닌 쪽의 다면체가 바로 각뿔대가 되는 거예요. 평행하게 자르기 때문에 옆면들은 모두 사다리꼴이 된다는 것도 그림으로 확인되지요?

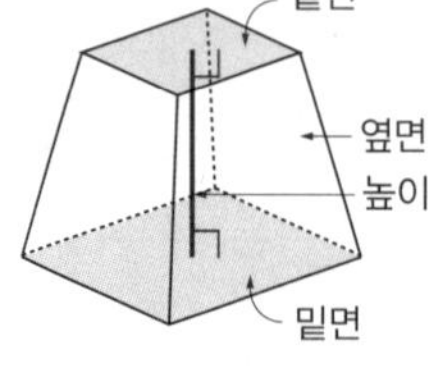

그럼 각뿔대의 꼭짓점, 모서리, 면의 개수도 찾아보도록 합시다. 밑면이 n각형인 각뿔대가 있다고 머릿속으로 생각해 보세요. 먼저 꼭짓점의 수를 생각해 보면, 두 밑면 모두 n각형이 되기 때문에 2n개의 꼭짓점이 생기겠죠? 옆면에서는 꼭짓점을 셀 필요가 없으니, 두 밑면의 꼭짓점의 수가 전체 각뿔대의 꼭짓점의 수와 일치한답니다. 모서리의 수는 두 밑면의 모서리의 수인 2n개에서 옆면의 모서리수 n개가 추가 돼 총 3n개가 됩니다. 마지막으로 면의 수예요. 두 밑면의 면의 수 2개와 옆면의 면의 수 n개를 포함해서 총 n+2개의 면의 수가 나오게 되네요.

머릿속으로 그림이 잘 안 떠오르는 친구들은 QR코드를 통해 임쌤을 만나러 오세요.

자, 이처럼 초등학교 때에 배웠던 각기둥과 각뿔뿐만 아니라 각뿔대의 성질까지도 알아보았어요. 머릿속으로 그림을 그려가면서 꼭짓점, 모서리, 면의 개수를 찾아가는 연습을 반복해 보도록 하세요.

다면체

1 다면체 : 다각형 모양의 면으로만 둘러싸인 입체 도형을 다면체라고 함.

❶ 면 : 다면체를 이루고 있는 다각형 모양의 면

❷ 모서리 : 다면체를 이루고 있는 다각형의 변

❸ 꼭짓점 : 다면체를 이루고 있는 다각형의 꼭짓점

※ 원기둥, 원뿔 등은 다각형인 면으로만 이루어지지 않으므로 다면체가 아님.

2 다면체의 종류

❶ 각기둥 : 두 밑면은 평행하고 합동인 다각형이고 옆면은 모두 직사각형인 다면체

❷ 각뿔 : 밑면이 다각형이고 옆면이 모두 한 꼭짓점에 모이는 삼각형인 다면체

❸ 각뿔대 : 각뿔을 그 밑면에 평행한 평면으로 잘라서 생기는 두 다면체 중에서 각뿔이 아닌 쪽의 다면체

※ 각뿔대의 옆면은 모두 사다리꼴임.

	n각기둥	n각뿔	n각뿔대
꼭짓점의 개수 (개)	2n	n+1	2n
모서리의 개수 (개)	3n	2n	3n
면의 개수 (개)	n+2	n+1	n+2
옆면의 모양	직사각형	삼각형	사다리꼴
밑면의 개수	2개	1개	2개

주사위는 왜 정육면체라고 부를까?

ㄴ정다면체

아빠! 저랑 휴대폰으로 하는 부루마블도 재미있지요?

팀으로 하니까 그리고 지율이랑 같이 하니까 더 재미있는 것 같아.

그런데 아빠! 주사위 있잖아요? 주사위는 정육면체라고 하잖아요. 그냥 사각기둥이라고 하면 더 쉬울 것 같거든요.

맞아! 주사위는 정육면체이면서, 정사각기둥이기도 해. 이름이 여러 개인 거야.

이름이 여러 개요?

정육면체와 같은 조금은 특별한 도형들이 있단다. 이런 도형을 '정다면체'라고 하는데…….

정다면체? 뭔가 조금은 반듯한 모양일 것 같은데요?

우리는 앞서 다면체에 대해서 살펴봤어요. 많은 다면체들 중에는 조금은 특별한 다면체들이 있답니다. 지율이와 아빠의 대화에서 등장한 정육면체는 정다면체중 하나예요. 그럼 정다면체가 어떤 도형이기에 특별한 도형이라고 하는지 함께 알아볼까요?

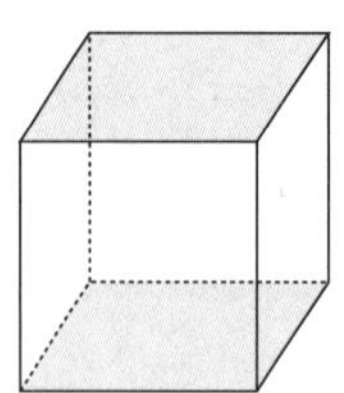

여기에 정육면체가 있어요. 이 정육면체는 정사각형 6개로 구성이 되어있는 다면체고요. 꼭짓점을 확인해 볼까요? 한 꼭짓점에서 모여 있는 면의 개수는 몇 개로 보이나요? 그렇지요. 한 꼭짓점에서는 총 3개의 면이 모이게 됩니다. 어느 꼭짓점에서 세더라도 모두 3개의 면과 만나게 돼요. 이처럼 다면체 중에서 '모든 면이 합동인 정다각형', '각 꼭짓점에서 모인 면의 개수가 모두 같다'라는 두 가지 조건을 모두 만족시킨다면 그 다면체를 우리는 '정다면체'라고 한답니다. 바로 정육면체처럼 말이지요.

무수히 많은 다면체 중에서 두 조건 모두를 만족하는 다면체는 5개밖에 없어요. 그러니 더 자세히 알아보아야 겠지요? 그 다섯 개의 정다면체는 다음 그림과 같습니다.

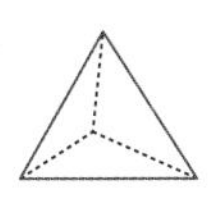
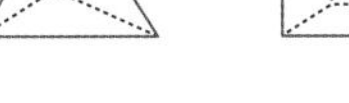
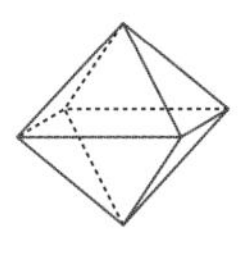
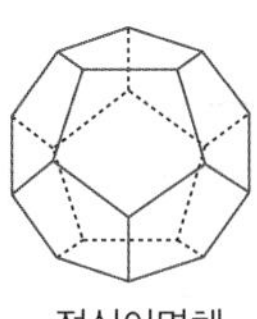
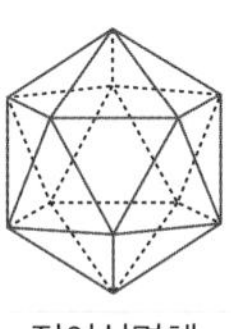

정사면체　　정육면체　　정팔면체　　정십이면체　　정이십면체

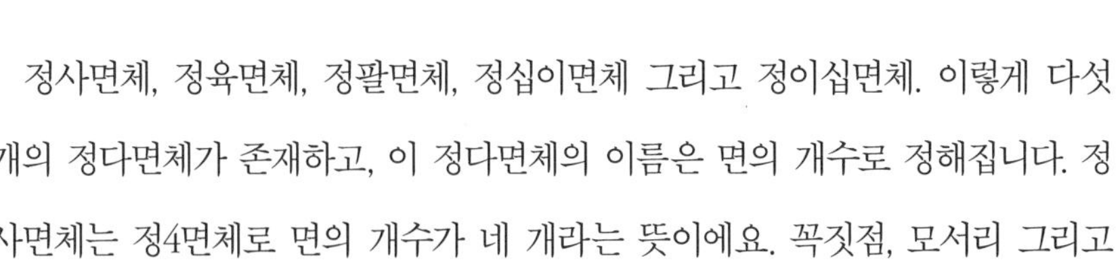

정사면체, 정육면체, 정팔면체, 정십이면체 그리고 정이십면체. 이렇게 다섯 개의 정다면체가 존재하고, 이 정다면체의 이름은 면의 개수로 정해집니다. 정사면체는 정4면체로 면의 개수가 네 개라는 뜻이에요. 꼭짓점, 모서리 그리고 면의 수 중에서 면의 수가 이름에서 나왔으니 편하지요?

이 정다면체들의 꼭짓점, 모서리 그리고 면의 수를 확인하려면 위의 그림처럼 '겨냥도'를 그릴 수 있어야 합니다. '겨냥도'란 겨냥해서 본 그림이란 뜻으로 입체 도형을 바라봤을 때 보이는 부분에 대한 그림을 말하는데, 그 겨냥도로 꼭짓점과 모서리의 개수를 찾아야 하는 거예요. 정사면체, 정육면체, 정팔면체의 겨냥도는 잘 그리는데, 나머지 두 개인 정십이면체와 정이십면체는 어려워하는 친구들도 있어요. 겨냥도를 통해서 꼭짓점, 모서리 그리고 면의 수를 찾는 방법은 임쌤과 함께 QR코드로 정리할 수 있으니 어렵더라도 포기하지 말고 잘 따라오세요.

정다면체 각각의 꼭짓점과 모서리의 개수를 알려면 정다면체의 정의를 다시 한 번 확인해 보면 돼요. 정다면체는 우선 모든 면이 합동인 정다각형이지요. 정삼각형으로 구성되어 있는 정다면체는 '정사면체', '정팔면체' 그리고 '정이십면체' 이렇게 세 가지이고, 정사각형으로 구성되어 있는 정다면체는 우리가 잘 알고 있듯이 '정육면체'예요. 마지막으로 '정십이면체'는 정오각형으로 구성되어 있답니다. 그럼 하나씩 확인해 보도록 할까요?

빛나는 다이아몬드의 비밀

천연 광물 중 굳기가 가장 우수하며, 광채가 뛰어난 보석인 다이아몬드의 가치는 원석을 깎아 내는 컷 또는 커팅이라 불리는 과정에서 결정된다. 프린세스 컷(사각), 페어 컷(물방울), 라운드 컷 등 여러 가지 가공법이 존재하는데 그 중에서도 브릴리언트 컷은 최고의 컷이라 불리는 가공법이다. 빛이 보석 안에서 흩어지고 다시 표면에 반사되면서 상상하기 힘들 만큼 영롱한 광채를 만들어 내는데, 바로 5각형 모양의 컷이다. 현재 전 세계 다이아몬드의 75%가 이 방식으로 가공된다. 1919년 벨기에의 마르셀 톨코프스키(marcel tolkowsky)에 의해 대중화되었고, 깎여 버려지는 보석의 양을 최소화하면서도 광채와 투명도를 높여 사랑받게 된 컷 방식이다. 빛나는 다이아몬드 속에 숨겨진 비밀은 바로 5각형, 즉 다각형에 있었다.

이미지 By Mario Sarto-CC-BY-3.0

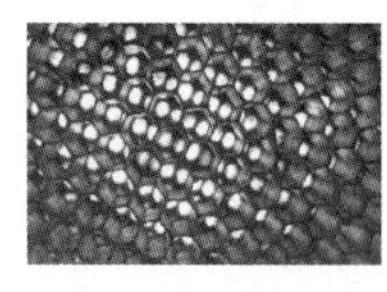

벌집, 육각기둥의 비밀
도형을 이어 붙여서 평면이나 공간을 가득 채우는 기하학의 한 분야를 '타일링(tiling)' 또는 '테셀레이션(tessellation)'이라고 하며, 순 우리말로는 '쪽매맞춤'이라 한다. 거리의 보도블록, 궁궐의 단청, 욕실의 타일 바닥 등에서 쉽게 볼 수 있다. 자연 속에서 가장 완벽한 테셀레이션의 예는 바로 벌집이다. 벌들이 만든 육각형 모양의 방은 벽 두께가 0.1mm밖에 되지 않음에도 방 무게의 30배나 되는 많은 양의 꿀을 담을 수 있다. 정다각형 중 서로 겹치지 않게 배열하면서 평면을 빈틈없이 채울 수 있는 몇 안 되는 도형, 육각형은 최소의 재료를 가지고 최대의 공간을 확보하는 가장 경제적인 구조이며, 세상에서 가장 힘센 구조물이다.

정사면체의 꼭짓점의 개수는 4개, 모서리의 개수는 6개가 되네요. 정육면체의 꼭짓점의 개수는 8개, 모서리의 개수는 12개입니다. 정팔면체는 피라미드가 위와 아래 두 개가 붙어 있는 모양으로 꼭짓점의 개수는 6개, 모서리의 개수는 12개가 되고요.

지금부터가 문제입니다. 정십이면체의 꼭짓점의 개수를 구하려 하는데, 정오각형에서 꼭짓점이 나오게 되겠지요? 그래서 한 면에서 꼭짓점이 5개가 생기고, 면의 개수가 12개이므로 5×12=60개라고 마무리하면 오류가 생깁니다. 바로 겹치는 꼭짓점이 생기거든요. 여기에서 중요한 정다면체의 정의가 나옵니다. '한 꼭짓점에 모인 면의 개수가 모두 같은 다면체'라는 정의를 본다면, 정십이면체는 한 꼭짓점에서 3개의 면이 모이게 돼요. 이 말은 한 꼭짓점은 3번이 겹쳐져서 계산이 됐단 말이에요. 그래서 정십이면체의 꼭짓점의 개수는 $\frac{5 \times 12}{3}$=20개가 되는 겁니다. 모서리의 개수도 마찬가지에요. 정오각형이 12개 모였으니 5×12=60개의 모서리라고 하면 오류가 생겨요. 모서리는 항상 두 개의 면과 만나서 생기기 때문에 2번이 겹쳐져서 계산이 됩니다. 즉, $\frac{5 \times 12}{2}$=30개가 모서리의 수예요. 이처럼 겨냥도를 그리기 힘든 정십이면체와 정이십면체의 꼭짓점과 모서리의 개수는 겹쳐지는 수를 잘 따져 보면서 계산해 주어야 합니다. 똑같은 방법으로 정이십면체도 구해 볼까요?

정이십면체는 정삼각형 20개로 구성이 되어있기 때문에 꼭짓점의 개수도 정삼각형에서 3개의 꼭짓점이 나오고 총 20개의 면으로 연결되므로 3×20=60개인 것 같지만, 한 꼭짓점에 모인 면의 개수가 5개여서 꼭짓점도 5번이 겹쳐져 계산이 돼요. 즉, 정이십면체의 꼭짓점의 개수는 $\frac{3 \times 20}{5}$=12개가 된답니다. 모서리도 마찬가지로 삼각형이니깐 3개의 모서리가 20개의 면씩 연결되므로 있으므로 60개의 모서리가 나올 것 같지만, 모서리는 항상 2번씩 겹쳐지므로 $\frac{3 \times 20}{2}$=30개가 되는 거예요.

정다면체의 꼭짓점, 모서리, 면의 개수를 정확히 찾을 수 있어야 하는데, 겨냥도를 통해서 구할 수 있는 도형은 직접 찾아보는 방법이 있고, 겨냥도로 보기 힘든 도형은 함께 생각해 본 것처럼 겹쳐지는 개수를 나눠 주는 과정을 통해 구할 수 있어야 해요. 절대로 암기해서는 안 되는 단원입니다.

정다면체

1 정다면체

: 각 면이 모두 합동인 정다각형이고, 각 꼭짓점에 모인 면의 개수가 모두 같은 다면체

※ 두 조건을 모두 만족해야 정다면체임.

2 정다면체의 종류

: 정다면체는 정사면체, 정육면체, 정팔면체, 정십이면체, 정이십면체 5가지뿐임.

	정사면체	정육면체	정팔면체	정십이면체	정이십면체
겨냥도					
면의모양	정삼각형	정사각형	정삼각형	정오각형	정삼각형
한 꼭짓점에 모인 면의 수	3개	3개	4개	3개	5개
꼭짓점의 개수	4개	8개	6개	20개	12개
모서리의 개수	6개	12개	12개	30개	30개
면의 개수	4개	6개	8개	12개	20개

쪽지 시험

시험에 '반드시' 나오는 '다면체' 문제를 알아볼까요?

1. 다음 중 다면체가 아닌 것은?

① 삼각뿔대 ② 사각뿔 ③ 정육면체 ④ 육각기둥 ⑤ 원뿔

2. 다음 중 면의 개수가 가장 많은 입체 도형은?

① 삼각기둥 ② 사각뿔 ③ 직육면체 ④ 오각뿔대 ⑤ 사면체

3. 다음 중 면의 개수가 나머지 넷과 다른 하나는?

① 칠면체 ② 정육각뿔 ③ 오각뿔대 ④ 정육면체 ⑤ 오각기둥

4. 삼각기둥의 모서리의 개수를 a, 오각뿔의 면의 개수를 b, 사각뿔대의 꼭짓점의 개수를 c라 할 때, a−b+c의 값을 구하세요.

답 **1.** ⑤, **2.** ④, **3.** ④, **4.** 11

다면체 관련 문제를 임쌤과 함께 풀어 볼까요? QR코드를 통해 임쌤을 만나러 오세요.

Math mind map

임쌤의 손 글씨 마인드맵으로 '다면체'를 정리해 볼까요?

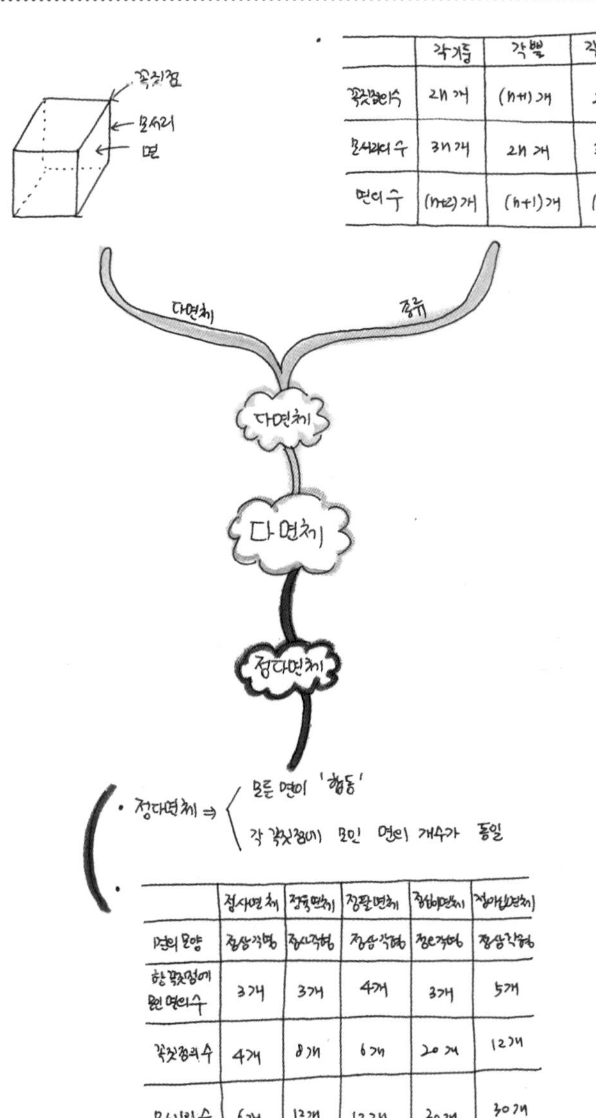

28 평면 도형의 변신은 무죄!

: 회전체

- 축과 회전체를 알 수 있어요.
- 회전체의 종류를 알 수 있어요.
- 회전체의 성질을 이용하고 전개도를 그릴 수 있어요.

삼각 깃발을 회전시키면?

└회전체

지율아, 치킨 같이 먹자!

우와, 치킨이다! 그런데 나무젓가락을 왜 이렇게 많이 줬을까요?

그렇네. 남은 나무젓가락으로 아빠랑 재밌는 거 해볼까?

재미있는 거 뭐요? 젓가락으로요?

직각삼각형 모양으로 자른 종이를 나무젓가락에 붙여 회전시키면 어떤 도형이 될까?

직각으로 자른 부분을 나무젓가락에 붙여서 회전시킨다는 말씀이시지요?

그래. 자, 시작한다! 무슨 도형이 보이니?

아이고, 치킨은 다 드시고 저러는 걸까요? 자, 그럼 우리도 나무젓가락에 직각삼각형을 붙여서 회전시켜 봐야겠지요?

그림처럼 삼각 깃발 모양이에요. 나무젓가락을 잡고 회전시키면 어떤 도형이 나올까요? 네! 맞습니다. 바로 원뿔이 나옵니다. 여러 번 회전시킬 필요도 없이, 딱 한번만 회전시켜도 원뿔 모양이 나오네요. 이처럼 평면 도형을 한 직선을 기준으로 하여 1회전시켜서 나온 입체 도형을 '회전체'라고 해요. 이때 한 직선이 나무젓가락이고, 이것을 우리는 '축'이라고 한답니다.

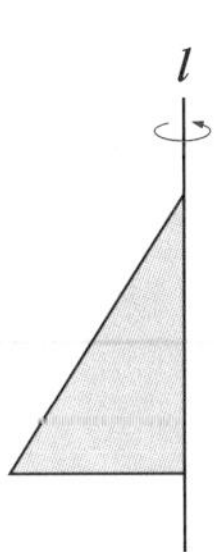

자, 이 그림은 직사각형을 회전시켰어요. 직사각형을 1회전하면 그림과 같은 원기둥이 나와요. 다시 용어 정리를 하고 갈까요? 앞서 이야기했듯 평면 도형을 회전시킬 때, 축이 되는 직선을 회전축이라고 하고, 회전체의 옆면을 이루는 선분을 모선이라고 해요. 그래서 모선은 무수히 많겠지요? 그리고 입체 도형에서는 윗면은 존재하지 않고 모두 밑면으로 부른다고 했던 것까지 기억하면 좋겠어요.

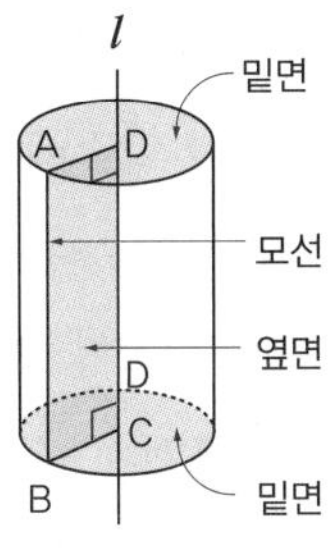

이제 회전체의 종류들에 대해서 알아봅시다. 회전체의 종류는 크게 네 가지가 있습니다. 원뿔, 원기둥, 구, 그리고 원뿔대까지.

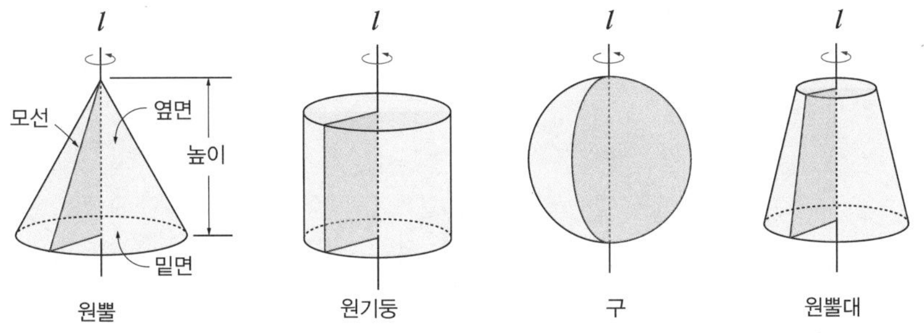

회전체에서는 가장 중요한 것이 회전 시킨 평면 도형이 무엇인가입니다. 원뿔은 직각삼각형, 원기둥은 직사각형, 구는 반원 그리고 원뿔대는 바로 사다리꼴

을 회전시켜서 나온 회전체이지요. 이 때, 원뿔대는 앞서 배운 각뿔대와 마찬가지로 원뿔을 밑면에 평행한 평면으로 잘라서 생기는 입체 도형 중에서 원뿔이 아닌 쪽의 입체 도형을 말한답니다. 아래 그림을 보면 조금 더 이해가 쉽겠지요?

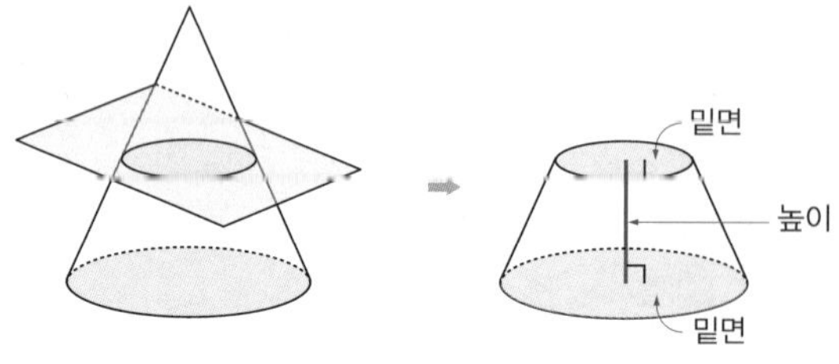

지금까지 회전체의 종류에 대해서 알아보았어요. 회전체 또한 겨냥도를 그려보면 쉽게 이해할 수 있단 사실도 그림을 통해 알게 됐고요. 어렵더라도 겨냥도 그리는 연습을 통해서 회전체도 익숙해져 보도록 하세요.

회전체

1 회전체

❶ 회전체 : 평면 도형을 한 직선 l을 축으로 하여 1회전 시킨 입체 도형

(a) 회전축 : 회전 시킬 때 축이 되는 직선

(b) 모선 : 회전체의 옆면을 이루는 선분AB

❷ 원뿔대 : 원뿔을 밑면에 평행한 평면으로 잘라서 생기는 두 입체 도형 중에서 원뿔이 아닌 쪽의 입체 도형

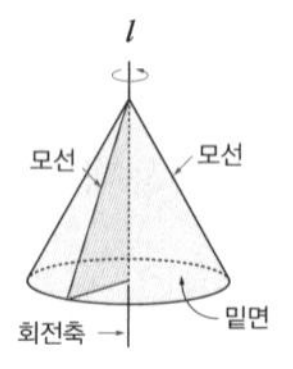

2 여러 가지 회전체

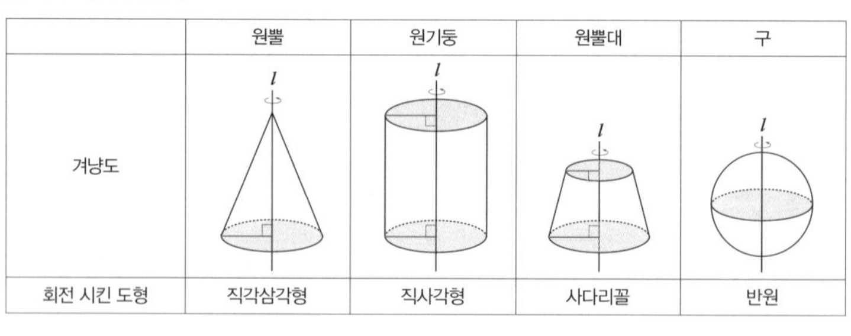

	원뿔	원기둥	원뿔대	구
겨냥도				
회전 시킨 도형	직각삼각형	직사각형	사다리꼴	반원

평면에서 입체로! 종이 접기를 해 볼까요?

└회전체의 성질

아빠, 종이접기 같이 하실래요?

그거 재미있겠다. 아빠도 만드는 거 좋아하거든.

이미 접어야하는 곳은 점선으로 표시되어 있거든요? 그 부분을 접어서 만들면 되는데, 아직 어떤 모양인지는 감이 안 잡혀요.

아빠가 한 번 볼까? 원이랑 부채꼴이 있네! 그러면 원뿔 모양이 만들어지겠다.

아니, 아빠! 어떻게 한 번 보고 아셨어요?

지율이가 하는 종이접기가 입체 도형을 만들 때와 비슷해요. 펼쳐져 있는 그림을 오려서 입체 도형을 만드는 것인데, 이때 펼쳐져 있는 그림이 바로 '전개도'가 되는 거예요. 지금부터는 이 '전개도'와 함께 회전체의 성질에 대해서 이야기해 봅시다.

자, 지금부터는 앞에서 축에 종이로 모양을 잘라 붙여 회전시켰던 그 회전체를 잘라볼 거예요. 잘라서 생기는 도형을 관찰할 겁니다.

먼저, 회전축에 수직이 되게 잘라 보는 거예요. 회전축에 수직으로 자르기 때문에 밑면과 평행하게 자른다는 뜻이겠지요? 그러면 어떤 도형들이 나오게 될까요? 바로 원입니다. 원뿔, 원기둥, 구, 원뿔대 모두 회전축에 수직으로 자르면 원모양이 나와요. 이때 원뿔과 구, 원뿔대는 밑면과 크기가 다른 원이 나오지만 원기둥은 크기가 같은 원이 나옵니다. 다음 그림들을 살펴보세요.

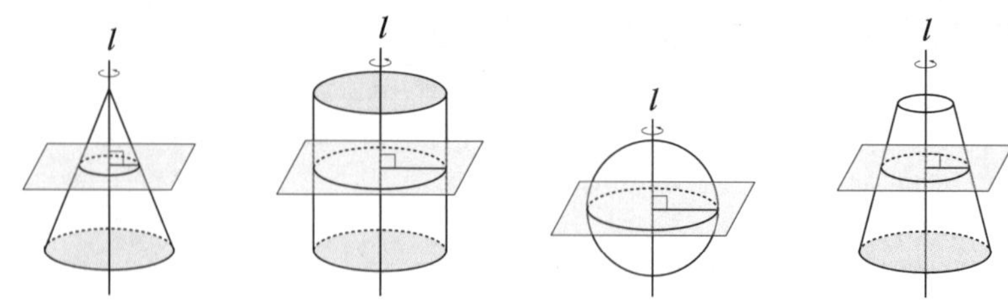

그렇다면 회전축을 포함하는 평면으로 자르면 어떤 도형이 나오게 될까요?

원뿔을 회전축을 포함하는 평면으로 자르면 삼각형이 나오고, 모선의 길이가 같기 때문에 삼각형의 두 변의 길이가 같은 이등변삼각형이 나옵니다.

원기둥을 회전축을 포함하는 평면으로 자르면 직사각형이 나오게 되지요. 그림으로 쉽게 확인할 수 있습니다.

그렇다면 구는 어떨까요? 회전축을 포함하는 평면으로 자르면 원이 나오겠지요?

마지막으로 원뿔대를 회전축을 포함하는 평면으로 자르면 어떤 그림이 나올까요?

바로 사다리꼴이지요. 정확하게는 마주 보는 두 변이 서로 평행하고, 평행하지 않은 나머지 두 변의 길이가 같은 등변사다리꼴이 나오게 됩니다.

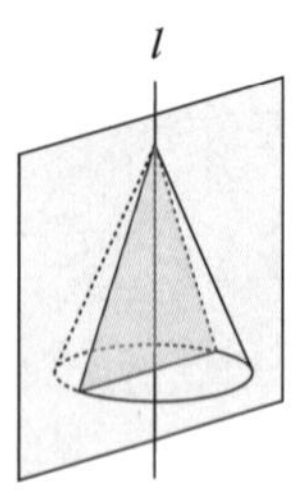

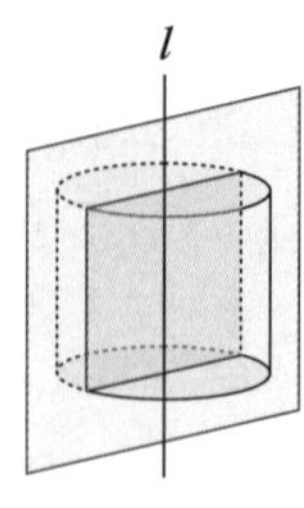

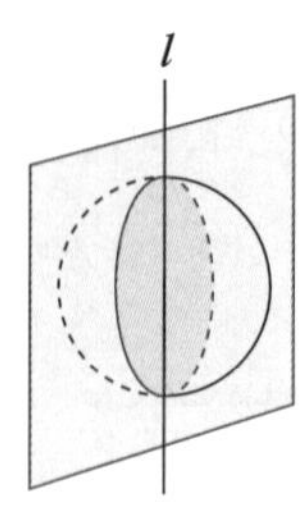

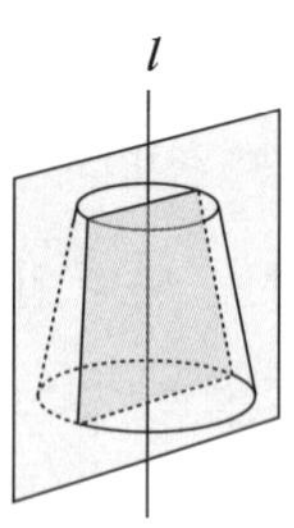

어때요? 회전체 또한 그림 즉 겨냥도를 그린다면 쉽게 이해할 수 있답니다.

자, 마지막으로 회전체들의 전개도를 그려볼 거예요. 이 전개도는 나중에 나오는 겉넓이와 부피를 구할 때 아주 중요하답니다. 그래서 전개도를 그리는 연습을 잘해 두어야 해요.

전개도란 입체 도형을 가위로 잘라 평면 도형으로 만들었을 때 나오는 모양을 말합니다. 다음 그림들은 순서대로 원뿔의 전개도, 원기둥의 전개도, 원뿔대의 전개도입니다.

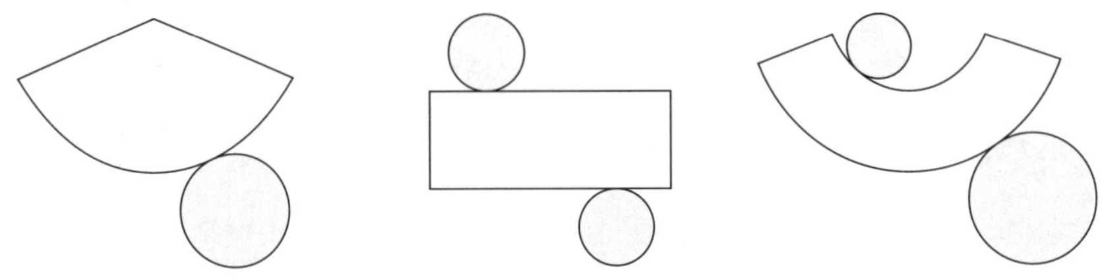

그런데 구의 전개도가 보이지 않네요? 맞아요. 구는 전개도를 그릴 수가 없기 때문에 구의 겉넓이를 배울 때에는 전개도를 놓고 생각할 수가 없어요. 그래서 구의 겉넓이는 공식으로 암기를 하는 수밖에 없답니다.

이제 각 전개도의 특징들을 살펴보도록 합시다. 우선 원뿔인데요, 원뿔의 옆면은 그림처럼 부채꼴이 됩니다. 부채꼴의 호의 길이와 밑면의 둘레의 길이가 같다는 사실은 그림을 통해서 알 수 있어요. 왜냐 하면 전개도를 회전체로 만들려면 옆면을 오므려야 하는데, 이때 옆면의 호와 밑면이 깔끔하게 만나게 되거든요. 예를 들면 아래 그림과 같아요.

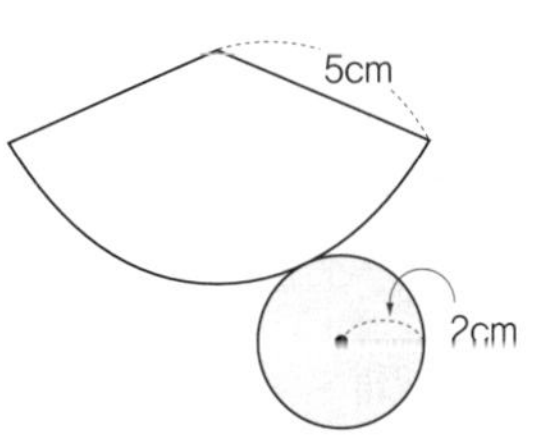

여기 모선의 길이가 5cm이고, 밑면의 반지름의

길이가 2cm인 원뿔의 전개도가 있어요. 옆면의 호의 길이는 밑면의 둘레와 같기 때문에 밑면의 둘레인 $2\times\pi\times2=4\pi$cm가 되지요. 그리고 옆면인 부채꼴의 넓이도 구할 수 있습니다. 바로 부채꼴의 넓이 구하는 공식인 $S=\frac{1}{2}rl$을 통해서 $S=\frac{1}{2}\times5\times4\pi=10\text{cm}^2$가 되는 겁니다. 어때요? 전개도를 그리고 보니 넓이도 쉽게 구할 수 있지요? 이처럼 전개도는 넓이를 구할 때 필요하니 전개도 그리고 해석하는 것들을 연습해 두어야 합니다.

다음은 원기둥을 살펴볼까요? 원기둥은 앞의 그림에서 봤듯이 두 밑면이 합동인 원이기 때문에 옆면 또한 직사각형이 된답니다. 원뿔과 마찬가지로 밑면에 위치한 원의 둘레의 길이와 옆면의 직사각형의 가로의 길이는 서로 같다는 사실은 이제 말하지 않아도 알겠지요?

마지막으로 원뿔대예요. 원뿔을 잘라서 만든 회전체이기 때문에 원뿔의 옆면인 부채꼴도 잘려서 나온 옆면이 생겨요. 길이가 나온 다른 예를 그림으로 살펴봅시다.

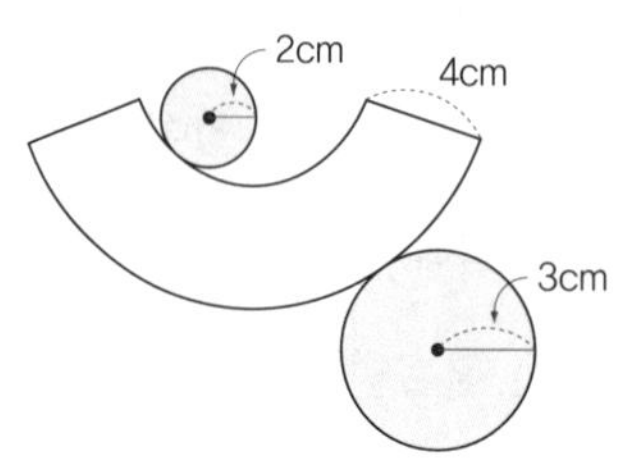

원뿔대는 옆면의 모양이 독특하지요? 이 옆면은 부채꼴의 일부분으로, 위쪽 부분의 길이와 아래쪽 부분의 길이가 서로 달라요. 두 밑면의 크기도 다르기 때문에, 위쪽 밑면의 둘레가 옆면의 위쪽 부분의 길이와 같고, 아래쪽 밑면의 둘레가 옆면의 아래쪽 부분의 길이와 같게 된답니다.

입체 도형의 겨냥도와 전개도가 어려운 친구들은 QR코드를 통해 임쌤을 만나러 오세요.

지금까지는 회전체의 성질에 대해서 알아보았어요. 앞서 살펴 본 원뿔대의 옆면은 모양이 독특해서 넓이를 구하기 어려워 보이나요? 곧 어렵지 않다는 것을 알게 될 테니까 미리부터 겁먹지 말고, 지금까지 살펴 본 겨냥도와 전개도를 꼼꼼하게 복습해 두세요. 이 겨냥도와 전개도를 통해서 입체 도형의 넓이와 부피를 구할 수 있기 때문이랍니다.

회전체의 성질

1 회전체의 성질

❶ 회전체를 회전축에 수직인 평면으로 자르면 그 단면은 항상 원임.

❷ 회전체를 회전축을 포함하는 평면으로 자르면 그 단면은 모두 합동이고, 회전축을 대칭축으로 하는 선대칭도형임.

※ 선대칭 도형 : 어떤 직선을 접는 선으로 하여 접었을 때 완전히 겹쳐지는 도형을 선대칭 도형이라고 함.

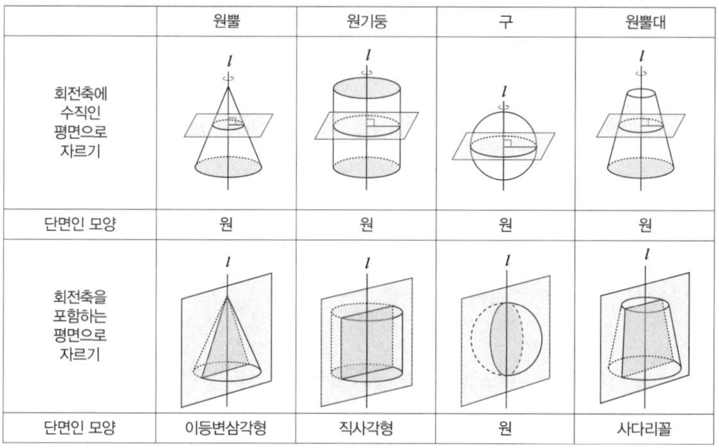

	원뿔	원기둥	구	원뿔대
회전축에 수직인 평면으로 자르기				
단면인 모양	원	원	원	원
회전축을 포함하는 평면으로 자르기				
단면인 모양	이등변삼각형	직사각형	원	사다리꼴

2 회전체의 전개도

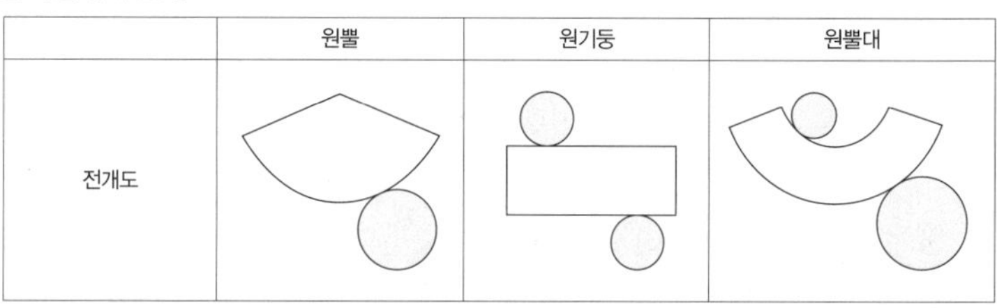

	원뿔	원기둥	원뿔대
전개도			

쪽지 시험

시험에 '반드시' 나오는 '회전체' 문제를 알아볼까요?

1. 다음 중 회전체가 아닌 것을 모두 고르면? (정답 2개)

① 원기둥 ② 원뿔 ③ 정팔면체 ④ 원뿔대 ⑤ 구각뿔

2. 다음 평면 도형을 직선 을 축으로 하여 회전 시킬 때 생기는 입체 도형으로 옳지 <u>않은</u> 것은?

①
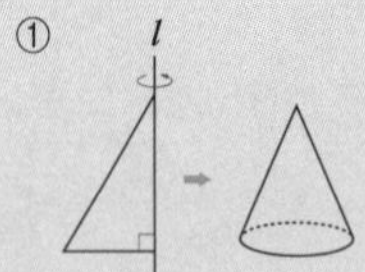

②
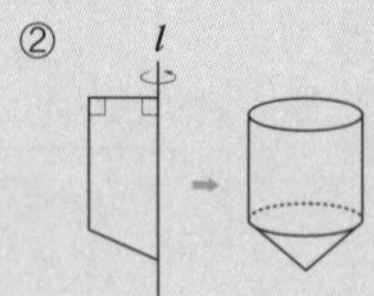

③
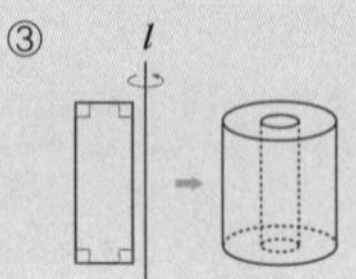

④
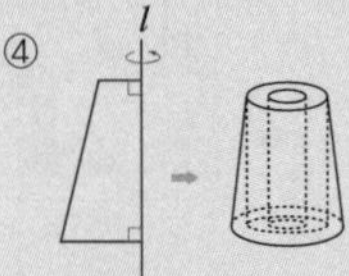

⑤
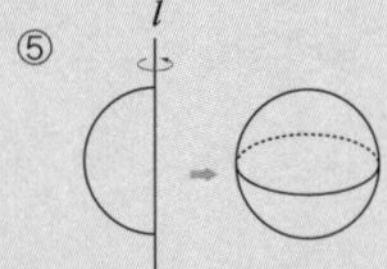

3. 다음 중 회전체와 그 회전체를 회전축을 포함하는 평면으로 자를 때 생기는 단면의 모양을 바르게 짝 지은 것을 모두 고르면? (정답 2개)

① 반구–원 ② 구–원 ③ 원뿔–부채꼴

④ 원기둥–직사각형 ⑤ 원뿔대–평행사변형

답 **1.** ③, ⑤, **2.** ④, **3.** ②, ④

회전체 관련 문제를 임쌤과 함께 풀어 볼까요? QR코드를 통해 임쌤을 만나러 오세요.

Math mind map

임쌤의 손 글씨 마인드맵으로 '회전체'를 정리해 볼까요?

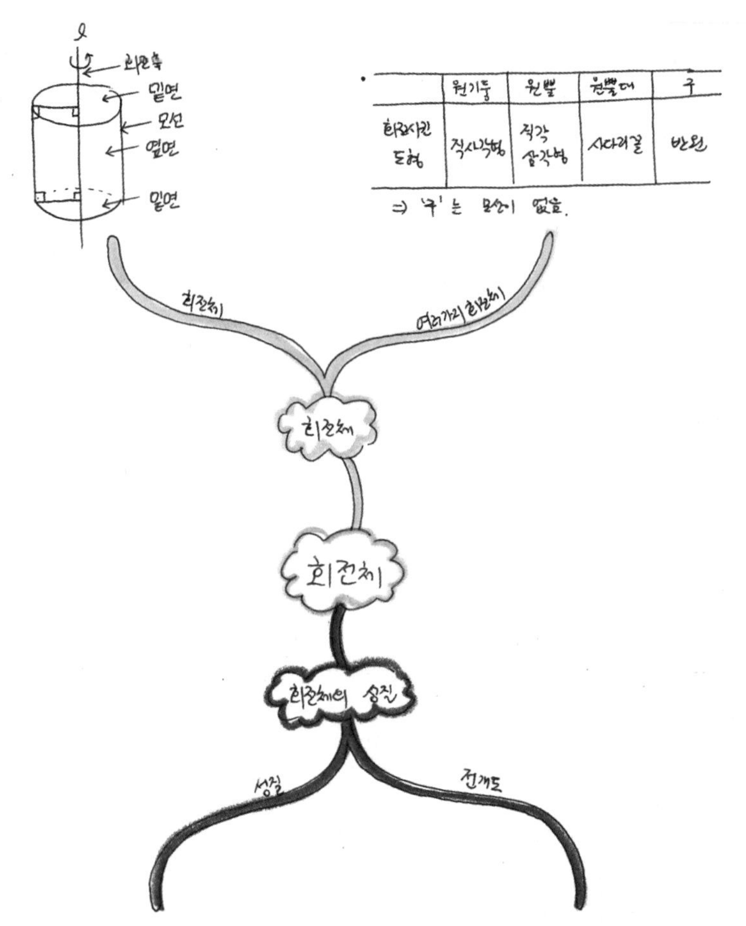

	원기둥	원뿔	원뿔대	구
회전축 수직 단면	원	원	원	원
회전축 포함 단면	직사각형	이등변 삼각형	사다리꼴	원

	원기둥	원뿔	원뿔대
겨냥도			
전개도			

⇒ '구'는 전개도가 없음.

29 펼쳐진 겉넓이와 꽉 찬 부피!

: 기둥의 겉넓이와 부피

- 각기둥의 겉넓이와 부피를 구할 수 있어요.
- 원기둥의 겉넓이와 부피를 구할 수 있어요.

아빠가 마신 콜라 한 모금의 양은?

ㄴ기둥의 겉넓이와 부피

앗! 누가 내 콜라 다 마셨어요? 혹시 아빠?

어……, 미안. 다는 안 마시고 반은 남겨 놨어!

헤헤, 괜찮아요. 용돈 주시면 또 사다 놓지요, 뭐.

그래, 딱 한 모금 마셨어!

요즘 원기둥의 겉넓이와 부피를 배우는데, 원기둥 모양인 콜라병을 보니 아빠가 마신 한 모금이 얼마나 되는지 부피로 계산해 보고 싶은데요?

그렇다면 밑면의 반지름이 7cm이고, 아빠가 마신 콜라의 양이 약 5cm 정도니까 부피로 계산을 하면?

아빠도 참! 농담이에요, 농담!

부피가 궁금하다는 지율이의 농담에 아빠는 너무 진지하게 반응하셨네요! 하지만, 임쌤은 이런 궁금증을 그냥 넘어갈 수 없답니다. 지율이 아빠가 마신 한 모금의 양을 부피로 계산할 수 있을까요? 콜라병이 원기둥 모양이니까 밑면의 반지름과 아빠가 마셔서 줄어든 콜라의 높이를 안다면 한 모금의 양도 충분히 계산할 수 있답니다. 원기둥의 부피를 계산하면 되니까요.

이전에 각기둥과 원기둥의 겨냥도와 그에 대한 성질들을 알아보았으니 이제 넓이와 부피를 계산해 볼 거예요. 먼저 임쌤과 넓이를 구해 봅시다.

각기둥과 원기둥의 넓이를 구한다는 뜻은, 겉면의 넓이를 구한다는 말이에요. 겉넓이를 구하기 위해서는 전개도가 필요합니다. 입체 도형인 각기둥과 원기둥을 평면 도형으로 펼쳐 놓은 그림말이에요. 그럼 전개도를 통해서 겉넓이를 구해 볼까요?

먼저 각기둥입니다.

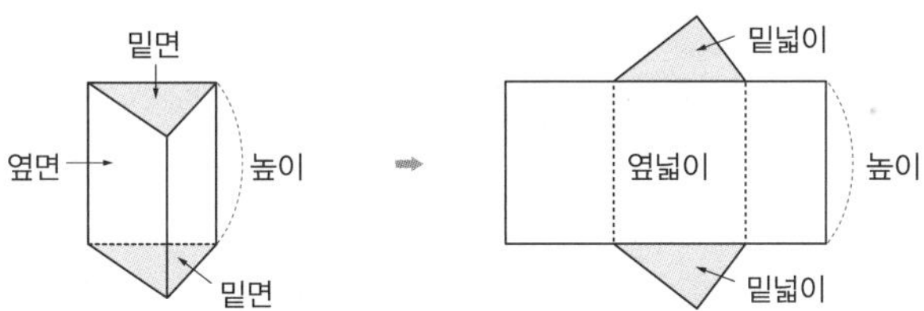

각기둥의 두 밑면을 위로 펼치고, 옆면도 함께 펼친다면 오른쪽 그림처럼 넓이가 똑같은 두 밑면과 직사각형의 옆면이 생겨요. 즉, 각기둥의 겉넓이는 밑면의 넓이 두 개와 옆넓이를 더하면 된답니다. 이때, 옆넓이의 가로의 길이는 밑면의 둘레의 길이와 같다는 사실도 알고 있지요?

그럼 원기둥의 겉넓이를 구해 볼까요?

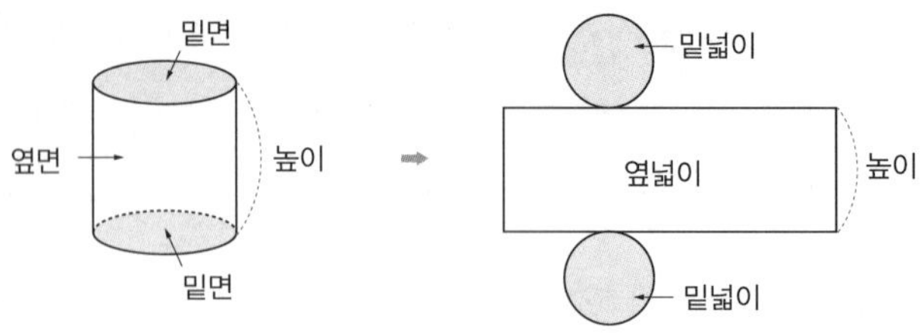

원기둥도 마찬가지로 전개도를 확인해 보면 넓이가 똑같은 원 두 개와 직사각형 모양의 옆면이 생겨요. 이제 원의 둘레의 길이와 원의 넓이를 구하는 공식을 떠올려 보세요.

다시 정리해 봅시다. 원의 둘레의 길이는 $2\pi r$, 원의 넓이는 πr^2입니다. 그럼 다시 원기둥의 두 밑면의 넓이인 원의 넓이를 두 번 계산하고, 옆면의 넓이인 옆넓이 그러니까 직사각형의 넓이를 더하면 되겠지요. 이때 옆면의 직사각형 가로의 길이는 밑면인 원의 둘레의 길이와 같다는 사실도 기억하면 되고요.

어때요? 각기둥과 원기둥의 넓이 구하는 방법은 두 밑면의 넓이는 똑같고, 옆면은 직사각형이기 때문에 그렇게 어렵지 않답니다. 기둥의 부피를 구하는 방법은 더 쉬워요. 각기둥과 원기둥 모두 부피를 구하는 공식은 (밑넓이)×(높이)가 되겠습니다.

부피의 개념은 꽉 차 있다는 느낌이에요. 동전을 여러 개 쌓아 볼까요? 그럼 어떤 도형이 되지요? 그렇지요. 원기둥이 됩니다. 원모양의 동전을 원기둥이 될 때까지 쌓았다는 것은 그 높이만큼을 밑넓이와 곱하면 된다는 뜻이에요. 그렇게 부피가 결정이 되는 겁니다.

각기둥의 밑넓이는 여러 다면체가 될 수 있기 때문에 그때 나오는 다각형의 넓이를 구한 다음 높이를 곱하면 되고, 원기둥의 밑넓이는 원의 넓이이기 때문에 원의 넓이 공식인 πr^2을 이용해서 구한 뒤 높이를 곱하면 된답니다.

지금까지 기둥의 겉넓이와 부피 구하는 방법을 임쌤과 알아봤는데, 연습이 필요한 단원이기 때문에 뒤에 나오는 쪽지 시험 예제도 열심히 풀고 복습해 보도록 하세요.

기둥의 겉넓이와 부피 구하는 방법을 더 연습하고 싶은 친구들은 QR코드를 통해 임쌤을 만나러 오세요.

기둥의 겉넓이와 부피

1 각기둥의 겉넓이

⇨ (각기둥의 겉넓이)=(밑넓이)×2+(옆넓이)

※ 기둥의 옆넓이는 전개도에서 직삭각형의 넓이와 같음.

2 원기둥의 겉넓이

⇨ 밑면인 원의 반지름의 길이가 r이고 높이가 h인 원기둥의 겉넓이S는

S=(밑넓이)×2+(옆넓이)=$2\pi r^2+2\pi r h$

3 각기둥의 부피

⇨ 밑넓이가 S이고, 높이가 h인 각기둥의 부피V는

V=(밑넓이)×(높이)=Sh

4 원기둥의 부피

⇨ 밑면인 원의 반지름의 길이가 r이고 높이가 h인 원기둥의 부피V

V=(밑넓이)×(높이)=$\pi r^2 h$

쪽지 시험

시험에 '반드시' 나오는 '기둥의 겉넓이와 부피' 문제를 알아볼까요?

1. 밑면이 오른쪽 그림과 같은 사다리꼴이고, 높이가 7cm인 사각기둥의 겉넓이를 구하세요.

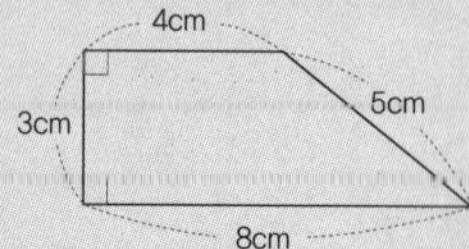

2. 오른쪽 그림과 같은 사각기둥의 부피는?

① $90cm^3$ ② $126cm^3$ ③ $136cm^3$

④ $162cm^3$ ⑤ $252cm^3$

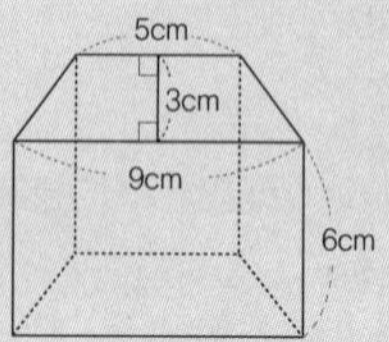

3. 다음 그림에서 원기둥 A의 부피가 원기둥 B의 부피와 같을 때, h의 값을 구하세요.

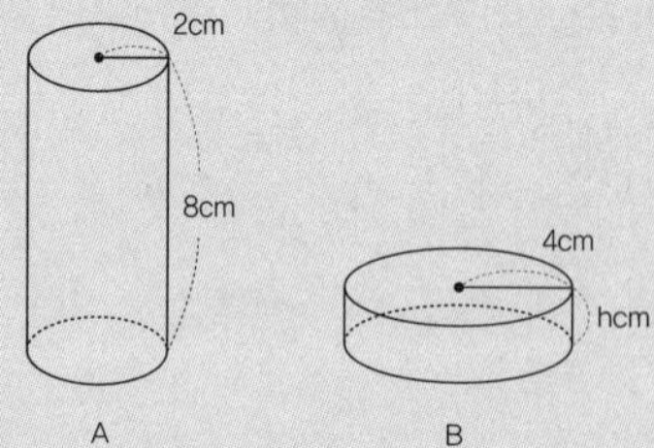

답 **1.** $176cm^2$, **2.** ②, **3.** 2

기둥의 겉넓이와 부피 관련 문제를 임쌤과 함께 풀어 볼까요? QR코드를 통해 임쌤을 만나러 오세요.

Math mind map

임쌤의 손 글씨 마인드맵으로 '기둥의 겉넓이와 부피'를 정리해 볼까요?

(⇒ S = (밑넓이)×2 + (옆넓이))

(⇒ S = (밑넓이)×2 + (옆넓이))

각기둥

원기둥

기둥의 겉넓이

기둥의 겉넓이와 부피

기둥의 부피

각기둥

원기둥

(h, S ⇒ V = (밑넓이) × (높이) = Sh)

(h, r ⇒ V = (밑넓이) × (높이) = $\pi r^2 h$)

30 각기둥과 각뿔의 관계는?

: 뿔의 겉넓이와 부피

- 각뿔·원뿔·각뿔대의 겉넓이를 구할 수 있어요.
- 각뿔·원뿔·각뿔대의 부피를 구할 수 있어요.

아이스크림 콘 속에 들어 있는 아이스크림의 양은?

└뿔의 겉넓이와 부피

지율아! 아빠랑 아이스크림 하나 먹고 갈까?

좋아요! 오랜만에 등산을 했더니 너무 덥네요.

아빠는 콘 아이스크림 하나 먹을 거야. 지율이는?

아빠는 늘 콘 아이스크림만 드시네요?

맛있기도 하고 콘 모양이 꼭 원뿔 모양이어서 재미있기도 하고!

생각해 보니 그러네요. 콘 아이스크림은 부채꼴 모양의 과자를 가지고 만들겠네요?

그렇지. 그러면 이 콘 안에 얼마나 많은 아이스크림이 들어갔는지도 계산할 수 있겠는데?

등산 후 아이스크림이라니 상상만 해도 시원하네요. 콘 아이스크림을 보면 우리가 손잡이로 잡고 먹는 부분은 원뿔 모양입니다. 그 원뿔 모양 콘에 아이스크림이 꽉 채워져 있고 위로도 아이스크림이 올려져 있어요. 자, 이 콘 그러니까 원뿔 모양 안에 들어가 있는 아이스크림의 양을 우리 친구들은 구할 수 있어요. 바로 원뿔의 부피를 통해서 구할 수 있답니다. 지금부터 뿔의 부피를 구하는 것과 뿔의 겉넓이 구하는 방법을 살펴보려고 합니다.

뿔의 겉넓이를 구하는 것은 기둥의 겉넓이를 구하는 것처럼 '전개도'를 그려서 구해야 해요.

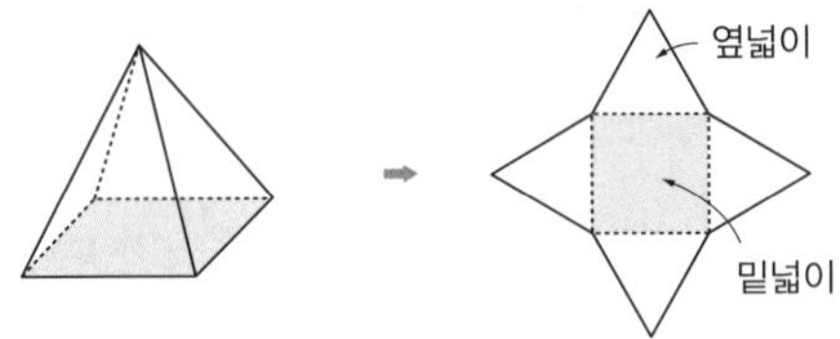

각뿔의 겉넓이를 구하기 위해서 위의 그림처럼 전개도를 펼쳐서 보면, 밑면인 다각형과 옆면인 삼각형으로 구성이 되어 있어요. 즉, 겉넓이라는 것은 위의 다각형들의 넓이를 모두 구해서 더하면 되기 때문에, 밑넓이+옆넓이로 계산을 하면 됩니다. 옆면의 삼각형의 개수도 밑면의 다각형의 선분의 개수만큼 나오기 때문에 나오는 도형들을 빠짐 없이 계산해서 더해 줘야 한다는 사실을 꼭 기억해야 합니다.

그렇다면 원뿔의 겉넓이는 어떻게 구해야 할까요? 원뿔을 펼치면 전개도가 어떤 모양이 되는지를 먼저 떠올려야 해요. 그림처럼 부채꼴과 원이 나옵니다.

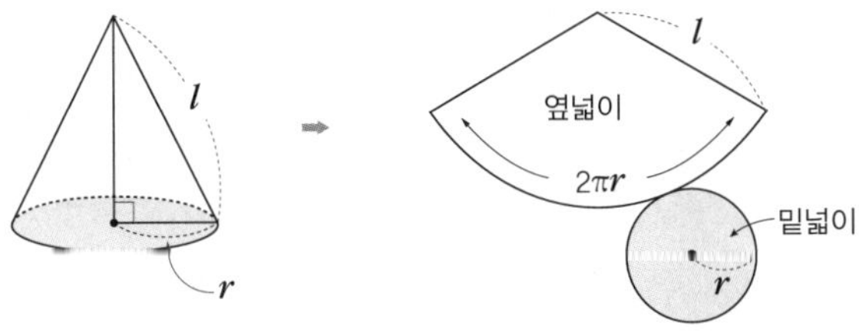

부채꼴의 넓이와 밑면인 원의 넓이를 더하면 원뿔의 겉넓이를 구할 수 있습니다. 옆면인 부채꼴의 넓이를 구하는 공식은 두 가지가 있었지요? 하나는 반지름의 길이가 r이고 중심각의 크기가 $x°$인 부채꼴의 넓이S=$\pi r^2 \times \frac{x}{360}$라는 공식을 이용하는 방법이에요. 또 하나는 호의 길이가 l일 때 부채꼴의 넓이 S=$\frac{1}{2}rl$이라는 공식을 이용하는 방법이지요. 위의 그림 속 부채꼴처럼 호의 길이가 나와 있다면 S=$\frac{1}{2}rl$이라는 공식을 사용하면 됩니다.

자, 이제 원뿔대의 겉넓이는 어떻게 구하면 될까요? 원뿔대는 원뿔의 일부분으로 원뿔을 밑면과 평행하게 잘랐을 때, 원뿔이 아닌 아랫부분을 말했어요. 마찬가지로 전개도를 그려서 생각하면 되는데, 크기가 다른 밑면 두 개와 옆면의 넓이를 더하면 되는 거예요.

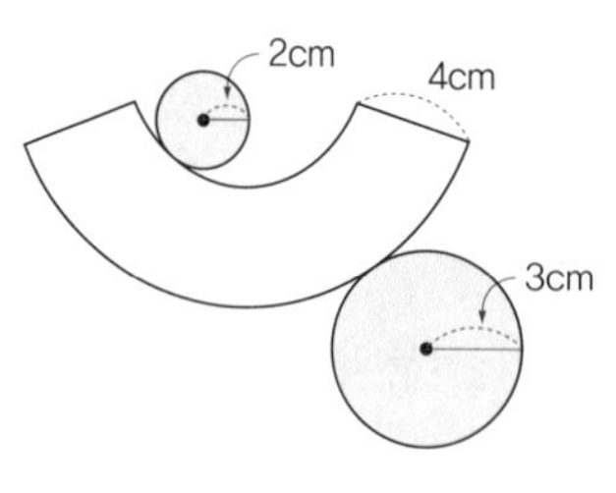

이때 옆면의 넓이는 큰 부채꼴에서 작은 부채꼴의 넓이를 빼서 나온 평면 도형이지요? 즉, 두 밑면의 넓이를 더하고, 옆면의 넓이는 큰 부채꼴에서 작은 부채꼴의 넓이를 빼서 계산하면 된다는 말이에요. 복잡해 보이지만, 겉넓이를 구하는 과정은 전개도에 나와 있는 모든 평면 도형의 넓이를 더하면 된다는 사실만 기억하면 그리 어렵지 않게 원뿔대의 겉넓이도 구할 수 있답니다.

자, 겉넓이를 구했다면 부피 구하는 방법도 살펴봐야겠지요? 각뿔, 원뿔 모두 뿔의 부피를 구할 때에는 $\frac{1}{3}$을 잘 기억하면 돼요.

각뿔의 부피를 구할 때 사용하는 공식은 V=$\frac{1}{3}$×(밑넓이)×(높이)입니다. 어디서 많이 본 공식이지요? 맞아요. 앞에서 배운 각기둥의 부피 공식이 들어 있어요. 즉, 각기둥의 부피를 구한 뒤, $\frac{1}{3}$을 곱하면 각뿔의 부피를 구하는 공식이 된답니다.

그림과 같이 밑면의 넓이와 높이가 같은 각기둥과 각뿔이 있어요. 각뿔에 가득 담긴 물을 각기둥에 옮겨 담으면 각기둥의 $\frac{1}{3}$ 만큼만 차게 됩니다. 왜 $\frac{1}{3}$ 만큼만 차게 되는지는 고등학교 교육과정에서 배우는 내용들을 먼저 배워야 증명하고 이해할 수 있어요. 그러니 지금은 $\frac{1}{3}$ 만큼 찬다고만 기억하고 공식을 암기해야 합니다.

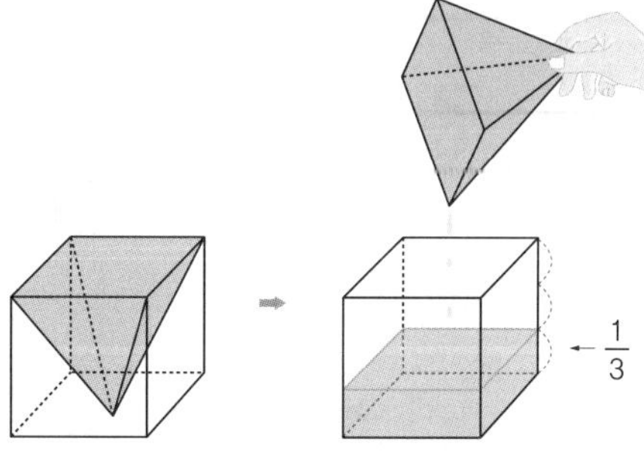

원뿔도 마찬가지에요.

그림처럼 밑면의 넓이와 높이가 같은 원기둥과 원뿔이 있을 때, 원기둥의 부피의 $\frac{1}{3}$ 이 원뿔의 부피가 됩니다. 즉, 원뿔의 부피도 V= $\frac{1}{3}$ ×(밑넓이)×(높이)가 되는 거예요. 이 또한 고등학교 때 증명할 수 있게 돼요.

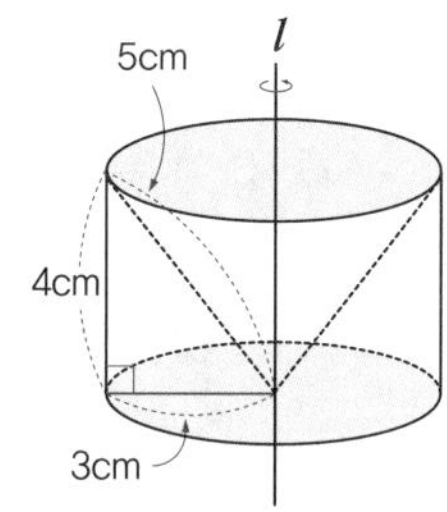

마지막으로 원뿔대는 어떨까요? 원뿔대가 만들어지는 과정이 큰 원뿔에서 작은 원뿔을 빼서 만들었기 때문에 부피 또한 큰 원뿔의 부피에서 작은 원뿔의 부피를 빼면 나온답니다.

겉넓이를 구하는 것은 전개도에서 보이는 여러 평면 도형의 넓이를 모두 구하고 더하는 복잡한 과정이 필요하지만, 부피는 계산하는 과정이 복잡하지 않기 때문에 계산 실수만 하지 않는다면 우리 친구들이 쉽게 구할 수 있답니다.

뿔의 겉넓이와 부피를 복습하고 싶은 친구들은 QR코드를 통해 임쌤을 만나러 오세요.

뿔의 겉넓이와 부피

1 각뿔의 겉넓이

⇨ (각뿔의 겉넓이)=(밑넓이)+(옆넓이)

※ 각뿔의 옆면은 모두 삼각형임.

2 원뿔의 겉넓이

⇨ 밑면인 원의 반지름의 길이가 r이고 모선의 길이가 l인 원뿔의 겉넓이S는

S=(밑넓이)+(옆넓이)=$\pi r^2+\pi rl$

※ 원뿔의 모선의 길이는 부채꼴의 반지름의 길이와 같고, 밑면인 원의 둘레의 길이는 부채꼴의 호의 길이와 같음.

3 각(원)뿔대의 겉넓이

⇨ (두 밑면의 넓이의 합)+(옆넓이)

4 각뿔의 부피

⇨ 밑넓이가 S이고, 높이가 h인 각뿔의 부피V는

V=$\frac{1}{3}$×(밑넓이)×(높이)=$\frac{1}{3}$Sh

※ 각뿔의 부피는 밑면이 합동이고 높이가 같은 각기둥의 부피의 $\frac{1}{3}$임.

5 원뿔의 부피

⇨ 밑면인 원의 반지름의 길이가 r이고 높이가 h인 원뿔의 부피V

V=$\frac{1}{3}$×(밑넓이)×(높이)=$\frac{1}{3}\pi r^2$h

※ 밑면이 합동이고 높이가 같은 기둥과 뿔 모양의 그릇이 있을 때, 뿔에 물을 가득 채워서 기둥에 부으면 기둥의 높이의 $\frac{1}{3}$ 만큼 물이 채워짐. 즉, 뿔의 부피는 밑면이 합동이고 높이가 같은 기둥의 부피의 $\frac{1}{3}$ 임.

6 각(원)뿔대의 부피

⇨ (뿔대의 부피)=(큰 뿔의 부피)−(작은 뿔의 부피)

쪽지 시험

시험에 '반드시' 나오는 '뿔의 겉넓이와 부피' 문제를 알아볼까요?

1. 오른쪽 그림과 같은 정사각뿔의 겉넓이가 133cm^2일 때, x의 값을 구하여라.

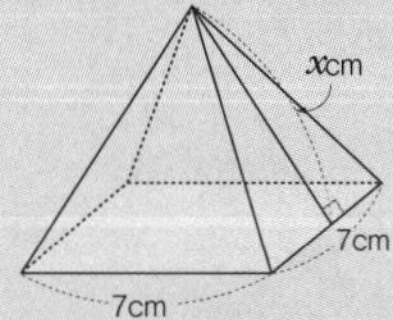

2. 오른쪽 그림과 같이 밑면인 원의 반지름의 길이가 3cm, 높이가 4cm인 원뿔 모양의 그릇에 1분에 $3\pi\text{cm}^3$씩 물을 채울 때, 빈 그릇에 물을 가득 채우는 데 걸리는 시간은?

① 4분　② 5분　③ 6분　④ 7분　⑤ 8분

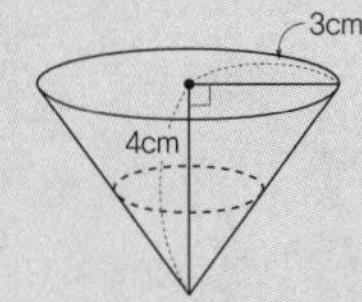

답 **1.** 6, **2.** ①

뿔의 겉넓이와 부피 관련 문제를 임쌤과 함께 풀어 볼까요? QR코드를 통해 임쌤을 만나러 오세요.

Math mind map

임쌤의 손 글씨 마인드맵으로 '뿔의 겉넓이와 부피'를 정리해 볼까요?

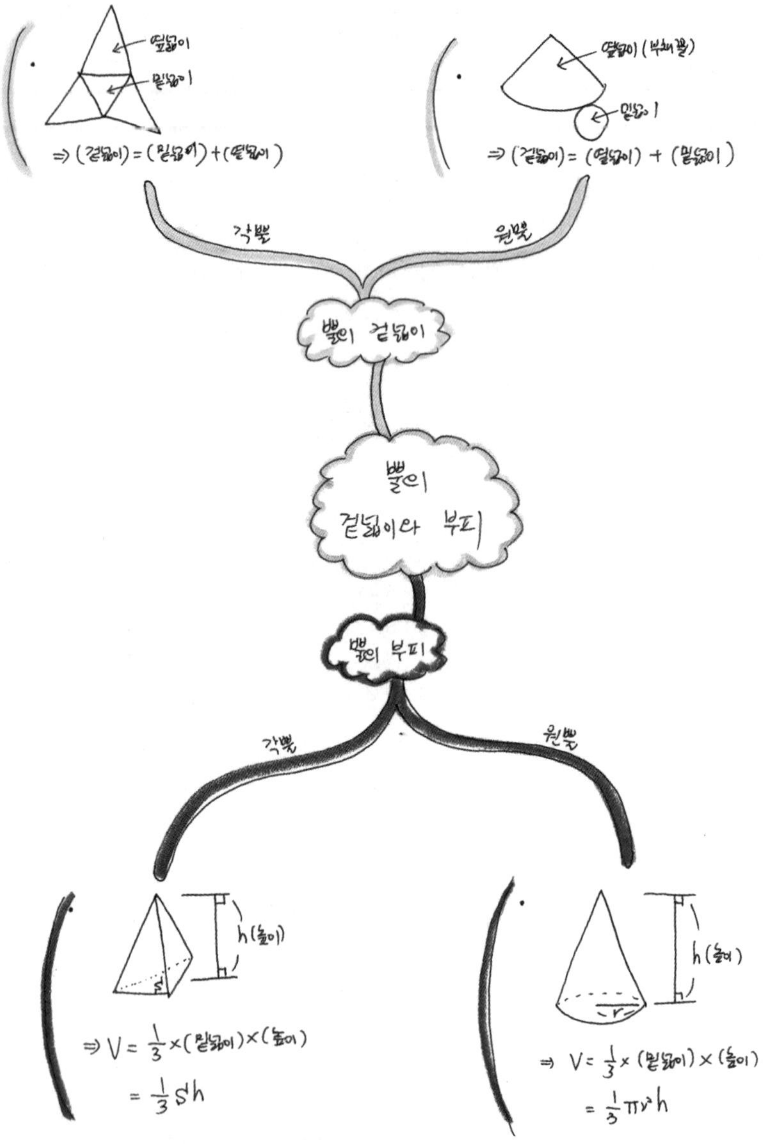

뿔의 겉넓이와 부피

뿔의 겉넓이

각뿔

- 옆넓이
- 밑넓이

⇒ (겉넓이) = (밑넓이) + (옆넓이)

원뿔

- 옆넓이 (부채꼴)
- 밑넓이

⇒ (겉넓이) = (옆넓이) + (밑넓이)

뿔의 부피

각뿔

h(높이), S

⇒ $V = \frac{1}{3} \times$ (밑넓이) $\times$ (높이) $= \frac{1}{3}Sh$

원뿔

h(높이), r

⇒ $V = \frac{1}{3} \times$ (밑넓이) $\times$ (높이) $= \frac{1}{3}\pi r^2 h$

31

귤을 감쌀 포일의 크기는?

: 구의 겉넓이와 부피

- 구의 겉넓이를 구할 수 있어요.
- 구의 부피를 구할 수 있어요.

귤을 더 맛있게 먹는 방법은?

└구의 겉넓이와 부피

지율아! 아빠랑 귤 먹을까?

네! 귤은 역시 따뜻한 이불 속에서 까먹어야 제맛이지요?

아빠가 귤을 더 맛있게 먹는 하나 방법 알려줄까?

네? 더 맛있게 먹을 수 있는 방법이 있어요?

귤을 알루미늄 포일에 싸서 구워 먹으면 정말 맛있거든.

우와! 신기하네요. 그럼 우리 얼른 구워 봐요. 포일로 제가 귤을 싸 볼까요?

그래, 포일은 귤을 딱 감쌀 정도만 자르면 된단다. 지율아! 그런데 알루미늄 포일은 전자 레인지에 돌리면 불이 날 수도 있는 거 알지?

아르키메데스(Archimedes)
고대 그리스의 수학자였다. 기원전 약 287년에 태어나 기원전 212년에 사망한 것으로 추정된다. 욕조에서 부력의 원리를 발견하고서는 유레카를 외치며 벌거벗은 채 거리를 달렸다는 등의 많은 일화는 후대에 각색된 것이라 한다. 아르키메데스는 수학은 물론 물리학, 천문학 등의 다방면에 뛰어난 사람이었지만, 특히 수학에서는 기하학과 관련된 업적을 많이 남겼다. 아르키메데스는 원주율 π를 발견하고 π의 값을 최대한 정확하게 구했으며, 구와 원뿔, 원기둥 등의 부피를 구하는 방법을 제시했다. 아르키메데스가 부피를 구하는 공식을 구하는 과정에서 생각한 아이디어는 아르키메데스가 죽고서도 약 2000년 정도 지난 후에 라이프니츠나 뉴턴과 같은 위대한 수학자들의 연구에 토대가 되었다. 여러 도형의 넓이, 부피 등을 계산하는 방법에 집착하며 연구했던 아르키메데스는 자신의 묘비에 그가 증명한 같은 높이의 원기둥과 구의 부피 관계를 나타내는 그림을 남겼다.

구워 먹는 귤이라니 정말 맛있겠지요? 임쌤도 TV에서 제주도 귤 밭이 나올 때 숯불에 구워 먹는 귤을 본 적이 있어요. 신기하고 궁금해서 귤을 알루미늄 포일로 감싸서 숯불이나 난로 위에 올려 구워 먹었지요. 우리 친구들도 구워 먹는 것은 좋은데 알루미늄 포일로 감싼 귤을 전자레인지에 돌리면 불꽃이 일어날 수 있으니 호기심에 해 보면 절대 안 된답니다.

자, 이제 귤을 굽는다고 생각해 볼까요? 귤을 감쌀 때 필요한 포일의 적당한 크기를 알아볼까요? 크게 잘라서 귤을 너무 많이 감싸거나, 너무 작게 잘라서 부족하게 감싸지 않고 정확하게 귤을 감싸 보려고 합니다. 이것이 바로 귤의 겉넓이가 되는 것이지요. 그러면 임쌤과 귤의 겉넓이를 구해서 알루미늄의 크기를 재어야 하니, 귤이 되는 입체 도형인 구의 겉넓이를 구해 보도록 합시다.

겉넓이를 구하려면 우선 전개도를 살펴야 해요. 구의 전개도는? 맞아요. 구의 전개도는 그릴 수 없다고 이미 알고 있지요? 그렇다면 구의 겉넓이는 어떻게 구해야 할까요? 아쉽게도 구의 겉넓이를 구하는 방법은 고등학교에 진학한 후에 배워요. 지금 우리 친구들은 구의 겉넓이 구하는 공식을 암기해서 문제를 풀 수밖에 없지요. 구의 반지름을 r이라고 할 때, 구의 겉넓이를 구하는 공식은 $S=4\pi r^2$입니다.

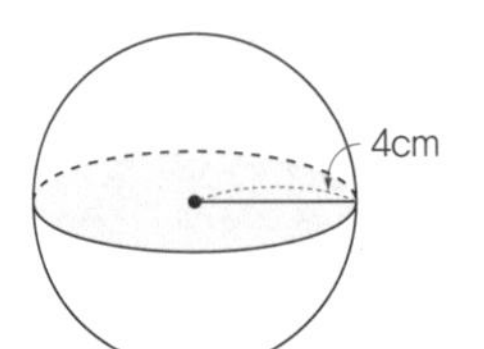

위의 그림처럼 반지름의 길이가 4cm인 구의 겉넓이는 공식에 반지름을 대입해 $S=4\pi\times4^2=64\pi\text{cm}^2$로 구할 수 있어요.

그렇다면 구의 부피는 어떻게 구할까요? 구의 부피를 구하는 방법 또한 증명은 고등학교에 진학한 후에 배우기 때문에 지금은 공식을 외우는 수밖에 없어요.

구의 부피를 구하는 공식은 $V=\frac{4}{3}\pi r^3$입니다. 위의 그림처럼 반지름의 길이가 4cm인 구의 부피는 공식에 반지름을 대입해 $V=\frac{4}{3}\pi\times4^3=\frac{256}{3}\pi\text{cm}^3$로 구할 수 있어요.

구의 겉넓이와 부피를 구하는 공식을 다시 한 번 정리해 보고 싶은 친구들은 QR코드를 통해 임쌤을 만나러 오세요.

새미있는 입체 도형을 하나 살펴볼까요? 원뿔과 구 그리고 원기둥을 하나로 겹쳐서 그린 그림이에요.

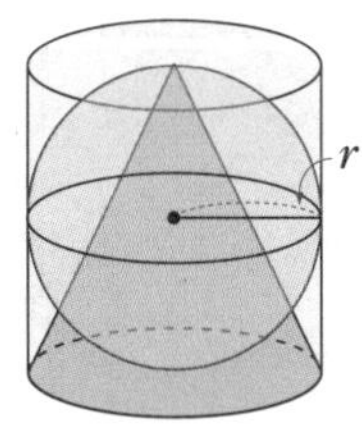

그림처럼 반지름의 길이가 r이고, 높이가 $2r$인 원기둥 안에 반지름의 길이가 r인 구와 반지름의 길이가 r이고, 높이가 $2r$인 원뿔이 들어가 있습니다. 이 때, 원기둥과 구와 원뿔의 부피 사이에는 아주 재밌는 관계가 있어요. 바로 (원기둥의 부피):(구의 부피):(원뿔의 부피)=3:2:1이라는 부피의 비가 성립돼요. 이 내용은 아르키메데스라는 유명한 수학자의 묘비에 쓰여 있답니다.

구의 겉넓이와 부피를 구하는 공식에 반지름을 대입하여 값을 구하는 연습을 꾸준히 해 보세요.

구의 겉넓이와 부피

1 구의 겉넓이

: 반지름의 길이가 r인 구의 겉넓이S는 ⇨ $S=4\pi r^2$

※ 구는 전개도를 그릴 수 없음.

2 구의 부피

: 반지름의 길이가 r인 구의 부피V는 ⇨ $V=\frac{4}{3}\pi r^3$

※ 밑면인 원의 반지름의 길이가 r, 높이가 $2r$인 원기둥 모양의 그릇에 물을 가득 채운 후, 원기둥에 꼭 맞는 구를 원기둥 모양의 그릇에 넣었다 빼면 남은 물은 원기둥의 높이의 $\frac{1}{3}$임. 즉, 구의 부피는 넘친 물의 부피와 같으므로 구의 부피는 원기둥의 부피의 $\frac{2}{3}$임.

쪽지 시험

시험에 '반드시' 나오는 '구의 겉넓이와 부피' 문제를 알아볼까요?

1. 오른쪽 그림은 반지름의 길이가 6cm인 구의 일부분을 잘라낸 것이다. 이 입체 도형의 겉넓이는?

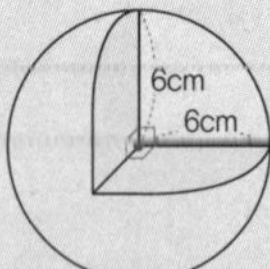

① $108\pi cm^2$　② $117\pi cm^2$　③ $126\pi cm^2$
④ $135\pi cm^2$　⑤ $153\pi cm^2$

2. 오른쪽 그림과 같은 입체 도형의 부피는?

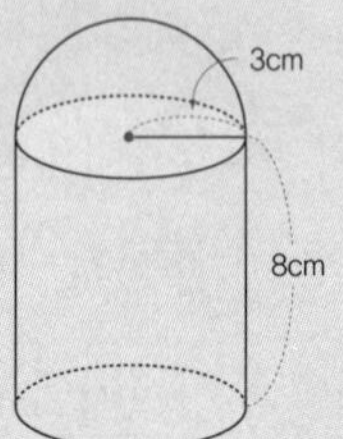

① $24\pi cm^3$　② $48\pi cm^3$　③ $66\pi cm^3$
④ $72\pi cm^3$　⑤ $90\pi cm^3$

답 **1.** ⑤, **2.** ⑤

구의 겉넓이와 부피 관련 문제를 임쌤과 함께 풀어 볼까요? QR코드를 통해 임쌤을 만나러 오세요.

Math mind map

임쌤의 손 글씨 마인드맵으로 '구의 겉넓이와 부피'를 정리해 볼까요?

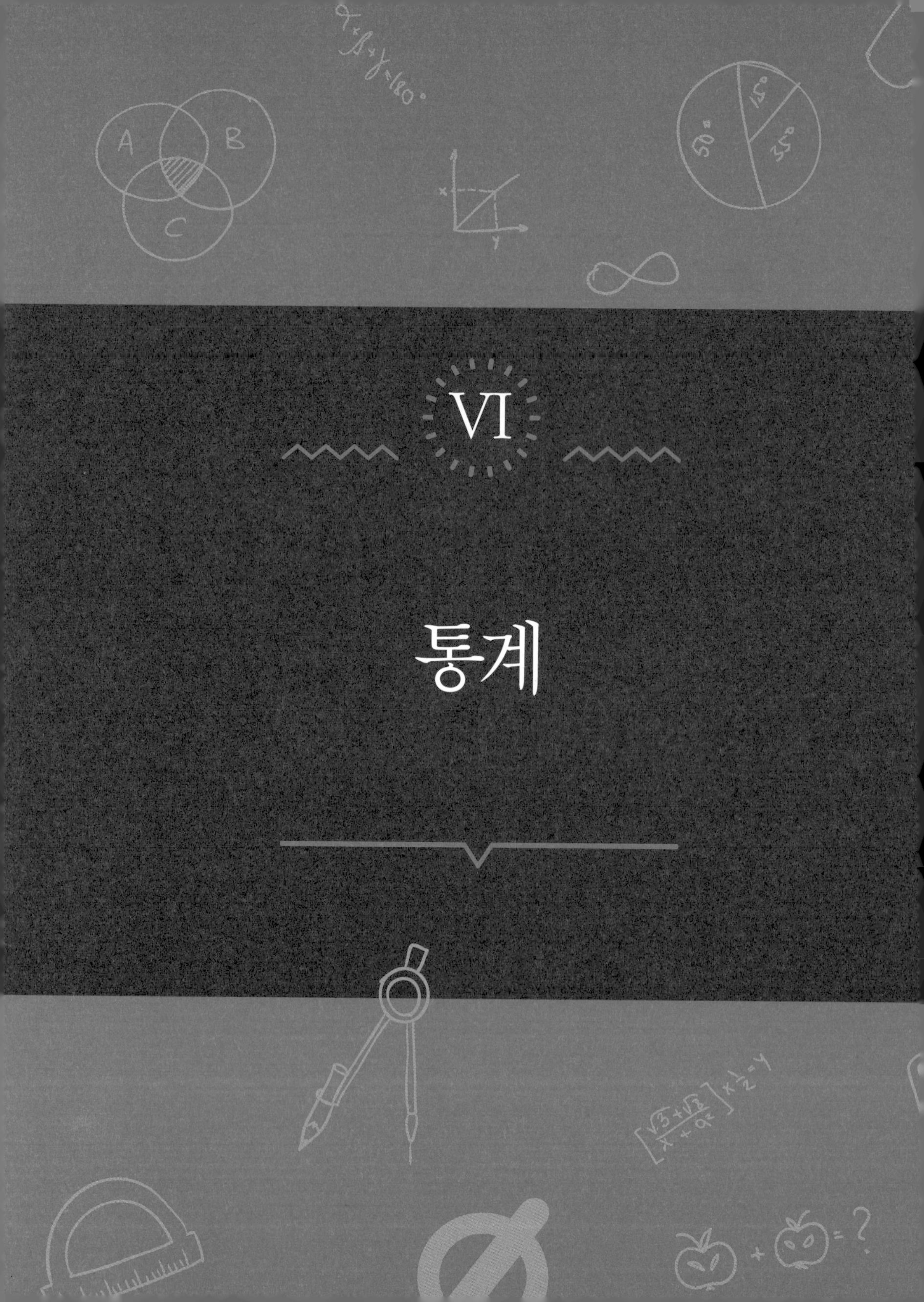

VI

통계

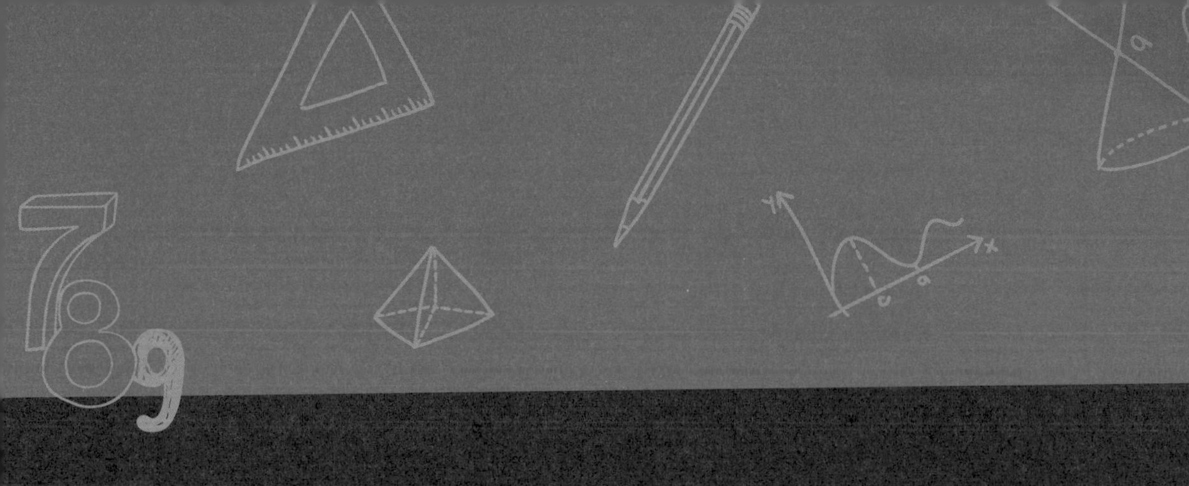

추운 겨울이 오면, 많은 사람들이 첫눈을 기다립니다. 친구들도 첫눈이 기다려지나요? 임쌤은 첫눈의 의미를 소중하게 생각한답니다. 그래서 해마다 기다려지고요. 기상청에서는 첫눈뿐만 아니라 기온, 습도, 지진과 화산 활동 등 다양한 정보들을 수집하고 분류하고 해석해서 기상 정보를 예측해 발표합니다. 해마다 벚꽃이 피는 날짜, 단풍이 드는 날짜, 첫눈이 오는 날짜도 예측해 알려 주고 있어요. 우리는 그 날짜에 맞춰 벚꽃 구경을 가기도 하고, 단풍 구경을 가기도 하지요. 첫눈이 예보된 날에는 눈을 기다리며 약속을 잡기도 하고요. 예보뿐 아니라, 설문 조사 결과나 물가 지수, 임쌤이 좋아하는 스포츠 기록 같은 다양한 자료들을 꺾은선 그래프, 막대그래프, 원그래프처럼 눈에 보기 편하게 정리해 놓으면 자료의 경향이나 변화 상태를 한눈에 조금 더 쉽게 찾아볼 수 있겠지요? 이렇게 정리하고 해석하는 과정을 바로 '통계'라고 합니다. 통계 자료들은 생각보다 우리 실생활에 많은 도움을 주고 있기도 해요. 과거의 결과들을 통해서 미래를 예측하여 합리적인 의사 결정을 할 수 있게 도와주는 '통계', 지금부터 임쌤과 함께 살펴보도록 합시다.

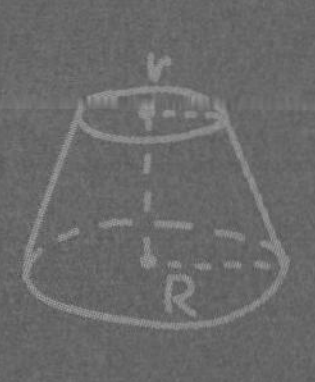

32 흩어져 있는 자료를 보기 편하게!

: 자료의 정리와 해석

- '줄기와 잎 그림'으로 자료를 정리할 수 있어요.
- '도수 분포표'로 자료를 정리할 수 있어요.

시험 성적을 정리해 봅시다!

└줄기와 잎 그림

지율아! 아빠가 정리할 것들이 많아서 그런데 좀 도와줄래?

좋아요. 뭘 도와드릴까요?

아빠가 이 자료들을 정리해야 하거든.

어떻게 도와드리면 돼요?

이 자료들을 점수대 별로 분류만 해주면 돼. 60점대, 70점대, 80점대, 90점대 이렇게.

별로 어려운 일은 아니네요. 둘이 얼른 하고 같이 놀아요, 아빠!

지율이 아빠도 점수대 별로 자료를 정리하시나 봐요. 사실 임쌤도 학생들을 가르치면서 시험을 대비하기 위해 친 시험지를 채점하고 점수대 별로 분류하고 친구들이 많이 틀린 문제들을 분석하는 작업을 하거든요.

그래야 개념이 부족한 친구들은 개념부터 다시 시작하고, 성적이 잘 나온 친구들은 그 성적을 유지하기 위해서 심화 문제를 풀면서 마무리할 수 있게 도와줄 수 있기 때문이지요.

이처럼 시험지를 점수대 별로 정리하는 과정도 우리는 '통계'라고 합니다. 정리하는 이유는 간단해요. 바로 흩어져 있는 자료를 한눈에 보기 편하게 정리하기 위해서예요.

자, 우리도 흩어져 있는 자료를 보기 편하게 정리하여 해석하는 내용들에 대해서 살펴보도록 합시다. 가장 먼저 '줄기와 잎 그림'입니다.

이 내용은 우리 친구들이 초등학교 때 배웠던 내용이기 때문에 중학교 교육과정의 통계를 배우기 위한 복습 단계라고 생각하면 좋을 것 같아요.

예를 하나씩 살펴보면서 줄기와 잎 그림을 복습해 봅시다. 아래의 자료를 살펴볼까요?

수학 성적 (단위 : 점)

74	76	82	84	72
69	68	73	72	79
84	91	67	82	80
78	83	94	69	96

이 수학 점수들을 보니 어때요? 정리가 하나도 안 되어 있어서 한눈에 보기 힘들지요? 이처럼 정리가 되어 있지 않은 자료를 우리는 '변량'이라고 이야기해요. 변량이란 키, 몸무게, 점수 등 어떤 자료를 수량으로 나타낸 것을 말하는데, 위에 있는 자료가 수학 성적을 수량으로 표시했으니, 바로 변량이 되는 거예요.

이런 변량을 함께 정리해 봅시다. 정리하는 방법은 여러 가지 방법이 있어요! 임쌤과는 먼저 '줄기와 잎 그림'으로 정리해 보도록 해요. 바로 점수대 별

수학 성적 (6 | 7은 67점)

줄기	잎						
6	7	8	9	9			
7	2	2	3	4	6	8	9
8	0	2	2	3	4	4	
9	1	4	6				

로 정리하면 아래 그림처럼 정리할 수 있어요.

먼저 줄기를 무엇으로 하고, 잎을 무엇으로 할지 정해야 해요! 우리는 점수 중에서 십의 단위를 줄기로 정했고, 점수 중에서 일의 단위를 잎으로 정했어요. 그렇게 해서 표를 만드는 겁니다. 세로선을 그려서 세로선 왼쪽에는 줄기의 수를 작은 값부터 순서대로 세로로 쓰고, 세로선의 오른쪽에는 잎의 수를 작은 값부터 순서대로 가로로 쓰면 돼요.

변량인 수학 점수에서 50점대가 없으면 줄기에 5를 쓸 이유는 없습니다. 그리고 줄기는 중복된 수라도 한 번 만 쓰면 돼요. 하지만 69점인 학생이 두 명이면 잎에도 9를 두 번 써 주어야 해요. 이 말은 잎의 수가 바로 변량의 수와 같아야 한다는 뜻입니다. 그리고 가장 중요한 표시가 있어요. 줄기와 잎을 설명하는 내용인데, 줄기와 잎을 그린 표의 오른쪽 윗부분에 (6|7은 67점)이란 표시처럼 6|7이 의미하는 내용을 반드시 써 주어야 해요. '줄기|잎'의 뜻을 설명하는 이 표시를 빼먹어서 틀리는 친구들이 많답니다.

어때요? 임쌤과 함께 한 번 더 정리해 보니 초등학교 때 배웠던 내용이 기억나지요?

이처럼 흩어져 있는 정리가 되어 있지 않은 자료들을 한눈에 보기 편하게 정리하는 과정을 더 살펴보도록 합시다.

줄기와 잎 그림으로 자료들을 더 정리해 보고 싶은 친구들은 QR코드를 통해 임쌤을 만나러 오세요.

줄기와 잎 그림

1 줄기와 잎 그림

❶ 변량 : 자료를 수량으로 나타낸 것

❷ 줄기와 잎 그림 : 줄기와 잎을 이용하여 자료를 나타낸 그림

※ 줄기는 중복된 수는 한 번 만 쓰고, 잎은 중복되는 수를 모두 써야 함.

2 줄기와 잎 그림을 그리는 순서

❶ 줄기와 잎을 정함.

❷ 세로선을 그어서 세로선의 왼쪽에는 줄기의 수를 작은 값부터 순서 대로 씀.

❸ 세로선의 오른쪽에는 잎의 수를 작은 값부터 순서 대로 씀.

❹ '줄기 | 잎'의 뜻을 설명함.

자료의 수를 표로 정리해 볼까요?

└도수 분포표

지율아! 전에 아빠 작업 도와줘서 고마웠어.

그 정도를 가지고 뭘요. 어려운 것도 아니었잖아요.

그래도 우리 지율이 덕분에 자료를 한 눈에 파악할 수 있어서 아빠가 보고서를 만드는 게 수월했단다.

그런데 아빠, 자료를 정리하는 방법이 '줄기와 잎 그림'밖에 없어요? 한눈에 보기 편하게 자료를 정리하는 방법이 궁금했어요!

아니야. 여러 가지 방법이 있지. 그럼 오늘은 그때와 다른 방법으로 그 자료들을 다시 정리해 볼까?

아휴, 우리 아빠는 정말 못 말려! 그냥 궁금해 했을 뿐인데…….

지율이가 아주 중요한 질문을 했네요. 자료를 정리하는 또 다른 방법들을 궁금해 했어요. 우리도 자료를 정리하는 또 다른 방법에 대해서 살펴보도록 합시다. 전에 줄기와 잎 그림으로 정리했던 자료들을 기억해 보세요. 왼쪽 그림과 같은 다양한 점수들을 줄기와 잎의 그림으로 정리해 오른쪽 그림과 같이 한눈에 보기 편하게 나타냈었어요.

수학 성적 (단위 : 점)

74	76	82	84	72
69	68	73	72	79
84	91	67	82	80
78	83	94	69	96

수학 성적 (6 | 7은 67점)

줄기	잎						
6	7	8	9	9			
7	2	2	3	4	6	8	9
8	0	2	2	3	4	4	
9	1	4	6				

그럼 이번에는 다른 방법으로 정리해 볼까요? 가장 먼저 주어진 자료에서 가장 작은 변량과 가장 큰 변량을 찾아보는 거예요. 몇 점이 가장 작고 몇 점이 가장 큰가요? 그렇지요. 67점이 가장 작고, 96점이 가장 커요. 그 두 점수를 가지고, 구간을 나눠 봅시다. 예를 들어서 60점대, 70점대, 80점대, 90점대처럼 점수대로 나눠 보는 거예요. 임쌤은 60점 이상 70점 미만, 70점 이상 80점 미만, 80점 이상 90점 미만, 90점 이상 100점 미만으로 구간을 나눠 볼 거예요.

이때 임쌤이 나눈 그 구간을 우리는 '계급'이라고 해요. 변량을 일정한 간격으로 나눈 구간입니다. 임쌤이 변량을 10점으로 나눴지요? 이때 변량을 나눈 구간의 너비, 즉 10점을 '계급의 크기'라고 해요. 가장 낮은 점수가 67점이므로 임쌤이 계급을 60점 이상 70점 미만부터 나누었고, 이때 계급을 총 4개의 구간으로 나누었지요? '계급의 개수'가 4개가 되는 거예요. 변량을 나눈 구간의 수를 계급의 개수라고 한답니다. 자, 그럼 준비물은 다 준비되었어요! 그러면 이제 무엇을 해야 할까요? 그렇지요. 계급을 나누었으면 실제로 그 계급에 속한 변량의 수를 세어서 그 개수를 써 넣으면 아래와 같게 됩니다.

점수(점)	학생 수(명)
60이상 ~ 70미만	4
70 ~ 80	7
80 ~ 90	6
90 ~ 100	3
합계	20

도수 분포표

표 왼쪽에는 계급을 쓰고, 그 계급에 해당하는 변량의 수를 오른쪽에 써서 표를 완성하면 됩니다. 이때 각 계급에 속하는 변량의 수를 '도수'라고 하고, 이 표를 '도수 분포표'라고 한답니다. '도수의 분포 상태를 나타내는 도표'라는 뜻이에요. 앞에서 살펴본 '줄기와 잎 그림'과는 또 다른 느낌이지요? 이 표를 보면 그 점수대에 해당하는 변량의 수가 정확히 기록이 되어 있으므로, 줄기와 잎 그림처럼 셀 필요가 없답니다.

하지만 한눈에 변량의 수를 파악할 수 있는 도수 분포표에도 함정은 있어요. 변량을 도수 분포표로 옮겨 버리면 반대로 실제 점수가 사라지게 됩니다. 예를 들면 60점 이상 70점 미만 계급에 속하는 4명의 실제 점수는 사라져 버렸어요. 그래서 그 계급의 중간값인 65점이라고 가정하기도 한답니다. 이때, 그 계급의 중간값을 '계급값'이라고 하는데, 그 내용은 중3 때에도 다시 통계를

흩어져 있는 자료들을 '도수 분포표'로 정리하는 연습을 함께 할 친구들은 QR코드를 통해 임쌤을 만나러 오세요.

배우니 그때 자세히 살펴보면 된답니다.

여기에서는 흩어져 있는 자료들을 '줄기와 잎 그림'을 그리지 않고, 바로 '도수 분포표'로 정리하는 연습을 해 보도록 합시다.

도수 분포표

1 도수 분포표

❶ 계급 : 변량을 일정한 간격으로 나눈 구간

(a) 계급의 크기 : 변량을 나눈 구간의 너비

(b) 계급의 개수 : 변량을 나눈 구간의 수

❷ 도수 : 각 계급에 속하는 자료의 개수

❸ 도수 분포표 : 주어진 자료를 몇 개의 계급으로 나누고 각 계급의 도수를 나타낸 표

2 도수 분포표를 만드는 순서

❶ 주어진 자료에서 가장 작은 변량과 가장 큰 변량을 찾음.

❷ 계급의 개수가 적당하도록 계급의 크기를 정함.

❸ 각 계급에 속하는 변량의 개수를 세어서 계급의 도수를 구함.

※ 계급, 계급의 크기, 도수에는 항상 단위를 써야 함.

쪽지 시험

시험에 '반드시' 나오는 '자료의 정리와 해석' 문제를 알아볼까요?

1. 아래는 휘향이네 반 학생 20명의 키를 조사하여 나타낸 줄기와 잎 그림입니다.
다음 설명 중 옳지 않은 것은?

키 (13 | 6은 136cm)

줄기	잎
13	6 7
14	1 2 7 8
15	2 5 6 8 8 9
16	1 1 2 5 5 6 8 9

① 15 | 2는 152cm를 나타낸다.
② 잎이 가장 많은 줄기는 16이다.
③ 키가 큰 쪽에서 6번째인 학생의 키는 148cm이다.
④ 키가 작은 쪽에서 9번째인 학생의 키는 156cm이다.
⑤ 키가 140cm 이상 157cm 이하인 학생은 7명이다.

2. 다음은 어느 반 학생들의 윗몸 일으키기 기록을 줄기와 잎 그림으로 나타낸 것입니다.
물음에 답하세요.

윗몸 일으키기 기록 (1 | 7은 17회)

잎(남학생)	줄기	잎(여학생)
7	1	8 9
6	2	1 5
4 2	3	5 8
7 5 2	4	4 7 8 9
8 4 0	5	3
8 3 2	6	1

(1) 여섯 번째로 윗몸 일으키기 기록이 좋은 남학생과 여학생의 기록을 각각 구하세요.

(2) 다음 중 옳지 않은 것은?
① 이 반 학생 수는 모두 25명이다.
② 여학생에서 잎이 가장 많은 줄기는 4이다.
③ 윗몸 일으키기 기록이 53회 이상 61회 이하인 학생은 4명이다.
④ 윗몸 일으키기를 54회 한 학생은 윗몸 일으키기 기록이 좋은 편이다.
⑤ 여학생의 기록이 남학생의 기록보다 더 좋다.

답 **1.** ③, **2.** (1) 50회, 44회 (2) ⑤

자료의 정리와 해석 관련 문제를 임쌤과 함께 풀어 볼까요? QR코드를 통해 임쌤을 만나러 오세요.

Math mind map

임쌤의 손 글씨 마인드맵으로 '자료의 정리와 해석'을 정리해 볼까요?

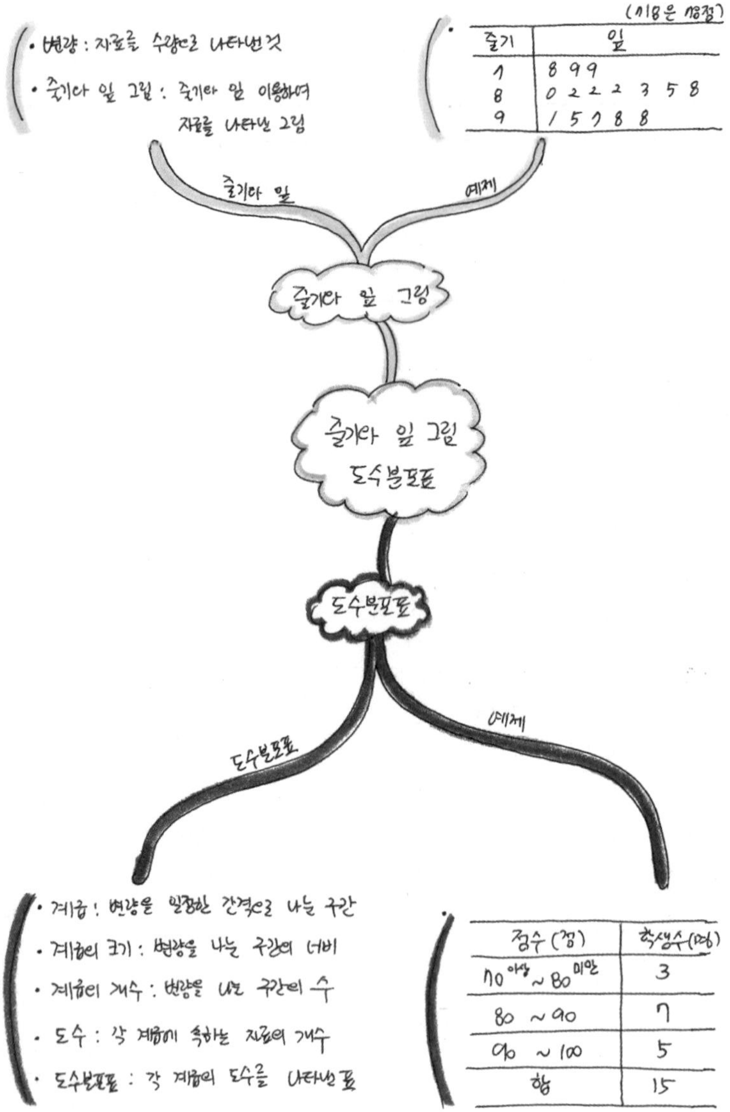
변량 : 자료를 수량으로 나타낸 것
줄기와 잎 그림 : 줄기와 잎을 이용하여 자료를 나타낸 그림
(7|8은 78점)
줄기 | 잎
7 | 8 9 9
8 | 0 2 2 2 3 5 8
9 | 1 5 7 8 8
줄기와 잎
예제
줄기와 잎 그림
줄기와 잎 그림
도수분포표
도수분포표
도수분포표
예제
계급 : 변량을 일정한 간격으로 나눈 구간
계급의 크기 : 변량을 나눈 구간의 너비
계급의 개수 : 변량을 나눈 구간의 수
도수 : 각 계급에 속하는 자료의 개수
도수분포표 : 각 계급의 도수를 나타낸 표
점수(점) | 학생수(명)
70이상 ~ 80미만 | 3
80 ~ 90 | 7
90 ~ 100 | 5
합 | 15

33 자료를 보기 쉽게 그림으로 그려라!

: 히스토그램과 도수 분포 다각형

- 히스토그램이 무엇인지 이해하고, 그릴 수 있어요.

- 도수 분포 다각형이 무엇인지 이해하고, 그릴 수 있어요.

- 히스토그램과 도수 분포 다각형의 특징을 알 수 있어요.

친구들의 독서 시간을 그림으로 그려 보아요!

└히스토그램

아빠! 저 좀 도와주세요.

한 번 도움을 받으면 도움을 주는 것이 인지상정이지. 뭘 도와줄까?

이번에 우리 반 친구들의 독서 시간을 조사했는데요, 지난번 아빠랑 같이 정리한 방법인 '도수 분포표'로 정리했거든요?

오! 아주 잘했네. 칭찬 받았겠는 걸?

네. 그런데 독서 시간대별로 어느 시간대에 독서를 하는 학생들이 더 많은지 비교를 하고 싶은데, 눈에 확 들어오게 비교할 수 있는 그림은 없을까요?

흩어져 있는 자료를 눈에 보기 편하게 각 계급에 해당하는 사람들의 수로 정리해 놓은 것이 '도수 분포표'였어요. 이 도수 분포표는 각 계

급의 사람의 수를 보기에는 적당하지만, 서로 다른 계급끼리 비교하기에는 조금은 불편한 면이 있지요. 숫자로 비교를 해야 하기 때문이에요. 이처럼 서로 다른 계급끼리의 분포 상태를 한눈에 알아보고 비교하기 위해서 새로운 그림을 그려 볼 거예요. 바로 '히스토그램'인데, 이름에 '그램'이란 단어가 들어가면 그림이란 뜻이에요. 도수 분포표에 있는 자료를 통해서 임쌤과 함께 그림을 그려 봅시다.

우리 친구들은 초등학교 때 '막대그래프'를 그렸던 기억이 있을 거예요. 그 막대그래프와 굉장히 비슷합니다. 비슷하게 그리지만 차이점이 있는데, 어떤 차이점이 있는지 잘 살펴보도록 합시다.

예를 하나 들어봅시다. 지율이는 지율이네 반 친구들의 독서 시간을 도수 분포표로 정리해 놓았다고 했어요.

독서 시간(시간)	도수(명)
1이상 ~ 3미만	4
3 ~ 5	12
5 ~ 7	9
7 ~ 9	5
합계	30

도수 분포표

우리는 이 도수 분포표를 통해서 '히스토그램'을 그려 볼 거예요. 우리 친구들은 비례 함수, 반비례 함수 그렸던 것이 기억날 텐데, 그때 그렸던 좌표축도 기억하지요? 좌표축처럼 x축과 y축을 그려 보는 겁니다. 즉, 가로축과 세로축을 그려서, 가로축에는 각 계급의 양 끝 값을 차례로 적으면 되고, 세로축에는 도수를 적는 거예요.

그런 뒤, 각 계급의 크기를 가로로 하고, 도수를 세로로 하는 직사각형을 그리면 됩니다. 이때 막대그래프와의 차이점은 직사각형을 꽉 차게 그리면 된다는 거예요. 즉, 직사각형들이 서로 붙어 있게 그려져야 하는 겁니다.

옆의 그림으로 확인해 볼까요?

어때요? 히스토그램과 막대그래프는 굉장히 비슷하지요?

각 계급의 도수만 잘 찾아서 직사각형의 높이를 올린다면 히스토그램 그리는 것도 어렵지 않아요. 주의할 점은 계급 중에서 가장 작은 계급과 가장 큰 계급의 각각 왼쪽과 오른쪽에 계급의 크기와 같은 폭의 빈칸을 하나씩 비워 둔 뒤 직사각형을 그려야 한다는 거예요. 그 이유는 다음에 그리게 되는 '도수 분포 다각형'에서 자세히 살펴보도록 합시다.

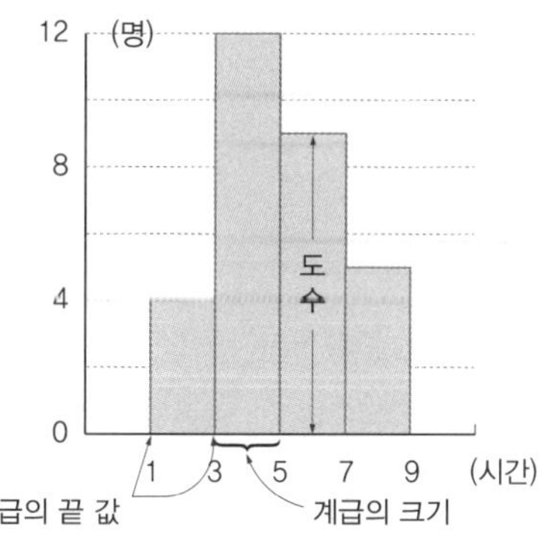

히스토그램

히스토그램을 그려 보니, 자료의 분포 상태가 한눈에 보이지요? 어느 계급의 사람 수가 가장 많고 적은지 세어 보지 않아도 바로 눈에 보인답니다. 그 이유 때문에 히스토그램을 그리는 거예요. 그리고 직사각형의 높이가 도수의 크기이기 때문에 도수가 많으면 많을수록 직사각형의 높이도 높아지므로 직사각형의 넓이가 커지겠지요? 즉, 직사각형의 넓이는 각 계급의 도수에 정비례한답니다. 그렇다면 모든 직사각형의 넓이를 우리 친구들은 구할 수 있을까요? 가로의 길이가 계급의 크기가 되고, 높이가 도수가 되기 때문에 각각의 직사각형의 넓이를 구해서 모두 더하면 돼요. 조금 더 편한 방법이 있는데, 가로의 길이인 계급의 크기에서 높이들의 합인 도수의 총합을 곱해도 모든 직사각형의 넓이의 합이 나온답니다.

자료를 정리하고 그림으로 도식화 하는 흐름을 함께 살펴볼 친구들은 QR코드를 통해 임쌤을 만나러 오세요.

자, 벌써 자료를 정리해서 그림으로 도식화하는 방법까지 살펴보았어요. 이번 단원인 통계는 '흐름'이 중요해요. 실제 우리 친구들이 흩어져 있는 자료를 정리한다고 생각해서 줄기와 잎 그림도 그려 보고 도수 분포표를 그린 뒤, 히스토그램도 그려 보는 과정을 연습한다면 문제들도 쉽게 해결할 수 있답니다.

히스토그램

1 히스토그램

⇨ 가로축에 각 계급의 양 끝값을 차례로 표시하고, 세로축에 도수를 차례로 표시하여 직사각형 모양으로 나타낸 그림

2 히스토그램을 그리는 순서

❶ 가로축에 각 계급의 양 끝값을 차례로 적음.

❷ 세로축에 도수를 적음.

❸ 각 계급의 크기를 가로로, 도수를 세로로 하는 직사각형을 그림

3 히스토그램의 특징

❶ 자료의 분포 상태를 한눈에 알아볼 수 있음.

❷ 각 직사각형의 넓이는 각 계급의 도수에 정비례함.

❸ (직사각형의 넓이의 합)={(각 계급의 크기)×(그 계급의 도수)}의 합

=(계급의 크기)×(도수의 총합)

히스토그램에 날개를 달자!

└도수 분포 다각형

지율아! 그림으로 그려 보니까 훨씬 좋지? 비교하기도 편하고!

네, 히스토그램을 그리니까 훨씬 눈에 보기 좋아요.

그 히스토그램에 선분을 추가하면 더 비교하기 좋단다.

아니, 직사각형에서 추가할 선분이 있어요?

그럼, 아빠가 해 볼 테니까 한번 볼래? 진짜 비교가 쉬울걸?

자, 앞에서 배웠던 것들을 다시 정리해 보고 넘어갈까요? 흩어져 있는 자료, 변량들이 있어요. 눈에 보기 편하게 표로 정리해 놓은 것이 바로 '도수 분포표'였지요. 그 도수 분포표를 통해서 직사각형의 그림으로 그려 놓은 것이 '히스토그램'이었습니다. 히스토그램으로 그려 놓으니까 줄기와 잎 그림이나 도수 분포표로 나타낸 것보다 어느 계급의 도수가 더 높은지 비교하기가 좋았지요. 직사각형의 높이만 비교하면 되니까요.

여기서 하나 더, 그 히스토그램에 선분을 추가할 거예요. 기존에 히스토그램이 그려져 있다면, 각 직사각형의 윗변의 중점을 차례로 선분으로 연결을 해 주는 거지요. 이때, 그려지는 그 선분을 우리는 '도수 분포 다각형'이라고 해요. 그림으로 살펴볼까요?

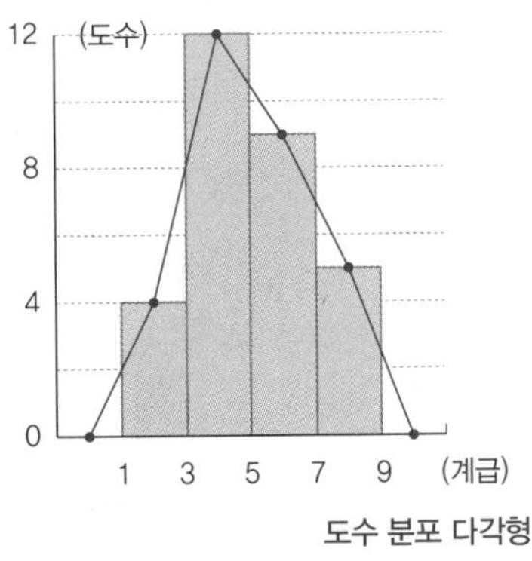

도수 분포 다각형

그림에 직사각형이 보이지요? 우리가 먼저 그린 히스토그램이에요. 도수 분포 다각형은 이 히스토그램의 직사각형 윗변 가운데에 점을 하나 찍고 각 점들을 선분으로 연결하는 것인데, 이때 히스토그램의 양 끝에 도수가 0인 계급이 하나씩 더 있는 것으로 생각하고서 그 중앙에도 점을 찍어서 연결을

도수 분포표와 히스토그램 그리고 도수 분포 다각형을 다시 한 번 해석해 보고 싶은 친구들은 QR코드를 통해 임쌤을 만나러 오세요.

해야 합니다.

앞에서 임쌤이 히스토그램의 직사각형을 그릴 때, 가장 작은 계급과 가장 큰 계급의 각각 왼쪽과 오른쪽에 빈 계급을 만들어 달라고 했지요? 바로 '도수 분포 다각형'을 만들기 위해서였다는 사실 눈치 챘나요?

여기서 기억해야 할 것이 하나 있어요. 도수 분포 다각형에서 양 끝의 도수가 0인 계급은 실제 계급이 아니므로 개수를 셀 때 포함시키지 않도록 주의해야 해요. 선분으로 둘러싸여 있기 때문에 '다각형' 모양처럼 보여 도수가 분포되어 있는 것을 표현하는 다각형이란 뜻으로 도수 분포 다각형이란 용어가 생긴 거예요.

이 도수 분포 다각형을 그려 보면 두 개 이상의 자료의 분포 상태를 '동시에' 나타낼 수 있어서 비교하는 데 편리하답니다. 꺾은선 그래프처럼 생겨서 '비교'하기 편하거든요.

그리고 도수 분포 다각형과 가로축으로 둘러싸인 부분의 넓이는 히스토그램의 각 직사각형의 넓이의 합과 똑같아요. 가위를 들어서 도수 분포 다각형보다 바깥쪽에 튀어나와 있는 직사각형인 히스토그램을 잘라서, 도수 분포 다각형의 안쪽 직사각형 사이에 빈곳에 넣으면 정확히 들어가거든요. 그래서 넓이가 똑같아지는 겁니다. 그림에서 A와 B 부분을 말하는 거예요.

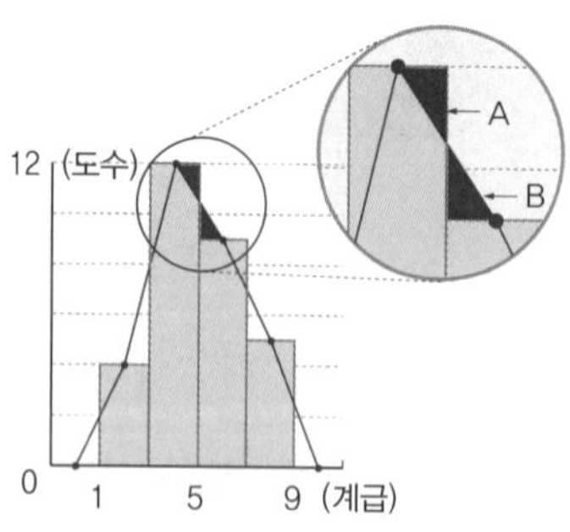

지금까지 우리는 자료를 정리하는 여러 가지 방법에 대해서 살펴보았어요. 때에 따라 필요한 방법을 통해서 자료를 정리했다면, 도수 분포표와 히스토그램 그리고 도수 분포 다각형까지 해석을 할 수도 있을 거예요.

도수 분포 다각형

1 도수 분포 다각형

⇨ 히스토그램에서 각 직사각형의 윗변의 중점을 차례로 선분으로 연결하여 나타낸 다각형 모양의 그래프

2 도수 분포 다각형을 그리는 순서

❶ 히스토그램에서 각 직사각형의 윗변의 중앙에 점을 찍음.

❷ 히스토그램의 양 끝에 도수가 0인 계급이 하나씩 더 있다고 생각하고 그 중앙에도 점을 찍음.

❸ 위에서 찍은 점들을 차례로 선분으로 연결

3 도수 분포 다각형의 특징

❶ 두 개 이상의 자료의 분포 상태를 동시에 나타내어 비교하는데 좋음.

❷ 도수 분포 다각형과 가로축으로 둘러싸인 부분의 넓이는 히스토그램의 각 직사각형의 넓이의 합과 동일

쪽지 시험

시험에 '반드시' 나오는 '히스토그램과 도수 분포 다각형' 문제를 알아볼까요?

1. 오른쪽 그림은 재훈이네 반 학생들이 1년 동안 읽은 책의 수를 조사하여 나타낸 히스토그램입니다. 다음 중 옳지 <u>않은</u> 것은?

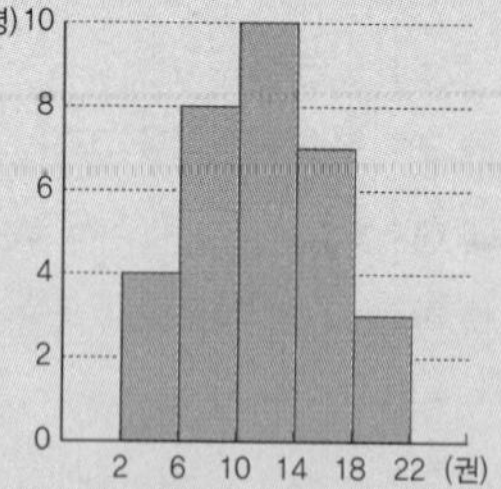

① 계급의 크기는 4권이다.
② 계급의 개수는 5이다.
③ 전체 학생 수는 30명이다.
④ 도수가 8명인 계급의 계급값은 8권이다.
⑤ 1년 동안 읽은 책의 수가 14권 이상인 학생 수는 10명이다.

2. 지희네반 학생 35명의 던지기 기록을 조사하여 나타낸 히스토그램인데 일부가 찢어져 보이지 않습니다. 기록이 26m 이상 30m미만인 학생 수는?

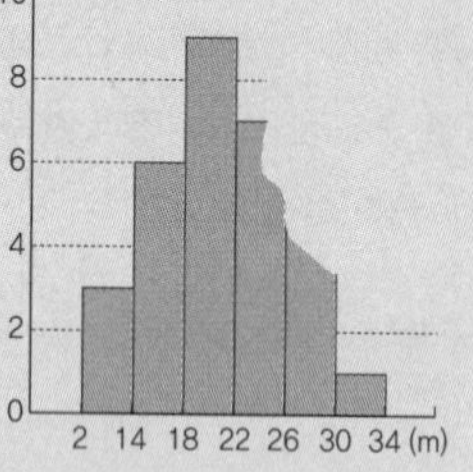

① 5명 ② 6명 ③ 7명 ④ 8명 ⑤ 9명

3. 다음 그림은 어느 반 학생들의 윗몸 일으키기 기록을 조사하여 나타낸 도수 분포 다각형입니다. 상위 20% 이내에 들려면 기록이 최소한 몇 회 이상이어야 하는지 구하세요.

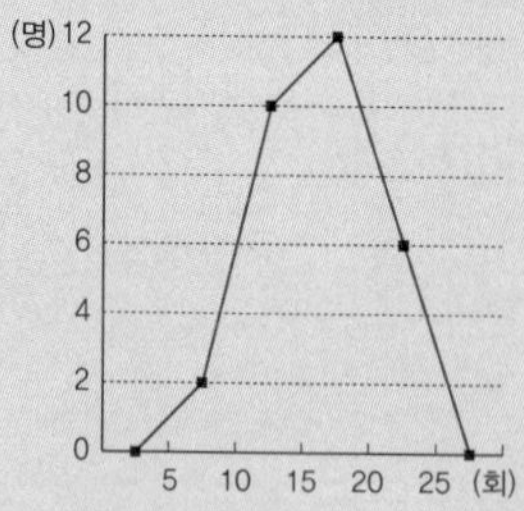

답 **1.** ③, **2.** ⑤, **3.** 20회

히스토그램과 도수 분포 다각형 관련 문제를 임쌤과 함께 풀어 볼까요? QR코드를 통해 임쌤을 만나러 오세요.

Math mind map

임쌤의 손 글씨 마인드맵으로 '히스토그램과 도수 분포 다각형'을 정리해 볼까요?

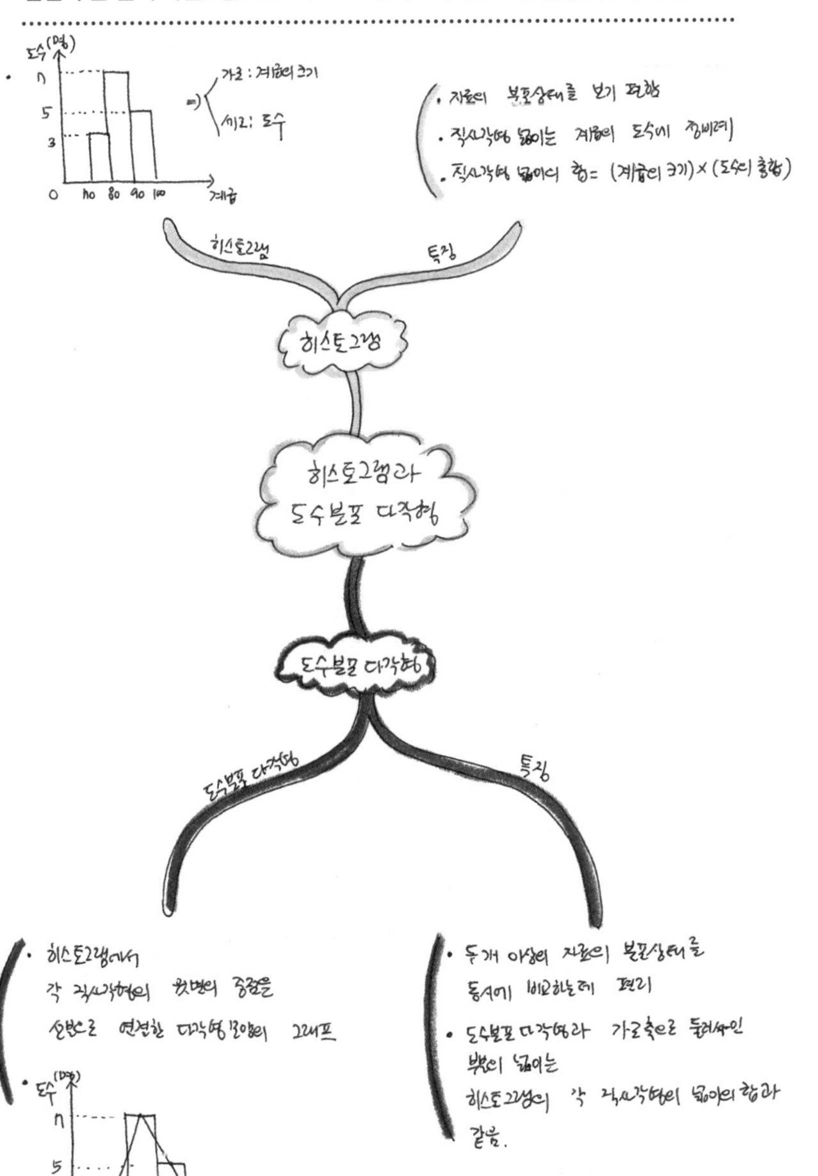

34 전체에서 차지하는 상대적인 비율!

: 상대 도수

- 상대 도수를 이해하고, 분포표로 나타낼 수 있어요.
- 상대 도수의 성질을 이해해요.
- 상대 도수의 분포를 그래프로 그리고 활용할 수 있어요.

연령대를 계급으로 나누어 정리하라고?

ㄴ상대 도수

아빠! 이번에 조별 과제가 있는데, 우리 조는 학교 선생님들의 연세를 조사해서 정리하기로 했거든요.

그렇구나. 지율이네 학교 선생님들은 젊은 분들이 많다고 그랬지?

네. 그런데 선생님들께서 정확한 연세를 알려 주시길 꺼리실 수도 있어서 조금 걱정이 되네요.

젊은 선생님들이라 그러실 수도 있겠다. 나이 대 별로 여쭈어 보는 것도 한 방법이겠는데? 예를 들어서 26세 이상 30세 미만, 30세 이상 35세 미만 등으로 나누어도 좋겠고, 20대, 30대, 40대 등으로 나눠도 좋겠고…….

아! 그렇게 여쭈어 봐야겠어요. 고마워요, 아빠!

정리해서 아빠도 알려 줘. 아빠도 지율이가 어떻게 정리할지 궁금하네!

저는 우리 학교 선생님들이 대체로 젊으시지만 어느 나이 대가 가장 많을지 정말 궁금해요.

지율이네가 선정한 조별 과제가 조금 어려워실 수도 있었겠어요. 선생님들의 연세를 여쭈어 본다면 대답하기 망설이시는 분도 계실 수 있지요. 학생들 과제니까 그래도 대부분 말씀은 해주시겠지만 괜히 불편하게 해 드릴 필요는 없으니까 지율이가 고민을 했던 것 같아요. 지율이 아빠의 말씀처럼 도수 분포표에서 계급을 나누듯이, 나이도 계급으로 나눠서 정리해 보면 정말 좋을 것 같아요.

지율이 아빠는 지율이가 어떤 식으로 정리할지 궁금해 하셨고, 지율이는 어느 나이 대의 선생님이 가장 많으실지 궁금하다고 했지요? 지율이의 궁금증은 어느 나이 대의 비율이 가장 높으냐는 것인데, 이때 비율이란 전체 조사한 사람들의 수 중에서 가장 많은 사람이 속해 있는 나이 대가 어디인지 궁금하다는 말이지요. 이 비율이 바로 '상대 도수'가 됩니다. 이 상대 도수가 무엇인지 지율이네 조별 과제를 통해서 알아보도록 합시다.

상대 도수는 비율입니다. 전체 도수에 대한 각 계급의 도수의 비율로, 계산은 아래와 같이 해요.

$$(\text{어떤 계급의 상대 도수})=\frac{(\text{그 계급의 도수})}{(\text{도수의 총합})}$$

각 계급마다 상대 도수가 존재합니다. 그래서 상대 도수를 쉽게 계산하려면 도수 분포표가 있어서, 그 도수 분포표 옆에 상대 도수를 표시하면 참 좋아요.

나이(세)	도수(명)	상대 도수
$20^{이상} \sim 25^{미만}$	2	$\frac{2}{10}=0.2$
25 ~ 30	4	$\frac{4}{10}=0.4$
30 ~ 35	3	$\frac{3}{10}=0.3$
35 ~ 40	1	$\frac{1}{10}=0.1$
합계	10	1

상대 도수의 분포표

임쌤과 표로 정리해 볼까요?

자, 임쌤이 상대 도수를 나타내는 표를 그렸는데 먼저 도수 분포표를 그렸지요? 맞아요. 지율이네 학교 선생님들의 연세를 도수 분포표로 먼저 그렸습니다. 계급의 크기를 5살로 나눠서 그린 것은 한눈에 보이지요? 이 때, 각각의 계급에 대해서 $\frac{\text{(그 계급의 도수)}}{\text{(도수의 총합)}}$로 계산해 각 계급의 오른쪽에 써 넣었어요. 이것이 상대 도수가 되는 거예요. 상대 도수는 분수로도 표현할 수 있지만, 소수로 표현하는 것이 일반적이에요. 하지만 소수로 표현하는 것이 힘들다면 분수로 표현해도 된답니다.

상대 도수를 보니 어때요? 25세 이상 30세 미만인 선생님들의 비율이 0.4로 가장 높지요? 그러니 그 나이 대의 선생님들이 가장 많은 거예요. 백분율로 바꿔 말하면 40%가 된다는 말입니다. 이 백분율은 상대 도수에 100을 곱하면 돼요.

상대 도수를 통해서 백분율도 구할 수 있지만, 상대 도수를 사용하는 가장 큰 이유는 전체 도수가 다른 두 집단의 분포 상태를 비교할 때 편리하기 때문에 사용한답니다. 예를 들어 볼까요?

A라는 학교와 B라는 학교가 있어요. 같은 문제로 똑같이 시험을 쳐서 90점 이상 100점 미만의 수학 점수를 받은 학생 수가 각각 10명과 100명이라고 한다면 어느 학교 학생들이 더 잘하는 학생들이 많을까요? B학교 학생들이 100명이기 때문에 더 잘하는 학생들이 많다고 할 수 있지만, 전체 학생 수를 고려

하면 말이 달라질 수 있어요. A학교의 총 학생 수가 20명이고, B학교 총 학생 수가 1000명이라고 한다면? A학교의 90점 이상 100점 미만의 수학 점수의 상대 도수의 값이 $\frac{10}{20}$=0.5가 되고, B학교의 90점 이상 100점 미만의 수학 점수의 상대 도수의 값이 $\frac{100}{1000}$=0.1이 되므로, A학교에 더 잘하는 학생들이 많다는 결과가 나오거든요. 이처럼 도수의 총합을 통해서 각 계급의 도수를 비교하기 때문에 전체 도수가 다른 두 집단의 분포 상태를 비교할 때 사용된다는 사실을 기억해 둡시다.

상대 도수를 다시 한 번 정리해 보고 친구들은 QR코드를 통해 임쌤을 만나러 오세요.

상대 도수

1 상대 도수

⇨ 전체 도수에 대한 각 계급의 도수의 비율

$(\text{어떤 계급의 상대 도수})=\frac{(\text{그 계급의 도수})}{(\text{도수의 총합})}$

2 상대 도수의 분포표

⇨ 각 계급의 상대 도수를 나타낸 표

3 상대 도수의 성질

❶ 상대 도수의 총합은 항상 1임.

❷ 각 계급의 상대 도수는 그 계급의 도수에 정비례함.

❸ 전체 도수가 다른 두 집단의 분포 상태를 비교할 때 사용됨.

상대 도수의 그림, 넌 이름이 뭐니?

└상대 도수의 분포를 나타낸 그래프

아빠! 상대 도수를 통해서 두 자료를 비교하니까 정말 좋더라고요.

그렇지. 대상이 되는 전체의 수가 다를 땐 분명 비교하기 힘들 때가 있는데 상대 도수를 비교하면 한눈에 정리가 돼서 편하지.

아빠! 도수 분포표를 배운 뒤에, 그림을 배웠거든요. 히스토그램과 도수 분포 다각형이요. 그럼 상대 도수도 이런 그림 있어요?

이야! 좋은 질문이네. 상대 도수도 그림으로 나타낼 수 있단다! 당연히 그림이 있어야 눈으로 보기 편하잖니?

와! 그러면 정말 한눈에 보기 편하겠어요! 상대 도수의 그림은 이름이 뭐예요?

지율이가 복습을 열심히 했나 봐요. 지율이가 예상했던 대로 상대 도수 또한 그림으로 그려서 눈으로 보기 편하게 정리할 수 있답니다. 앞서서 배운 히스토그램과 도수 분포 다각형처럼 말이지요. 그런데 여기에 재밌는 사실이 하나 숨어 있어요! 상대 도수에 대한 그림은 히스토그램처럼 직사각형을 그리고, 도수 분포 다각형처럼 선분으로 그리는 방법은 똑같은데 이름이 없어요. 그냥 단순하게 '상대 도수의 분포를 나타낸 그래프'라고 부르고 해석만 잘 해주면 된답니다.

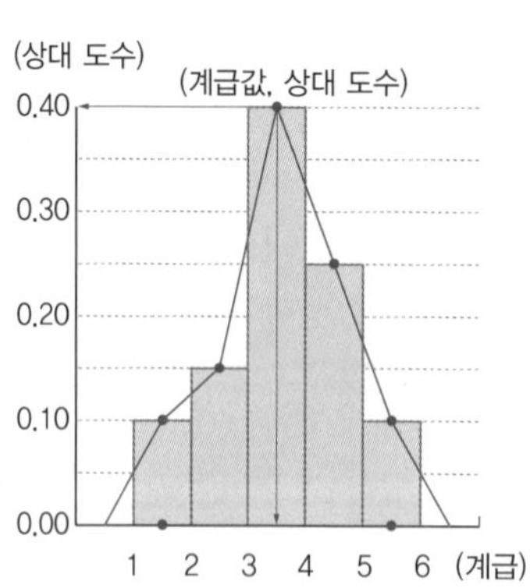

자, 이제 임쌤과 도식화해서 해석해 볼까요?

어때요? 히스토그램처럼 직사각형이 그려져 있고, 도수 분포 다각형처럼 선분이 그려져 있지요? 맞아요. 하지만 여기에 차이점이 딱 한 가지가 있습니다. 바로 세로축이에요. 우리는 '상대 도수의 분포를 나타낸 그래프'를 그리기 때문에 세로축에는 상대 도수를 써 주어야 한다는 것은 이해가 되지요? 이때 직사각형의 넓이의 총합과 선분과 가로축으로 둘러싸인 부분의 넓이는 서로 똑같고, 그 넓이의 값은 계급의 크기와 같게 돼요. 직사각형의 넓이를 구하려면 가로와 세로의 곱을 모두 더하면 되는데, 이때 가로의 길이가 계급의 크기가 되고, 세로의 크기가 상대 도수인데 상대 도수를 모두 더하면 1이 되거든요. 그래서 1은 곱하나 마나 똑같기 때문에 계급의 크기가 바로 직사각형의 넓이가 된답니다.

상대 도수 분포를 그래프로 나타내는 연습을 함께 할 친구들은 QR코드를 통해 임쌤을 만나러 오세요.

상대 도수의 분포를 나타낸 그래프 또한 그림으로 도식화되어 눈으로 보기 편하고 비교하기 편해서 많이 사용하는 방법 중 하나예요.

자, 임쌤과 함께 통계 단원을 이렇게 마무리했네요. 잊지 말아야 할 것은 통계는 '흐름'이라는 거예요. 흩어져 있는 자료인 변량을 통해서 정리하는 과정을 이해하고 해석할 수 있어야 한다는 것을 기억합시다.

상대 도수의 분포를 나타낸 그래프

1 상대 도수의 분포를 나타낸 그래프

⇨ 상대 도수의 분포를 히스토그램이나 도수 분포 다각형 모양으로 나타낸 그래프

2 상대 도수의 분포를 나타낸 그래프를 그리는 순서

❶ 가로축에 계급의 양 끝 값을 차례로 적음

❷ 세로축에 상대 도수를 적음.

❸ 히스토그램이나 도수 분포 다각형과 같은 방법으로 그림

3 상대 도수의 분포를 나타낸 그래프의 활용

⇨ 상대 도수의 분포를 그래프로 나타내면 각 계급이 전체에서 차지하는 비율을 알아 보거나, 전체 도수가 다른 두 자료를 비교하는데 편리함.

쪽지 시험

시험에 '반드시' 나오는 '상대 도수' 문제를 알아볼까요?

1. 다음 중 도수의 총합이 서로 다른 두 자료를 비교할 때 가장 편리한 것은?

① 도수 분포표 ② 히스토그램 ③ 도수 분포 다각형

④ 상대 도수 ⑤ 줄기와 잎 그림

2. 다음은 어느 중학교 1학년 학생들의 충치 수를 조사하여 나타낸 상대 도수의 분포표입니다. A~E의 값으로 옳지 않은 것은?

충치 수(개)	학생 수(명)	상대 도수
0	3	0.12
1	4	
2	6	
3	A	B
4	2	
5	1	C
합계	D	E

① A=9 ② B=0.38 ③ C=0.04

④ D=25 ⑤ E=1

3. 오른쪽은 A극장에서 상영 중인 어떤 영화의 관람객의 나이를 조사하여 나타낸 상대 도수의 분포표이다. 나이가 40대 이상인 관람객은 전체의 몇 %인가?

충치 수(개)	상대 도수
10이상 ~ 20미만	0.16
20 ~ 30	0.4
30 ~ 40	0.22
40 ~ 50	
50 ~ 60	0.08
합계	

① 8% ② 14% ③ 20%

④ 22% ⑤ 44%

답 1. ④ 2. ② 3. ④

상대 도수 관련 문제를 임쌤과 함께 풀어 볼까요? QR코드를 통해 임쌤을 만나러 오세요.

Math mind map

임쌤의 손 글씨 마인드맵으로 '상대 도수'를 정리해 볼까요?

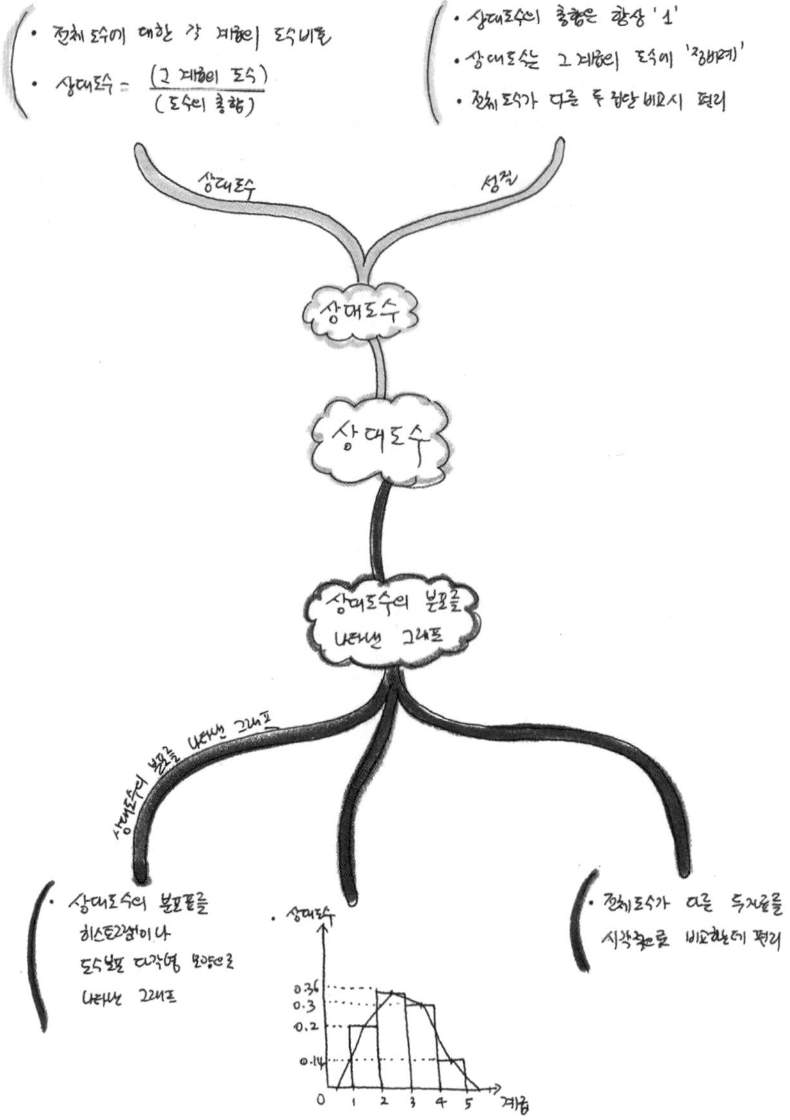

- 전체 도수에 대한 각 계급의 도수 비율
- 상대도수 = $\frac{(\text{그 계급의 도수})}{(\text{도수의 총합})}$

- 상대도수의 총합은 항상 '1'
- 상대도수는 그 계급의 도수에 '정비례'
- 전체 도수가 다른 두 집단 비교시 편리

상대도수

성질

상대도수

상대도수

상대도수의 분포를 나타낸 그래프

상대도수의 분포를 나타낸 그래프

- 상대도수의 분포를 히스토그램이나 도수분포 다각형 모양으로 나타낸 그래프

- 상대도수

0.36
0.3
0.2
0.14
0 1 2 3 4 5 계급

- 전체 도수가 다른 두 자료를 시각적으로 비교하는 데 편리

★★★

으뜸되는 역사책을 만나다.

큰 아들은 어릴 때 부터 역사를 좋아했던 것 같다.
지금도 역사책은 만화책이며 글줄 책이며 가리지 않고 보는 편이다.
웅진 스토리캡슐 이야기 세계역사와 타임캡슐 세계사를 읽고,
효리원에서 나온 만화책인 시끌벅적 교과서 세계사를 봤다. 한국사는 why?한국사를.
시작은 무수한 만화책과 최근 용선생 한국사까지 글줄책도 많이 읽었다.
5학년이 되니 한국사가 사회 2학기 전체 수업을 차지할 정도로 비중이 높았는데,
아들은 재밌는 수업 중에 하나로 꼽기도 했다.
그런데 더 깊고 넓은 범위의 역사책을 보고 싶어 하는 아이에게 정말 좋은 책이 나타났다!

교과서가 쉬워지는 통 한국사 세계사!

이 책이 가장 마음에 와 닿았던 건 한국사와 세계사를 함께 엮어 갈 수 있다는 점이다.
물론 이 책의 흐름은 한국사다. 그런데 그 한국사의 흐름에 있는 세계사를 엿 볼 수 있다는 것이다.
두 번째로는 중학교 때 배우는 역사를 중심으로 했기 때문에
더 넓고 깊게 그렇다고 매우 깊은 단계까지가 아닌 초등 역사에서 한 단계 업그레이드 된 책이라
수준이 딱 맞아 떨어졌다는 점!
세 번째는 중학 수준의 한국사라도 어려울 것 같은 단어는 친절하게 따로 설명을 해 주고
많은 그림과 사진들이 기억되기 쉽고 이해하기 쉽게 짜여져 있다는 점이다.

예스24 서평 - ddeboet님